Das Management von Unternehmensreputation: Grundlagen, Messung und Gestaltungsperspektiven am Beispiel von Unternehmen des liberalisierten Gasmarkts

Gianfranco Walsh,

geb. in Leicester, Großbritannien am 08.11.1970,

angenommene Habilitationsschrift zur Erlangung der venia legendi im Fachgebiet Betriebswirtschaftslehre

am Fachbereich Wirtschaftswissenschaften der Universität Hannover im Jahre 2004

Berichte aus der Betriebswirtschaft

Gianfranco Walsh

Das Management von Unternehmensreputation

Grundlagen, Messung und Gestaltungsperspektiven am Beispiel
von Unternehmen des liberalisierten Gasmarkts

Shaker Verlag
Aachen 2006

Bibliografische Information der Deutschen Nationalbibliothek
Die Deutsche Nationalbibliothek verzeichnet diese Publikation in der Deutschen
Nationalbibliografie; detaillierte bibliografische Daten sind im Internet über
http://dnb.d-nb.de abrufbar.

Zugl.: Hannover, Univ., Habil.-Schr., 2004

ISBN-10: 3-8322-5559-1
ISBN-13: 978-3-8322-5559-6
ISSN 0945-0696

Shaker Verlag GmbH • Postfach 101818 • 52018 Aachen
Telefon: 02407 / 95 96 - 0 • Telefax: 02407 / 95 96 - 9
Internet: www.shaker.de • E-Mail: info@shaker.de

Inhaltsverzeichnis

Abbildungsverzeichnis .... **VII**

Tabellenverzeichnis .... **IX**

Abkürzungsverzeichnis .... **XI**

1 Einleitung **1**

1.1   Problemstellung 1

1.1.1   Herausforderungen der Marktliberalisierung 1

1.1.2   Zur Relevanz von Unternehmensreputation und Ziele der Arbeit 6

1.1.2.1   Die Positivwirkungen der Unternehmensreputation 6

1.1.2.2   Unternehmensreputation – Eine informationsökonomische Betrachtung. 9

1.1.2.3   Primärziele und Sekundärziele 14

1.1.3   Wissenschaftstheoretische Positionierung 16

1.2   Abgrenzung und Gang der Untersuchung 19

2 Begriffliche und konzeptionelle Grundlagen **23**

2.1   Zum Reputationsbegriff: Eine theoretische Verortung 23

2.1.1   Unternehmensmarke und -reputation 23

2.1.2   Reputation versus Image 26

2.1.2.1   Existierende Definitionen: Eine Bestandsaufnahme 26

2.1.2.2   Zusammenfassung und Neudefinition 34

2.2   Die praxisorientierte Messung von Unternehmensreputation: Ein Überblick 36

2.2.1   Imageprofile des manager magazin 37

2.2.2   Reputation-Ranking des Fortune Magazin 38

2.2.3   Kritik an praxisorientierten Messansätzen 39

2.3   Der Reputation Quotient: Ein Instrument zur Messung der Unternehmensreputation 43

2.3.1   Imagemessung versus Reputationsmessung 43

2.3.2   Entwicklung des RQ und Replikationen 43

2.3.2.1   Forschungszentrierte Auseinandersetzung mit der Messung von Unternehmensreputation 43

2.3.2.2   Vorstellung des RQ 47

2.4   Der Untersuchungskontext: Der deutsche Energie- und insbesondere Gasmarkt 51

2.4.1   Akteure im Gasmarkt 51

2.4.1.1   Anbieter im Gasmarkt...51

2.4.1.2   Nachfrager im Gasmarkt..55

2.4.1.3   Die Erdgas-Wertkette 57

2.4.2   Umweltanalyse zur Bestimmung relevanter Reputation bezogener
           Herausforderungen im Gasmarkt 59

2.4.2.1   Ökonomische Umwelt 60

2.4.2.2   Ökologische Umwelt 62

2.4.2.3   Soziokulturelle Umwelt 63

2.4.2.4   Politisch-rechtliche Umwelt..64

2.4.2.5   Technologische Umwelt 66

2.4.3   Liberalisierte Märkte als Suchfeld für strategische
           Herausforderungen...67

2.4.3.1   Telekommunikation...67

2.4.3.2   Strommarkt..70

2.4.3.3   Fazit 72

2.4.4   Der liberalisierte Gasmarkt...73

2.4.4.1   Rechtliche Rahmenbedingungen...73

2.4.4.2   Stufen der Liberalisierung...74

2.5   Theoretische Verortung des Produkts Gas 75

2.5.1   Produktmerkmale 76

2.5.2   Verwendungsrelevante Charakteristika.......................................76

**3   Empirische Erfassung der Unternehmensreputation:
        Konzeptualisierung und Operationalisierung 79**

3.1   Vorstellung des Bezugsrahmens 79

3.1.1   Interne Reputationsquellen 81

3.1.2   Externe Reputationsquellen 84

3.1.2.1   Probleme der externen Reputationswahrnehmung durch
           interne Ereignisse und Schwachstellen – Ein Überblick 86

3.1.2.2   Determinanten der Unternehmensreputation am Beispiel
           der „10 schlimmsten Unternehmen"..93

3.2   Ermittlung von Reputationsdimensionen und Reputationskonsequenzen......98

3.2.1   Vorüberlegungen...98

3.2.2   Explorative Vorarbeiten 101

3.2.3   Neue RQ-Dimensionen: Ergebnisse einer Literaturdurchsicht....105

3.3   Methode der Untersuchung – Studie 1 109

3.3.1   Datenerhebung und Stichprobe...109

3.3.2   Itemgenerierung 111

3.3.3   Überprüfung des erweiterten RQ 114

3.3.3.1   Konfirmatorische Überprüfung...116

3.3.3.1.1 Erste Modellüberprüfung 116

3.3.3.1.2 Zweite Modellüberprüfung 119

3.3.3.2 Zwischenfazit der Operationalisierung 122

3.3.3.3 Explorative Herangehensweise 123

3.3.3.3.1 Identifikation des RQ 123

3.3.3.3.2 Identifikation neuer RQ-Dimensionen 127

3.3.3.4 Identifikation des vollständigen deutschen RQ: EFA mit
Items der Original- und neuen Dimensionen 128

3.3.3.4.1 Explorative Analyse 129

3.3.3.4.2 Konfirmatorische und erneute explorative Analyse 133

3.3.3.5 Ermittlung der Reputation-Konsequenzen und der
Moderatorvariablen 141

3.3.3.6 Dependenzanalyse 146

3.3.4 Die Identifikation von Reputation-Kundentypen 151

3.3.5 Konstruktvalidierung – Studie 2 155

3.3.5.1 Datenerhebung und Stichprobe 156

3.3.5.2 Explorative und konfirmatorische Datenanylse 157

4 Ergebnisbasierte Gestaltungsansätze 163

4.1 Ergebnisdiskussion: Konsequenzen der Unternehmensreputation 163

4.2 Ergebnisdiskussion: Nutzung von Reputation-Segmenten 164

4.3 Die valide Messung von Unternehmensreputation – eine Herausforderung
für die wissenschaftliche und praxisorientierte betriebswirtschaftliche
Forschung 166

4.4 Gestaltungsansätze für die Unternehmenspraxis – Bausteine zur
Entwicklung eines Reputation-Management 169

4.4.1 Implementierung von Unternehmensreputation im Normativen
Management 172

4.4.1.1 Unternehmensphilosophie und Normatives Reputation-Management .. 172

4.4.1.2 Unternehmensidentität und Normatives Reputation-
Management 174

4.4.2 Verankerung des Management der Unternehmensreputation in
der strategischen Ebene 177

4.4.2.1 Strategische Rahmenplanung 178

4.4.2.2 Strategische Programmplanung und Programmkontrolle 180

4.4.2.2.1 Reputationsorientiertes Kundenkontakt-Management 184

4.4.2.2.2 Reputationsorientierte Kundensegmentierung 186

4.4.2.3 Strategische Realisationsplanung und Realisationskontrolle 188

4.4.2.4 Implementierung von Reputation-Mangement: Die Schaffung eines
Reputation-Information- und Steuerungssystems 192

4.4.3 Operatives Reputation-Management 195

4.4.3.1   Anforderungen an Schnittstellen, Markenarchitekturen und
            Berücksichtigung von Abstrahlungsherausforderungen 195

4.4.3.2   Integration der betrachteten Elemente des Reputation-Management.... 201

5   Zusammenfassung, Implikationen und Ausblick 203

5.1   Praxis bezogene Implikationen 204

5.1.1   Unternehmensreputation im Kontext von Marktentwicklungen 204

5.1.2   Unternehmensreputation aus der internationalen Perspektive 206

5.1.3   Unternehmensreputation, Stakeholder und „gute Unternehmensführung".. 208

5.2   Forschung bezogene Implikationen 209

5.2.1   Erreichung von interbranchen und interkultureller Validität 210

5.2.2   Verhaltenswissenschaftliche Fundierung der
        Reputationsforschung 212

LITERATUR 215

Abbildungsverzeichnis

Abbildung 1: EVU im Reputationsvergleich mit Unternehmen der besten und schlechtesten Branchen................5

Abbildung 2: Aufbau der Arbeit 22

Abbildung 3: Unternehmensmarke versus Unternehmensreputation........................25

Abbildung 4: Abgrenzung von Unternehmensreputation und Unternehmensimage ..36

Abbildung 5: Unternehmensreputation in Relation zu Unternehmenskennziffern.....42

Abbildung 6: Dimensionen und Wirkung der Reputation........................50

Abbildung 7: Struktur des deutschen Gasmarkts........................52

Abbildung 8: Energieverbrauch in Deutschland........................56

Abbildung 9: BtoB und BtoC-Marketing im Gasmarkt........................58

Abbildung 10: Wettbewerbsdeterminanten im liberalisierten Gasmarkt....................60

Abbildung 11: Beteiligungsstrukturen im Gasmarkt........................66

Abbildung 12: Unternehmenszusammenschlüsse und Markenbildung im liberalisierten Strommarkt........................71

Abbildung 13: Bezugsrahmen der Untersuchung 80

Abbildung 14: Für das Verbraucherverhalten relevante Aspekte unternehmerischer Verantwortung 85

Abbildung 15: Karikiertes Esso-Logo........................88

Abbildung 16: Auslöser und Beeinflussbarkeit von Reputationskrisen........................98

Abbildung 17: Ermittlung der deutschen RQ-Dimensionen 101

Abbildung 18: Vorläufige endgültige Konzeptualisierung des Konstrukts Unternehmensreputation 109

Abbildung 19: Messmodell der Unternehmensreputation und ihrer Konsequenzen ..115

Abbildung 20: Ablauf der Konstrukt bezogenen Datenanalyse (Studie 1) 116

Abbildung 21: Konfirmatorische Faktorenanalyse der Struktur des Original-RQ 118

Abbildung 22: Konfirmatorische Faktorenanalyse der Struktur des modifizierten RQ 120

Abbildung 23: Konfirmatorische Faktorenanalyse der Struktur des deutschen RQ (KFA 1 – großes Modell)........................136

Abbildung 24: Konfirmatorische Faktorenanalyse der Struktur des deutschen RQ (KFA 2 – kleines Modell)........................137

Abbildung 25: Konfirmatorische Faktorenanalyse der Struktur der
               Reputationskonsequenzen (Studie 1) 142

Abbildung 26: Reputationskonsequenzen in Abhängigkeit vom Involvement 150

Abbildung 27: Anstieg der Fehlerquadratsumme 153

Abbildung 28: Konfirmatorische Faktorenanalyse der Struktur der
               Reputationskonsequenzen (Studie 2) 159

Abbildung 29: Kausalanalytisches Modell zur Erfassung von
               Unternehmensreputation und ihrer Konsequenzen 162

Abbildung 30: Kernelemente eines Reputation-Management 171

Abbildung 31: Handlungsfelder und -ebenen der CI-Strategie 175

Abbildung 32: Elemente der strategischen Rahmenplanung 179

Abbildung 33: Elemente der strategischen Programmplanung 181

Abbildung 34: Bezugsrahmen eines reputationsorientierten
               Kundenkontakt-Management von EVU 185

Abbildung 35: Mehrstufiger Reputation basierter Segmentierungsansatz 187

Abbildung 36: Elemente der strategischen Realisationsplanung 189

Abbildung 37: Komponenten der und Maßnahmen zur Erreichung von
               Reputationsorientierung 192

Abbildung 38: Reputationsrelevante Markenarchitekturen 197

Abbildung 39: Modell der Erfassung von Irradiationseffekten zwischen
               Marken und Unternehmen 198

Abbildung 40: Gesamtarchitektur eines unternehmerischen Reputation-
               Management 202

Abbildung 41: Mögliche Stoßrichtungen zukünftiger
               RQ-Replikationsstudien 212

Tabellenverzeichnis

Tabelle 1:   Reputationsvergleich nach Branchen 4

Tabelle 2:   Definitionen von Reputation und Image 33

Tabelle 3:   Wichtigkeit der Faktoren, die Unternehmensreputation determinieren .. 38

Tabelle 4:   Kennzeichnung der Kunden-Segmente im Gasmarkt 55

Tabelle 5:   Stufen der Gasmarktliberalisierung 75

Tabelle 6:   Reputationskrisen von (multinationalen) Unternehmen und
deren Reaktion 92

Tabelle 7:   Ausgesuchte Antworten in Bezug auf die RQ-Dimensionen 103

Tabelle 8:   Struktur der Stichprobe 111

Tabelle 9:   Korrelationskoeffizienten, Mittelwerte und Cronbach αs
der Modellvariablen des Original-RQ (großes Modell) 117

Tabelle 10:   Korrelationskoeffizienten, Mittelwerte, Standardabweichung
und Cronbach αs der Modellvariablen des kleinen Modells
(modifizierter RQ) 119

Tabelle 11:   Indikatorreliabilitäten, DEV und Faktorstruktur der
ermittelten RQ-Modelle 122

Tabelle 12:   Faktorladungen, Eigenwerte und Reliabilitäten des acht-faktoriellen
RQ-Modells 126

Tabelle 13:   Faktorladungen, Eigenwerte, Reliabilitäten und Mittelwerte
der neuen RQ-Dimensionen 128

Tabelle 14:   Faktorladungen, Eigenwerte und Reliabilitäten der neun-faktoriellen
Lösung des deutschen RQ 131

Tabelle 15:   Globale und lokale Gütemaße der konfirmatorischen Faktorenanlyse
für zwei Modelle 133

Tabelle 16:   Indikatoren und Faktorstruktur des modifizierten RQ 135

Tabelle 17:   Faktoreigenwerte, -reliabilitäten und -ladungen der Exploratorischen
Faktorenanalyse mit den verbliebenen Items 140

Tabelle 18:   Faktorladungen, Eigenwerte, Reliabilitäten und Mittelwerte
der Reputation-Konsequenzen 144

Tabelle 19:   Indikatoren und Gütekriterien der Moderatorvariablen Involvement ... 146

Tabelle 20:   Ergebnisse der Dependenzanalyse 148

Tabelle 21:   Zusammenfassendes Ergebnis der Dependenzanalyse 151

Tabelle 22:   Charakterisierung der Reputation-Kundentypen 154

Tabelle 23:   Faktorladungen und Reliabilitäten der endgültigen
              Reputationdimensionen 158

Tabelle 24:   Potenzielle Ziele eines Reputation-Management.................................183

Tabelle 25:   Reputationswahrnehmungen von Stakeholdern in Relation zur
              tatsächlichen Reputation 191

Tabelle 26:   Korrelation von Reputation, Markennutzung, -energie, -stärke
              und -wert 200

Abkürzungsverzeichnis

Abs.	Absatz
AGFI	Adjusted Goodness of Fit Index
AktG	Aktiengesetz
AKW	Atomkraftwerk
Aufl.	Auflage
Bd.	Band
BDI	Bundesverband der Deutschen Industrie e.V.
BGW	Bundesverband der deutschen Gas- und Wasserwirtschaft e.V.
bspw.	beispielsweise
BtoB	Business to Business
BtoC	Business to Consumer
bzw.	beziehungsweise
CEO	Chief Executive Officer (Vorstandsvorsitzender)
CFI	Comparative Fit Index
CRM	Customer Relationship Management
CSI	Consumer Styles Inventory
DEV	Durchschnittlich erklärte Varianz
d. h.	das heißt
DM	Deutsche Mark
DV	Datenverarbeitung
€	Euro
Ed.	Editor (Herausgeber) / Edition (Auflage)
Eds.	Editors (Herausgeber)
EFA	Exploratorische Faktorenanalyse
EG	Europäische Gemeinschaft
EnWG	Energiewirtschaftsgesetz
et al.	et alteri (und andere)
etc.	et cetera
EU	Europäische Union
e. V.	eingetragener Verein
EVU	Energieversorgungsunternehmen
FDA	Federal Drug Association

FGG	Ferngasgesellschaft
FTC	Federal Trade Commission
GdF	Gaz de France
GFI	Goodness of Fit Index
ggf.	gegebenenfalls
GVU	Gasversorgungsunternehmen
GWB	Gesetz gegen Wettbewerbsbeschränkungen
H	Hypothese
HEW	Hamburgischen Electricitäts-Werke
Hrsg.	Herausgeber
i. d. R.	in der Regel
Jg.	Jahrgang
k.A.	keine Angabe
Kap.	Kapitel
KFA	Konfirmatorische Faktorenanalyse
kWh	Kilowattstunde
lat.	lateinisch
LISREL	LInear Structural RELationship
LNG	Liquefied Natural Gas (Flüssiggas)
LSD	Least Significant Distance
MIS	Management-Informationssystem
ML	Maximum Likelihood
NIÖ	Neue Institutionenökonomik
Nr.	Nummer
o. V.	ohne Verfasser
PC	Personal Computer
PCA	Principal Components Analysis (Hauptkomponentenanalyse)
PostStruKG	Poststrukturgesetz
RMR	Root Mean Square Residuals
RMSEA	Root Mean Square Error of Approximation
RQ	Reputation Quotient
S.	Seite
sog.	so genannte
Sp.	Spalte

u. a.	unter anderem; unter anderen; und andere(s)
ULS	Unweighted Least Squares
USD	US-Dollar
u. U.	unter Umständen
VIK	Verband der Industriellen Energie- Kraftwirtschaft e.V.
VKU	Verband kommunaler Unternehmen e.V.
vgl.	vergleiche
Vol.	Volume
vs.	versus
WiSt	Wirtschaftswissenschaftliches Studium
z. B.	zum Beispiel
z. T.	zum Teil

1 Einleitung

„Guter Ruf ist kostbarer als großer Reichtum / hohes Ansehen besser als Silber und Gold" (Die erste Salomonische Spruchsammlung, 22,1).

1.1 Problemstellung

1.1.1 Herausforderungen der Marktliberalisierung

Liberalisierte Märkte stellen aus betriebswirtschaftlicher und insbesondere Marketing-sicht ein interessantes Untersuchungsfeld dar, da im Zuge von Deregulierungen häufig alle Instrumentalbereiche des Marketing eines Unternehmens kritisch überprüft und neu ausgerichtet werden (vgl. Wiedmann/Kilian/Duvenhorst/Walsh, 2002, S. 3f.; Latkovic, 2000, S. 239ff.). Betriebswirtschaftliche Herausforderungen betreffen bspw. organisatorische Veränderungsprozesse zur Stärkung der Wettbewerbsfähigkeit (vgl. z. B. Müller/Brehm, 2000).

Liberalisierte Märkte entwickeln insbesondere in den ersten Jahren nach der Deregulierung typischerweise eine hohe Dynamik und bedeuten für Unternehmen eine Erhöhung des Wettbewerbsdrucks (vgl. Latkovic, 2000, S. 132ff.; Kreuz-berg/Riechmann, 1999). Eine solche Entwicklung lässt sich derzeit auch im europäi-schen und insbesondere deutschen Gasmarkt beobachten. Die EU-Binnenmarktrichtlinie *Erdgas* von 1998 verpflichtet die Mitgliedstaaten, ihre Gasmärkte stufenweise für ausländische Anbieter zu öffnen. Seit dem Jahr 2000 muss jedes Land seinen Markt zu 20% des jährlichen Gesamtgasverbrauchs des jeweiligen Mitgliedstaates für den Wettbewerb öffnen.[1]

Dieser Wegfall abgegrenzter Versorgungsgebiete[2], die Intensivierung des Preiswettbe-werbs und das grenzüberschreitende Engagement früher national operierender

---

[1]   Seit dem Jahr 2003 sind es 28% und ab 2008 dann 33%.

[2]   Der Gebietsschutz für regionale Anbieter bzw. Gasversorgungsunternehmen (GVU) mit Städten, Gemeinden und anderen Versorgungsunternehmen im Interesse der Preisstabilität ist durch Art. 4 § 1 des Gesetzes zur Neuregelung des Energiewirtschaftsrechts im August 1998 für Gas (und Strom) aufgehoben worden. Der Gebietsschutz war durch sog. *Demarkationsverträge* geregelt. Das waren Abkommen der GVU untereinander, außerhalb ihrer eigenen Arbeitsgebiete nicht miteinander in Wettbewerb zu treten, d. h. eine Versorgung im Gebiet der jeweils anderen Vertragspartei zu

Unternehmen, aber auch gleichzeitig die Ankunft neuer Anbieter und Anbieterformen wie Gasmakler mit neuen Leistungsbündeln auf dem ehemals abgeschotteten heimischen Markt, erhöhen allesamt den Wettbewerbsdruck (vgl. z. B. Niermann/Walsh, 2005; Lohmann, 2003[3]; Neu, 2000; Binde, 1999, S. 27f.).

Neben Veränderungen auf Anbieterebene hat die Marktliberalisierung auch einen Einfluss auf das Gas bezogene Beschaffungsverhalten der Endverbraucher. Für Konsumenten bedeutet dies die Möglichkeit, frei zwischen verschiedenen Anbietern wählen zu können, aber auch, dass sie nun hinsichtlich eines Produkts eine Kaufentscheidung treffen müssen, für die vormals keine Entscheidung notwendig war. Bei gleichzeitiger Zunahme der Anbieterzahl wird der Markt für Verbraucher unübersichtlicher. Diese Intransparenz versuchen einige Gasversorger bereits zu Lasten der Verbraucher auszunutzen. So wurden im Jahr 2000 zwölf der 43 in Rheinland-Pfalz vertretenen Gasversorger vom Wirtschaftsministerium in Mainz abgemahnt, weil sie ihr Gas um bis zu zehn Prozent über den marktüblichen Preis verkauften.

Aus Verbrauchersicht sind insbesondere liberalisierte Märkte durch ein hohes Maß an Unsicherheit gekennzeichnet, da die verlässliche Beurteilung neuer Anbieter und Leistungsangebote häufig mit erheblichen Suchkosten verbunden ist. Erschwert wird die kundenseitige Beurteilbarkeit von Energieangeboten dadurch, dass es sich bei Energieprodukten wie Gas und Strom um weitgehend homogene und somit nur schwer differenzierbare Produkte handelt (vgl. Wiedmann et al., 2002, S. 7ff.).

Vor allem im Stromsektor reagierte man auf diese Problematik mit der kostspieligen Einführung von nationalen Produktmarken. Doch in bislang keinem Fall konnten die geleisteten Aufwendungen gerechtfertigt werden und die Relevanz von Marken – insbesondere vis-a-vis anderer Produkte – ist in den Augen der Konsumenten noch immer gering (vgl. Uehlecke, 2002, S. 80f.). Trotz der hohen Bekanntheit von Marken

---

unterlassen. Auf Stufe der Endverteiler ergänzten Konzessionsverträge das System der Demarkationsverträge.

[3] Lohmann (2003) nennt jedoch auch Faktoren, die einer vollen Entfaltung der Wettbewerbsdynamik im Gasmarkt entgegenstehen.

wie *Yello*, *Avanza* oder *e.on MixPower* konnten (Neu-) Kunden in nur geringem Umfang gewonnen werden.[4]

Mittlerweile ist eine Trendwende dahingehend festzustellen, dass wieder zunehmend die Unternehmen selbst in den Mittelpunkt von Marketing- und insbesondere Markenstrategien gestellt werden. Beispielsweise engagierte sich der Energiekonzern RWE in der Saison 2000/01 beim Fußballbundesligisten Bayer Leverkusen als Hauptsponsor. In der Saison 2000/01 wurde auf den Trikots für die RWE-Strommarke *Avanza* geworben, eine Saison später jedoch für den RWE-Konzern[5], während *Avanza* nur noch als Bandenwerbung auftritt. Unterstützt wird diese Fokussierung auf die Konzernmarke RWE durch aufwendige, landesweit ausgestrahlte Fernsehspots, die das das Motto „Alles aus einer Hand" kommunizieren".

Energieversorgungsunternehmen (im Folgenden auch *EVU*) aller Größen versuchen zunehmend, sich als kompetente Komplettanbieter bzw. als *Multi Utility-Unternehmen* zu präsentieren und konzentrieren ihre Marketingausgaben deswegen auf das Unternehmen bzw. die Unternehmensmarke, statt komplexe Angebots- und Markenarchitekturen zu kommunizieren. Das EVU *e.on* bspw. verfolgt eine stringente, an der Unternehmensdachmarke ausgerichtete, Markenstrategie (vgl. Wolff, 2001).

Die stärkere Fokussierung auf das Gesamtunternehmen erfordert gleichzeitig eine umfassendere Berücksichtigung der Unternehmensreputation, da diese in vielfältiger Weise die Wahrnehmung der Stakeholder und folglich den Unternehmenserfolg determiniert (vgl. z. B. Fombrun, 2001; 1996). Nach Davies et al. (2002, S. 58f.) sollen Stakeholder eines Unternehmens in dieser Arbeit definiert werden als „any individual or groups who may benefit from or be harmed by the actions of the organization". Im Vergleich zu anderen Branchen haben Unternehmen des Energiesektors laut

---

[4] Beispielsweise ist der Energiekonzern *e.on* im Jahre 2000, ausgestattet mit einem Gesamtetat von rund € 90 Millionen, angetreten, um Endverbrauchern neue Stromprodukte wie z. B. MixPower anzubieten. Auch eine massive Marketingkampagne hat MixPower nicht zum erfolgreichen Stromprodukt werden lassen, denn weniger als 1000 private Endverbraucher konnten sich zu einem Wechsel hin zu MixPower entschließen (Hornig, 2001).

[5] Auf den Trikots ist die „RWE-Hand" mit dem Konzernlogo abgebildet.

Untersuchung des manager magazin (2002a)[6] eine eher durchschnittliche Reputation, die verbessert werden kann (vgl. Tabelle 1).

Rang	Branche	n	Durchschnittlicher Reputationswert* - Jahr 2002	Höchster Wert	Niedrigster Wert
1	*Automobilhersteller*	10	723,3	Porsche (864)	Opel (548)
2	*Elektronik*	10	701,4	Nokia (790)	Alcatel (572)
3	*Computer*	10	689,3	SAP (753)	Epcos (587)
4	*Konsumgüter*	10	688,6	Boss (753)	Steilmann Gruppe (620)
5	*Medien*	10	664,8	FAZ-Gruppe (764)	Kirch-Gruppe (547)
6	*Autozulieferer*	10	662,5	Bosch (752)	Benteler (591)
7	*Nahrungsmittel*	10	662,2	Coca-Cola (804)	BAT (551)
8	*Touristik*	10	661,6	Dt. Lufthansa (759)	Deutsche Bahn (513)
9	*Chemie*	10	644,6	Fresenius (680)	Oiagen (581)
10	*Maschinenbau*	10	642,1	Heidelberger Druck (728)	mg technologies (562)
11	*Handel*	10	641,4	Aldi (756)	Spar (573)
12	**Energie**	**10**	**635,2**	**RWE (712)**	**RAG Ruhrkohle (557)**
13	*Versicherung*	10	621,3	Allianz (725)	Ergo Versicherungs- gruppe (563)
14	*Kommunikation*	10	603,8	T-Mobile/D1 (640)	Talkline (548)
15	*Banken*	10	593,8	Dt. Bank (695)	Bankges. Berlin (356)
16	*Internet*	10	589,2	AOL (684)	Intershop (481)
17	*Mischkonzern*	2	568,5	Haniel (607)	Gebr. Röchling (530)
18	*Bau*	10	545,0	Heidelberger Zement (614)	Phillip Holzmann (418)
	Gesamt	172	641,03	Porsche (864)	Bankgesell- schaft Berlin (356)

*Die Durchschnittswerte sind errechnet aus den Zahlen der „Imageanalyse 2002" des manager magazin (2002a).

Tabelle 1: Reputationsvergleich nach Branchen

---

[6] Der Untersuchungsansatz des manager magazin wird in Kapitel 2.2.1 ausführlicher dargestellt und in 2.2.3 einer kritischen Würdigung unterzogen.

Die insgesamt nur durchschnittliche Reputation der meisten Unternehmen der Energiewirtschaft wird auch in einem direkten Vergleich mit der in Bezug auf Reputation besten (Automobilhersteller) sowie schlechtesten Branche (Bauwirtschaft) deutlich. In der folgenden Abbildung 1 sind die Reputationswerte dieser drei Branchen aufgeführt, differenziert nach dem jeweils branchenbesten und branchenschlechtesten Unternehmen. Des Weiteren sind jeweils die Branchendurchschnittswerte genannt (mittlere drei Balken).

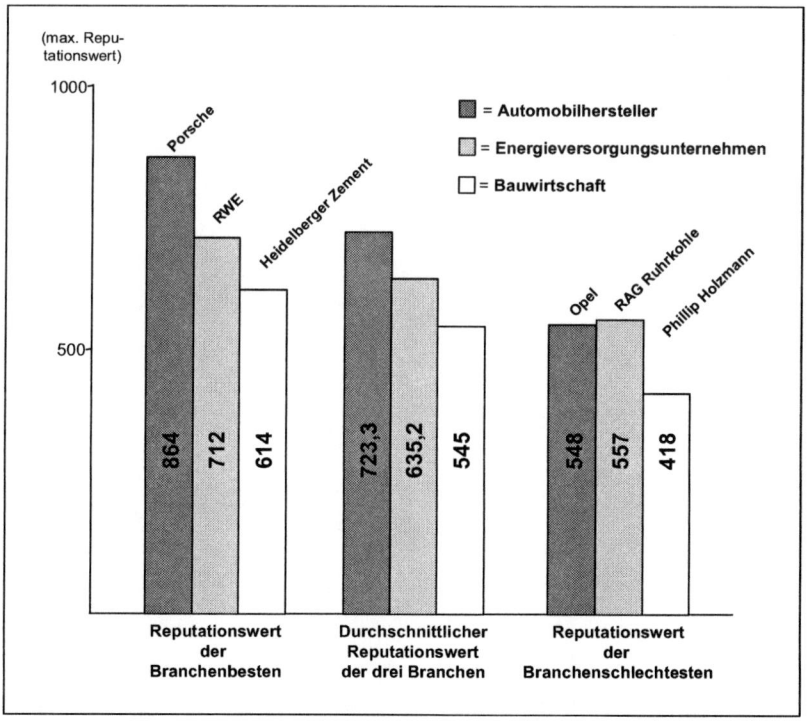

Abbildung 1: EVU im Reputationsvergleich mit Unternehmen der besten und schlechtesten Branchen

1.1.2   Zur Relevanz von Unternehmensreputation und Ziele der Arbeit

1.1.2.1   Die Positivwirkungen der Unternehmensreputation

Das Thema Unternehmensreputation hat in den letzten Jahren ohne Zweifel an Bedeutung gewonnen und diese gestiegene Bedeutung spiegelt sich in einer Reihe neuerer Publikationen (vgl. z. B. Walsh, 2005; Wiedmann/Buxel, 2005; Balmer/Greyser, 2003; Einwiller, 2003; Dowling, 2001; Schultz/Hatch/Larsen, 2000), die vor allem die positiven Wirkungen einer starken Unternehmensreputation akzentuieren.

Die positiven Wirkungen der Reputation beruhen vor allem auf ihren umfassenden Wirkungen der Unsicherheitsreduktion bzw. Vertrauensbildung (vgl. Klee, 2000, S. 307ff.; Doney/Cannon, 1997; Fombrun/van Riel, 1997, S. 6; Plötner, 1995, S. 44; Loose/Sydow, 1994; Gaedke/Tootelian, 1988; Wilson, 1985, S. 27f.). Die Unsicherheitsreduktion wird dadurch initiiert, dass der jeweilige Stakeholder die Reputation eines Unternehmens als Schlüsselinformation ansieht, die eine Vielzahl transaktionsrelevanter Eigenschaften bündelt und wodurch umfassende Suchkosten vermieden werden (vgl. Rose/Thomsen, 2004, S. 201; Williamson, 1985; Kreps/Wilson, 1982).

Nach Neuner (2001, S. 388) dient die Reputation eines Anbieters den Kunden als „Orientierungsmarke". Auch spieltheoretisch lässt sich die wichtige Funktion von Reputation begründen. Die implizite Annahme hierbei ist, dass Spieler mit einer guten Reputation eine bessere Verhandlungsposition haben (vgl. z. B. Banks/Hutchinson/Meyer, 2002; Fudenberg/Levine, 1989; 1992; Kreps/Wilson, 1982).

Das Reputation-Management nimmt also gerade auf unsicherheitsintensiven Märkten eine wichtige Funktion für das Management von Anbieter-Kundenbeziehungen wahr, da auf diesem Wege die Bildung von Vertrauen und Commitment[7] ebenso wie die Qualitätswahrnehmung auf Kundenseite direkt und indirekt beeinflusst werden kann (Dawar/Parker, 1994). Bromley (2001, S. 317) konkretisiert dies, indem er sagt „reputations are particularly important in areas where consumers cannot easily evaluate a product or service, for example insurance cover and educational qualifications" (vgl. auch Hardaker/Fill, 2005; Kim/Choi, 2003).

Diese Leistungsbeispiele können problemlos um Energieprodukte und - dienstleistungen ergänzt werden, denn auch diese gestatten den Verbrauchern aufgrund ihrer Merkmale häufig keine Vorabbeurteilung (Wiedmann et al., 2002, S. 7ff.). Der Aspekt der Unsicherheitsreduktion stellt unmittelbar auf eine kognitive Perspektive ab. Die Unternehmensreputation fungiert in der Informationsverarbeitung des Verbrauchers und anderer Stakeholder als gebündelte Schlüsselinformation, die angesichts von Alternativenvielzahl und begrenzten Informationsverarbeitungskapazitäten bzw. kognitiven Überlastungen (vgl. Walsh, 2002, S. 84ff.; Wiedmann et al., 2000, S. 97ff.) eine Beurteilung der jeweiligen Organisation erleichtern.

Grundsätzlich wird es einem Anbieter ohne eine vorteilhafte Reputation schwer fallen, überhaupt Kunden zu akquirieren bzw. bestehende Kunden zu halten (vgl. Brouillard, 1983). In diesem Kontext verweisen Turnbull/Cunningham (1981, S. 27) darauf, dass „(...) research has shown that, without a reputation of at least an 'acceptable' standard of performance, a company will not even be considered"[8].

Studien aus dem Konsumgüterbereich verweisen auf die negative Beziehung zwischen Unternehmensreputation und -glaubwürdigkeit einerseits und von Konsumenten wahrgenommenes Risiko andererseits (vgl. z. B. Bearden/Shimp, 1982). In weiteren Arbeiten wird der Kauf von Produkten von bekannten Herstellern mit guter Reputation als Strategie zur Reduktion des wahrgenommenen Risikos angesehen (vgl. Groenland, 2002, S. 309f.; Akaah/Korgaonkar, 1988; Lantos, 1983; Ring/Shriber/Horton, 1980).

In immer mehr Bereichen wirtschaftlicher Austauschbeziehungen werden die Positivwirkungen einer starken Reputation erkannt und so finden sich empirische Untersuchungen u. a. am Beispiel von Banken (vgl. Bennett, 1999), Business Schools (vgl. Cornelissen/Thorpe, 2002; Baden-Fuller et al., 2000; Corley/Gioia, 2000), Wissenschaftlern (vgl. Moore/Newman/Turnbull, 2001), Fluggesellschaften (vgl. Fombrun/Gardberg/Sever, 2000), privaten Rentenversicherungen (vgl. Bennett/Gabriel, 2001), Geschäftsversicherungen (vgl. Yoon/Guffey/Kijewski, 1993), Universitäten (vgl.

---

[7]   Nach Homburg (1995, S. 129) kann unter *Commitment* „eine starke Bindung" des Konsumenten an ein Produkt oder Hersteller verstanden werden (vgl. auch Hennig-Thurau/Klee, 1997, S. 24ff.).

[8]   Die hohe Bedeutung der Lieferantenreputation für die Kundenakquisition wurde schon früh von Levitt (1965) nachgewiesen, zit. nach Schoch (1970), S. 105-107.

Kazoleas/Kim/Moffitt, 2001; Müller-Bölling, 2000[9]), wissenschaftlichen Zeitschriften (vgl. z. B. Bräuninger/Haucap, 2003), Weinanbaugebieten (vgl. Landon/Smith, 1997), Branchen (vgl. Larson, 1992) und CEOs (vgl. Gaines-Ross, 2000).

Weitere Studien belegen, dass eine gute Reputation positiv auf Kaufabsichten wirkt (vgl. Yoon et al., 1993), auf das Vertrauen das einer Website und Internetunternehmen entgegen gebracht wird (vgl. Bolton/Katok/Ockenfels, 2004; Yoon, 2002; Kotha/Rajgogal/Rindova, 2001), ebenso wie auf die Fähigkeit, Krisen zu überstehen (Shrivastavas/Siomkos, 1989), positiv mit Abteilungs- oder Firtmenbudgets umzugehen (Stevens, 2002), Markteintritte neuer Wettbewerber zu verhindern oder zu verzögern (vgl. Clark/Montgomery, 1998) und auch hinsichtlich der Auswahl von Kooperations-partnern (vgl. Dollinger/Golden/Saxton, 1997; Saxton, 1997) oder Investitionsprojekten (vgl. Srivastava et al., 1997, S. 63) eine wichtige Rolle spielt.

Die Bedeutung der Reputation eines Unternehmens für die kundenseitig wahrgenom-mene Leistungsqualität ist insbesondere im Dienstleistungsbereich gut dokumentiert. Im wohl bekanntesten Messinstrument zur Erfassung von Dienstleistungsqualität – dem SERVQUAL (vgl. Parasuraman/Zeithaml/Berry, 1986) – wird eine der fünf Dimensio-nen, die *Leistungskompetenz* („Assurance"), durch die Reputation des Dienstleistungs-anbieters determiniert (Zeithaml/Bitner, 2000, S. 83; vgl. z. B. auch Benkenstein/Güthoff, 1997, S. 83).

Beaulieu (2001) weist in einer empirischen Untersuchung anhand von 63 Wirtschafts-prüfern einen Einfluss von Unternehmensreputation auf die Prüftätigkeit nach. Die befragten Wirtschaftsprüfer gaben an, bei Mandanten bzw. Unternehmen mit einer nicht optimalen Reputation mehr prüfungsrelevante Informationen als üblich zusammenzu-tragen, was in der Folge auch zu höheren Kosten für den Mandanten führt.

Eine im Bereich des Financial Reporting angesiedelte empirische Untersuchung von Lev/Zarowin (1999) kommt zu dem Schluss, dass eine ausschließliche Betrachtung finanzwirtschaftlicher Ziele im Hinblick auf die Leistungsfähigkeit eines Unternehmens

---

[9]   Müller-Böling (2000) verweist in einem Artikel über die Eignung deutscher Hochschulrankings auf
       Defizite amerikanischer Rankingverfahren, insbesondere auf das Verfahren von *U. S. News*, in
       dessen Rahmen für 50 Spitzenuniversitäten auch ein „Reputationsindex" berechnet wird (vgl.
       www.usnews.com).

zunehmend an Bedeutung verliert. Vielmehr wird in diesem Zusammenhang betont „(...) that additional disclosures supplementing financial information are necessary" (Cravens/Goad Oliver/Ramamoorti, 2003, S. 203). Eine solche Ergänzung kann die gemessene Unternehmensreputation darstellen.

1.1.2.2 Unternehmensreputation – Eine informationsökonomische Betrachtung

„ Guter Ruf und persönliches Ansehen sind wichtige Faktoren des Erfolgs mancher Professionen (...). Genauso gilt für eine Unternehmung: Reputation begünstigt den Abschluß, die Gestaltung sowie die Abwicklung von Verträgen. Damit hat Reputation eine ähnliche Wirkung wie Garantien, Sicherheiten, informative Berichte und sonstige positive Signale, die alle dazu beitragen, Transaktionskosten zu senken" (Spremann, 1988, S. 613).

Zur theoretischen Fundierung der Relevanz von Unternehmensreputation bzw. eines Reputation-Management auf dem Energiemarkt verspricht die *Neue Institutionenöko-nomik* (NIÖ) und insbesondere der Transaktionskostenansatz ergiebige Anregungen. Gegenstand der NIÖ ist die ökonomische Analyse des institutionellen Umfelds und der institutionellen Arrangements der Wirtschaft (vgl. Stiglitz, 2001; Richter/Furubotn, 1996, S. 46).

Die NIÖ geht auf die neoklassischen Theorien[10] zurück, deren Fokus auf dem Markt als einzig relevanter Koordinationsform für das Verhalten von Anbietern und Nachfragern liegt. Diese neoklassische Betrachtung lässt Informationsasymmetrien und den Einfluss von Institutionen[11] weitgehend unberücksichtigt. In der Realität sind unübersichtliche Märkte und Informationsasymmetrien die Regel und führen zu Unsicherheiten bei den

---

[10] Im Verständnis der neoklassischen Theorie vollkommener Märkte verfügen angebots- und nachfrageseitige Marktakteure über Informationen über Güterqualitäten und -preise ebenso wie über ein allgemeines Marktwissen. Die Marktpreise repräsentieren das verfügbare Wissen. Insofern signalisieren Preise alle relevanten Informationen über die auf einem Markt gehandelten Güter und Leistungen (vgl. z. B. Ordelheide/Rudolph/Büsselmann, 1990; Coase, 1937, S. 392). Demnach verfügen Marktakteure über vollkommene Information und unbegrenzte Rationalität, d. h. es herrscht eine Informationsparität zwischen Angebots- und Nachfrageseite, wodurch Preise und Qualitäten der angebotenen Güter sowie das gegenseitige Verhalten bekannt sind.

[11] Nach Richter/Furubotn (1996) kann unter Institution ein auf ein bestimmtes Zielbündel abgestelltes System von Normen einschließlich deren Garantieinstrumente verstanden werden. Institutionen haben den Zweck, Verhalten steuernd in eine bestimmte Richtung zu wirken, wobei sie Form gebunden (formal) oder Form ungebunden (informell) sein können.

Marktakteuren, wie etwa: Qualitätsunsicherheit, Preisunsicherheit und Verhaltensunsicherheit. In der Realität herrschen zudem Informationsprobleme und Opportunismus[12].

Aus Sicht der NIÖ können mit Hilfe von Reputation Unsicherheit, Informationsprobleme[13] und opportunistisches Verhalten verringert werden (vgl. z. B. Spremann, 1988). Im Kern basiert die NIÖ auf der Überlegung, dass die Begründung und Benutzung von Institutionen und Organisationen durch Anbieter und Nachfrager Kosten verursachen (sog. *Transaktionskosten*), weshalb die Gestaltung der individuellen Verfügungsrechte auf das wirtschaftliche Gesamtergebnis nicht ohne Einfluss ist. Die wichtigsten Teilbereiche der Neuen Institutionenökonomik sind die Verfassungsökonomik, die Property-Rights-, die Principal-Agent- und die Transaktionskosten-Theorie (vgl. z. B. Kaluza/Dullnig/Malle, 2003, S. 14ff.; Cezanne/Mayer, 1998, S. 1345; Mishra, 1998; Kaas, 1995; Terberger, 1994).

Die NIÖ behandelt dabei die drei Ebenen einer Gesellschaft: 1) Verfassungsebene, 2) zusätzliche spezielle institutionelle Arrangements, 3) Analyse des selbständigen Handelns unter einheitlicher Führung innerhalb bestimmter Institutionen (z. B. Unternehmen) (vgl. Kaluza/Dullnig/Malle, 2003, S. 15). Auf der dritten und untersten Ebene ist auch die Transaktionskosten-Theorie angesiedelt.

Grundsätzlich fallen Transaktionskosten für jede Form des Austauschs von Gütern an (vgl. Williamson, 1985, S. 20f.). Transaktionskosten lassen sich anhand verschiedener Kriterien und Perspektiven untergliedern, z. B. in *feste Transaktionskosten* (sog.

---

[12] Mit *Opportunismus* wird das Verfolgen von Eigeninteressen unter Zuhilfenahme von List bezeichnet. Anders als in der neoklassischen Theorie wird hier unterstellt, dass individuelle Akteure vom Eigeninteresse geleitet agieren. In der NIÖ-Literatur werden gemeinhin drei Formen von opportunistischem Verhalten unterschieden (vgl. z. B. Weiber/Adler, 1995, S. 49f.; Kleinaltenkamp, 1992, S. 813ff.): (1) *hidden characteristics* (verheimlichte Mängel); hierzu zählt das eigennützige Vorenthalten relevanter Informationen zu den Eigenschaften eines Produkts oder einer Dienstleistung (z. B. ökologische Lebensmittel). (2) *hidden intention* (verheimlichte Absichten); ein Vertragspartner verheimlicht dem Transaktionspartner seine negativen Verhaltensintentionen bzw. wahren Absichten durch gewitzte vertragliche Regelungen, die sich dem Austauschpartner erst nach Abschluss der Transaktionsvereinbarung offenbaren (z. B. lange Vertragsdauer, geringe Kulanz). (3) *hidden action* (verheimlichte Maßnahmen); hierzu zählt etwa das Vorenthalten von negativen Verhaltensweisen, die dem Austauschpartner verborgen bleiben (z. B. Ausführung von vertraglich festgelegten Arbeiten durch günstige Subunternehmen, die qualitativ geringwertig arbeiten).

[13] Grundsätzlich lassen sich zwei Arten von Informationsproblemen unterscheiden: Die erste Art betrifft die Schwierigkeit, verlässliche Prognosen zu zukünftigen Ereignissen zu erstellen, d. h. es liegt eine „unvollkommene Voraussicht" vor. Die zweite Art von Informationsproblemen wird unter

„versunkene Kosten") und *variable Transaktionskosten*. Erstere entstehen bei der Errichtung bzw. Bereitstellung eines institutionellen Arrangements und letztere basieren auf der Anzahl bzw. dem Wertumfang der Transaktionen (vgl. Richter/Furubotn, 1996). Transaktionskosten lassen sich weiterhin anhand von Marktbenutzungskosten differenzieren:

a) Kosten der Anbahnung von Verträgen (Such- und Informationskosten im engeren Sinne); Such- und Informationskosten entstehen bspw. im Zusammenhang mit der Sammlung von Informationen hinsichtlich des Preises und der Qualität der auf einem Markt gehandelten homogenen Güter (vgl. Picot, 1982).

b) Kosten des Abschlusses von Verträgen (Verhandlungs- und Entscheidungskosten); hierzu zählen Kosten zur Aufbereitung sämtlicher Informationen, die Kosten der Entscheidungsfindung sowie die abhängig von der Art der Geschäftsbeziehung anfallenden Kosten der Vertragsaushandlung.

c) Kosten der Überwachung und Durchsetzung vertraglicher Leistungspflichten (z. B. Qualitätskontrollen beim Wareneingang).

Williamson (1985, S. 20f.) unterteilt Transaktionskosten in *ex ante-Transaktionskosten* und *ex post-Transaktionskosten*, je nachdem ob sie vor oder nach dem Zustandekommen einer Vereinbarung über die Transaktionsbeziehung anfallen (vgl. auch Richter/Furubotn, 1999, S. 50ff.). Transaktionskosten werden vor allem durch Partnersuche und Partnerwahl sowie Entwurf, Verhandlung und Absicherung einer Austauschvereinbarung (ex ante-Transaktionskosten) verursacht. Ex post-Transaktionskosten entstehen aufgrund der Durchsetzung der Vereinbarung, durch Vertragsabweichungen (und den damit verbundenen Aushandlungskosten) sowie die Einrichtung von Systemen zur Streitbeilegung.

Zusammenfassend kann demnach festgestellt werden, dass Transaktionskosten primär in Zusammenhang mit der Beschaffung von Informationen zur Verringerung von Informationsasymmetrien – bzw. zur Verringerung von Unsicherheit und Komplexität –

---

dem Begriff „asymmetrische Informationen" gefasst. Sie stellt darauf ab, dass einige Akteure häufig über mehr Informationen verfügen als andere und dadurch in einer Vorteilsposition sind.

entstehen und in ihrer Höhe determiniert werden (vgl. Rindfleisch/Heide, 1997, S. 31; Klee, 2000, S. 49ff.).

Als Instrumente zum Abbau asymmetrischer Informationen werden in der Literatur so genannte „Kooperations- bzw. Transaktionsdesigns" bzw. Transaktionssysteme vorgeschlagen (vgl. z. B. Weisenfeld-Schenk, 1997, S. 27):

- Informationen: Durch das Aussenden von Signalen soll eine Milderung der asymmetrischen Information herbeigeführt werden. Der Nachfrager wird über vom Anbieter getroffene Vorkehrungen zur Erhöhung der Qualität informiert. Für den Anbieter steigen durch die Bereitstellung der Signale die Kosten, während sie für den Nachfrager sinken. Die Bereitstellung von Informationen ist dann ökonomisch sinnvoll, wenn in der Summe die Transaktionskosten sinken.

- Garantie: Hier erfolgt eine vertragliche Begrenzung des Risikos, also eine Risikominderung in objektiver Sicht.

- **Reputation**: Durch Vertrauensbildung soll eine Risikominderung in subjektiver Sicht erreicht werden. Unter Rekurs auf die verhaltenswissenschaftliche Literatur basiert Vertrauen nach Klee (2000, S. 115f.) auf einem Prozess der Generalisierung. Damit Vertrauen gebildet werden kann, ist eine anfängliche Erfahrungsreihe positiver Erfahrungen mit dem jeweiligen Austauschpartner nötig. Diese Erfahrungsreihe dient als Basis der Generalisierung und signalisiert dem Vertrauenden seinerseits die Rechtfertigung eines vertrauensvollen Handelns. Rössl (1994, S. 10) merkt in diesem Zusammenhang an, dass der „...Informationsstand der aktuellen Gegenwart (...) induktiv in den zu dieser Gegenwart gehörenden Zukunftshorizont projiziert..." wird. Eine positive Reputation eines Unternehmens wird sich positiv auf das kundenseitige Vertrauen auswirken, da der Kunde annimmt, dass das Unternehmen sein Leistungsversprechen einhalten wird.

Es lässt sich transaktionskostentheoretisch begründen, dass Unternehmensreputationen Institutionen darstellen, die Informationskosten senken und die Transaktionen auf von Informations- und Unsicherheitsproblemen gekennzeichneten Märkten fördern. Den Unternehmensreputationen kommt im transaktionskostentheoretischen Sinne die

Aufgabe zu, Informationsasymmetrien auf Seiten der Anbieter und Nachfrager abzubauen.

Aus Anbietersicht besteht das Problem darin, die eigenen Leistungen so anzubieten, dass sie von relevanten Stakeholdern (insbesondere Kunden) wahrgenommen und hinsichtlich ihres Leistungsumfangs und ihrer Qualität beurteilt werden. Als Instrument zur Signalisierung des Leistungsumfangs und der Qualität signalisiert die Unternehmensreputation Nachfragern, wer Produkte mit geringer Output- bzw. Qualitätsvarianz am Markt anbietet (vgl. Spremann, 1988, S. 618f.).

Wenn ein Unternehmen nun Investitionen in den Aufbau und der Stärkung der eigenen Reputation tätigt, kann dies von Stakeholdern als ein Qualitätsversprechen interpretiert werden. Aus Unternehmenssicht stellt die Reputation darüber hinaus eine wirksame Markteintrittsbarriere dar, die potenzielle Wettbewerber überwinden müssen (vgl. Rose/Thomsen, 2004, S. 202; Albert, 1995). Wettbewerber die in den Markt einzutreten beabsichtigen müssen zunächst in die eigene Reputation investieren, z. B. indem unternehmensinterne Prozesse zur Steigerung der Outputqualität optimiert werden.

In einer komplexen Welt erfüllt die Reputation eines Unternehmens somit verschiedene Transaktionskosten-relevante Aufgaben:

- Sie hat eine Orientierungsfunktion auf unübersichtlichen Märkten.

- Sie dient als Qualitätssignal.

- Sie „zwingt" Anbieter zur Vermeidung von Qualitätsvarianz und verhindert deren opportunistisches Verhalten, da diese(s) bestraft würde. Eine Strafe wäre bspw. das Ausbleiben von Wiederholungskäufen, wodurch das Nutzenniveau des Anbieters empfindlich verringert würde (vgl. Spremann, 1988, S. 619). Die Androhung einer Strafe hat dann zum Ziel, dass der Anbieter seine Sorgfalt erhöht (bzw. gar nicht erst verringert) und der Nachfrager weiterhin mit einem risikofreien Ergebnis (z. B. Produkt) rechnen kann. In diesem Kontext meint Stiglitz (2001, S. 1459f.): „in the presence of moral hazard problems, reputation mechanisms are required to induce good behaviour".

- Sie erlaubt Nachfragern eine schnelle Identifikation bestimmter Leistungsbündel.

- Sie reduziert Kosten der Informationsbeschaffung und –verarbeitung.

- Sie fördert Goodwill des Anbieters. In diesem Zusammenhang merkt Klee (2000, S. 313) an, dass wenn eine Geschäftsbeziehung sich „hin zu einem eigenständigen sozialen System mit eigenen Spielregeln und einer ausgeprägten eigenen „Mikrokultur" entwickelt, kann diese Beziehung bei den an der Beziehung beteiligten Personen zu einem eigenständigen Wahrnehmungsobjekt und damit z. B. Ausgangspunkt wie Zielobjekt von deskriptiven und evaluativen Inferenzprozessen werden (z.B. ein „Goodwill-Vorschuß" in Gestalt einer positiven Wahrnehmung und Beurteilung neu eingetretener Beziehungsmitglieder bei einer gut laufenden Geschäftsbeziehung)".

- Sie fördert eine glaubhafte Informationsvermittlung.

- Sie verkürzt bei wiederholten Transaktionen die Geschäftsanbahnung und -abwicklung.

Unternehmensreputationen als Institutionen des Marktes stellen folglich Informationsinstrumente dar, die als Stabilisatoren von Anbieter- und Nachfragerverhalten fungieren. Demnach tragen Unternehmensreputationen auch zur Senkung von Transaktionskosten bei und erhöhen damit die Effizienz eines Marktes. Durch ihre Informationsfunktion reduzieren sie Unsicherheiten und Zufälligkeiten (Kontingenz) im Marktprozess. Sie ermöglichen also Vertrauen durch Komplexitätsreduktion und erzielen, indem Vertrauen als sehr wichtige informelle Institution gesehen werden kann, Komplexitätsreduktion durch Vertrauen.

1.1.2.3 Primärziele und Sekundärziele

Die mittlerweile recht umfangreiche Literatur zum Thema und Konstrukt der Unternehmensreputation lässt darauf schließen, dass Reputation unmittelbar mit dem strategischen Ziel unternehmerischen Handelns – der Gewinnerzielung (vgl. Lehmann, 1998, S. 51f.) – verknüpft ist. Die Reputation eines Unternehmens löst bei Stakeholdern einen psychologischen Effekt aus, der ein Unternehmen in den Augen der Stakeholder positiv oder negativ erscheinen lässt. Eine negative Reputationswahrnehmung wirkt gewinnschmälernd, da Stakeholder ceteris paribus wenig Interesse an Austauschbeziehungen mit einem Unternehmen haben. Der Unternehmensgewinn wird auch deshalb gemindert, weil negative Unternehmensreputationen erhöhte Marketing- bzw. Kommunikationsausgaben (= mehr Kosten) mit sich bringen.

In Bezug auf die zitierten Untersuchungen kann jedoch festgestellt werden, dass ihnen nicht immer ein einheitliches Begriffsverständnis von Reputation zugrunde liegt und deshalb auch heterogene Operationalisierungsansätze zu konstatieren sind. Regelmäßigen Einsatz findet hingegen ein in den USA entwickeltes Instrument zur Messung von Unternehmensreputation: der *Reputation Quotient* (kurz: RQ) (vgl. Walsh/Wiedmann, 2004; Fombrun/Wiedmann, 2001a; 2001b; Wiedmann, 2001; Fombrun/Gardberg/Sever, 2000).

Der RQ wurde bereits in einigen Ländern getestet; aus Deutschland liegen jedoch nur erste konzeptionelle Vorarbeiten vor (vgl. Walsh/Wiedmann, 2004; Wiedmann, 2001a). Auch liegt ein Forschungsdefizit dergestalt vor, dass bislang keine Studie im Kontext eines neu deregulierten Marktes sowie im speziellen Energiesektor angesiedelt ist. Trotz vereinzelter Arbeiten zum Thema Unternehmensreputation (vgl. z. B. Schwaiger/Hupp, 2003; Schwaiger/Zinnbauer 2003; Schwalbach, 2003; Dunbar/Schwalbach, 2000) fehlt es weiterhin bislang an einer Deutschland bezogenen theoretisch-empirischen Überprüfung der Dimensionalität des Original-RQ.

Vor diesem Hintergrund ergeben sich *Primärziele* und *Sekundärziele* für die vorliegende Arbeit. Das Primärziel ist die valide Messung des Konstrukts Unternehmensreputation anhand eines handhabbaren Instruments. Aufgrund der skizzierten Forschungsdefizite ergeben sich im Zusammenhang mit der Reputationsmessung notwendige konzeptionelle Vorarbeiten, die dem Bereich der Sekundärziele zuzuordnen sind. Zu den Sekundärzielen ist auch die Analyse von Konsequenzen der Reputation zu zählen. Konkret sollen im Rahmen der vorliegenden Arbeit die folgenden Forschungsaufgaben bearbeitet werden:

1) Theoretische Verortung von Unternehmensreputation durch eine Begriffsbestimmung (vgl. zur Bestimmung theoretischer Begriffe z. B. Poser, 2001, S. 90ff.).

2) Vorstellung des Untersuchungskontextes; d. h. Skizzierung zentraler Entwicklungen im liberalisierten Energie-/Gasmarkt. Aus betriebswirtschaftlicher und insbesondere Marketingsicht ist der Energiemarkt insgesamt von Interesse, jedoch können relevante Entwicklungen exemplarisch am Besten anhand des Gasmarkts

erörtert werden, da dieser sich gerade im Liberalisierungsprozess befindet. Der Untersuchungskontext erscheint auch insofern geeignet, als Energieunternehmen vergleichsweise schwache Reputationswerte aufweisen (vgl. Petrick et al., 1999, S. 64). Interessant ist in diesem Zusammenhang auch die vergleichsweise schwache Präsenz von EVU in der öffentlichen Wahrnehmung. So stammt keines der beliebtesten 40 in Deutschland tätigen Unternehmen aus dem Energiesektor (vgl. Wiedmann, 2001a, S. 40ff.).

3) Vorstellung eines Bezugsrahmens zur kritischen Diskussion des RQ und Konzeptualisierung von Unternehmensreputation.

4) Erweiterung bzw. Anpassung des RQ für einen Einsatz in Deutschland, wo bislang ein Mangel an theoriebasierten Reputaion bezogenen Messansätzen zu konstatieren ist.

5) Neben der Ermittlung der Dimensionalität eines deutschen RQ sollen auch relevante Konsequenzen der Unternehmensreputation identifiziert und empirisch überprüft werden. Die Relevanz der Unternehmensreputation erwächst aus der Betrachtung möglicher monetärer und nicht-monetärer Konsequenzen, die mit einer negativen oder positiven Reputation assoziiert werden. Durch die von Fombrun (2001, S. 23) sowie Aaker (1991) unterstellte Analogie zum Markenwert kann des Weiteren eine Quantifizierbarkeit von Reputation unterstellt werden.

6) Ermittlung von trennscharfen Reputation-Segmenten.

7) Formulierung forschungstheoretischer und praktischer Implikationen für EVU.

1.1.3   Wissenschaftstheoretische Positionierung

Zur zentralen Aufgabe der wissenschaftlichen Forschung gehört die Erkenntnisgewinnung (vgl. Raffée, 1974, S. 14ff.) sowie die Verwaltung des „bestgesicherte[n] Wissen[s] einer Zeit" (Poser, 2001, S. 11). Ob gewonnene Erkenntnisse jedoch in einem konkreten Anwendungszusammenhang stehen müssen (angewandte Wissenschaft) oder Anwendungsbezüge außer Acht gelassen werden können – oder gar sollten – („reine" Wissenschaft) kann aufgrund gegensätzlicher wissenschaftstheortischer Grundpositionen, wie sie insbesondere in der Betriebswirtschaftslehre anzutreffen sind, nicht abschließend beantwortet werden (vgl. hierzu Raffée, 1974, S. 14ff.; 64ff.). Als unstrittig kann indes angesehen werden, dass die Betriebswirtschaftslehre einen stärkeren Praxis- und somit Anwendungsbezug hat als viele andere Geisteswissenschaften.

Das Untersuchungsgebiet der Betriebswirtschaftslehre als Teilgebiet der Wirtschaftswissenschaften ist das Spannungsfeld zwischen nahezu unbegrenzten menschlichen Bedürfnissen und begrenzten Mitteln zur Befriedigung dieser Bedürfnisse (vgl. Wöhe, 1993, S. 1). Die vorliegende Arbeit versteht sich als Beitrag zur angewandten Wissenschaft, die ursächliche Zusammenhänge aufzeigen und Erkenntnisse generieren will, die für die betriebswirtschaftliche Praxis nutzbar sein sollen. Diesem Anspruch versucht sie auch dadurch gerecht zu werden, dass menschliches Handeln als Variable betrieblicher Entscheidungen und Prozesse nicht ausgeblendet, sondern explizit anerkannt wird. Unternehmensreputation wird durch Handlungen von Mitarbeitern geprägt und vor allem von externen Stakeholdern wahrgenommen. Insofern ist Unternehmensreputation ohne die Berücksichtigung des „Menschen" kaum vorstellbar.

Trotz dieser Bedeutung des Individuums für die Betriebswirtschaftslehre wurde die Größe *menschliches Handeln* lange Zeit nur relativ abstrakt, der homo oeconomicus-Prämisse folgend, bei der Untersuchung betriebswirtschaftlicher Fragestellungen berücksichtigt (vgl. vgl. Wöhe, 1993, S. 33, 45f., 83; Strümpel, 1990, S. 16; Schanz, 1979, S. 126ff.). Bei der Annahme des homo oeconomicus wurde der handelnde Mensch ausgeblendet, obgleich gerade Wirtschaften einen speziellen „Ausschnitt sozialen Handelns" (Raffée, 1984, S. 28) darstellt. Wöhe (1993, S. 33) meint in diesem Zusammenhang, dass das Handeln eines Unternehmers nicht nur von „wirtschaftlichen, sondern auch von ethischen und sozialen Motiven" beeinflusst wird. Er führt weiter aus, es gebe andere Lebensbereiche des Unternehmers, „die in einer Rangordnung der Werte über den wirtschaftlichen stehen sollten" (Wöhe, 1993, S. 33).

Aus Sicht von betriebswirtschaftlichen Teilgebieten wie dem Personalmanagement (vgl. Ridder, 1999, S. 32ff.), der Unternehmensführung oder dem Marketing war die unrealistische Ausblendung des menschlichen Handelns unbefriedigend. Diese gegensätzlichen Denkhaltungen drückt Raffée (1984, S. 25ff.) in zwei forschungstheoretischen Basiskonzepten der Betriebswirtschaftslehre, dem *ökonomischen Konzept* und dem *sozialwissenschaftlichen Konzept*, aus.

Das *ökonomische* **Konzept** versteht die Betriebswirtschaftslehre als eine Wissenschaft, die sich auf ökonomische Erkenntnisse und kritisch-rationale Methoden zu beschränken hat. Die Einbeziehung der Variablen *menschliches Handeln* bei der Bearbeitung betriebswirtschaftlicher Fragestellungen wird zum Teil vehement abgelehnt: „(...) ist der Anspruch, die verhaltens- bzw. sozialwissenschaftlich verankerte Managementwissenschaft sei Unternehmensführungslehre schlechthin anmaßend: Etikettenschwindel" (Schneider, 1993, S. 497; vgl. auch Schneider, 1981, S. 26ff.).

Das *sozialwissenschaftliche Konzept* stellt durch die Einbeziehung von und Fokussierung auf Individuen und deren wirtschaftliches Handeln eine Erweiterung des ökonomischen Ansatzes dar (vgl. auch Wöhe, 1993, S. 82f.). Dieses Konzept steht insofern für eine interdisziplinäre Öffnung der Betriebswirtschaftslehre, vor allem gegenüber verhaltenswissenschaftlichen Disziplinen wie der *Soziologie* und *Psychologie*.

Verschiedene Autoren plädieren für eine Kombination verhaltenswissenschaftlicher und ökonomischer Ansätze (vgl. z. B. Kaas, 1994, S. 248). Gerade bei der Auseinandersetzung mit dem Konstrukt *Unternehmensreputation* ist ein realitätsnahes Menschenbild erforderlich, da ansonsten eine Reihe zentraler Zusammnenhänge wie der zwischen Reputation und ausgesuchten Konsequenzen irrelevant blieben. Folglich folgt diese Arbeit dem sozialwissenschaftlichen Konzept der Betriebswirtschaftslehre.

Zur Erfüllung der Forschungsaufgabe *Erkenntnisgewinnung* wird für die vorliegende Arbeit die vom kritischen Rationalismus (vgl. Popper, 1973; 1979; 1992, S. 190) vertretene *deduktive Methode* gewählt. Anders als die *induktive Methode* – die eine Ableitung allgemeiner Theorien aus singulären Sätzen vornimmt (vgl. z. B. Chalmers, 1999, S. 35ff.; Magee, 1975, S. 76ff.; Raffée, 1974, S. 43) – wird bei der *Deduktion* von zwei Prämissen auf einen zu erklärenden Sachverhalt geschlossen, es handelt sich bei der deduktiven Methode somit um eine grundlegende Form des logischen Schließens (vgl. z. B. Chalmers, 1999, S. 35ff., 46ff.; Wöhe, 1993, S. 35f.; Raffée, 1974, S. 43).

Mit Hilfe eines tragfähigen Bezugsrahmens sowie statistischer Methoden sollen im Rahmen dieser Arbeit Ursache-Wirkungsbeziehungen hinsichtlich der Entstehung und Konsequenzen von Unternehmensreputation an einem konkreten Beispiel analysiert werden, mit denen ggf. auf Reputationswirkungen in anderen Branchenkontexten geschlossen werden kann.

1.2 Abgrenzung und Gang der Untersuchung

Nach Skizzierung der Problemstellung und im Rahmen dieser Arbeit zu bearbeitenden Forschungsaufgaben wird im Folgenden der grundlegende Aufbau der Arbeit kompakt dargestellt (vgl. Abbildung 2).

Im Anschluss an dieses Kapitel werden in **Kapitel 2** die begrifflichen und konzeptionellen Grundlagen dieser Forschungsarbeit erarbeitet. Konkurrierende Definitionen, die teilweise Anleihen bei anderen Konstrukten nehmen, erschweren einen Vergleich bisheriger Ansätze und eine exakte Eingrenzung des Gegenstandes. Aus diesem Grund wird das Konstrukt Unternehmensreputation vom Konstrukt *Unternehmensmarke* abgegrenzt (2.1.1). Eine umfangreiche Literaturdurchsicht zeigt bspw., dass das Konzept der Unternehmensreputation nicht frei von definitorischem Pluralismus ist – z. B. wird Unternehmensreputation synonym für andere Begriffe verwendet, wie etwa *Image* (vgl. Bromley, 2001, S. 316; Gotsi/Wilson, 2001, S. 24ff.) –, deshalb beginnt die theoretische Auseinandersetzung mit einer Überprüfung existierender Definitionen, in deren Anschluss eine eigene Definition vorgeschlagen wird (2.1.2).

Im weiteren Verlauf des zweiten Kapitels werden in der Praxis anzutreffende Ansätze zur Messung von Unternehmensreputation – die i. d. R. nicht theoretisch konzeptualisiert sind – skizziert und anschließend kritisch diskutiert (2.2). Dabei handelt es sich insbesondere um die Imageprofile des deutschen manager magazin (2.2.1) sowie das Reputation-Ranking des US-amerikanischen Fortune Magazin (2.2.2). Im Anschluss daran wird der Reputation Quotient – dem im Rahmen dieser Arbeit eine zentrale Rolle zukommt – als stärker wissenschaftlich fundierter Messansatz vorgestellt (2.3).

Der Unterabschnitt 2.4 widmet sich einer relativ ausführlichen Vorstellung des Kontext, in dem Unternehmensreputation untersucht werden soll: dem deutschen Energiemarkt und hier vor allem dem Gasmarkt. Der Gasmarkt wird hinsichtlich seiner Akteure (2.4.1) sowie relevanter Reputation bezogener Unternehmens-Umweltherausforderungen (2.4.2) beschrieben. Die Frage, welche Umweltherausforderungen für EVU existieren, wird durch eine Betrachtung bereits liberalisierter Märkte konkretisiert (2.4.3), bevor dann unter Rekurs auf gewonnene Erkenntnisse der liberalisierte Gasmarkt (2.4.4) – insbesondere hinsichtlich seiner rechtlichen Rahmenbedingungen (2.4.4.1) sowie der Stufen der Liberalisierung (2.4.4.2) – erläutert wird. Das zweite Kapitel schließt mit einer theoretischen Verortung des Produkts *Gas* (2.5).

Ein Mangel an generell anerkannten Erkenntnissen zu typischen Ursachen der Entstehung und Wirkung von Reputation bezogenen Umweltherausforderungen fordern dazu auf, einen allgemeinen theoretisch-konzeptionellen Bezugsrahmen zu erstellen, der unter Berücksichtigung bisheriger Erkenntnisse sowie theoretischer Überlegungen eine Abgrenzung und Konkretisierung des Untersuchungsfeldes vornimmt (3.1). Der vorgestellte Bezugsrahmen wird in **Kapitel 3** hinsichtlich seiner (postulierten) Dimensionen und Konsequenzen inhaltlich ausdifferenziert (3.2). Als zentrales Element des Bezugsrahmens dient der sechs-dimensionale *Reputation Quotient*. Nach den Vorüberlegungen (3.2.1), werden eigene explorative Vorarbeiten erläutert (3.2.2), um dann neue postulierte Konstruktdimensionen vorzustellen und in den Bezugsrahmen zu integtrieren (3.2.3).

Im Anschluss an die Diskussion des Bezugsrahmens wird das Untersuchungsdesign der durchgeführten ersten empirischen Untersuchung (Studie 1) vorgestellt (3.3). Zunächst werden in kompakter Weise die Datenerhebung und die Stichprobe (3.3.1) sowie der Prozess der Itemgenerierung beschrieben (3.3.2). Auf Grundlage der theoretischen Begriff- und Messung bezogenen Ausarbeitungen folgt eine eigene empirische Untersuchung mit dem Ziel, Unternehmensreputation zu messen bzw. den Original-RQ hinsichtlich seiner Eignung, in Deutschland Unternehmensreputation bei einem EVU zu messen, mittels gängiger multivariater Verfahren überprüft (3.3.3). Anschließend erfolgt eine Bildung von sechs Reputationstypen bzw. Reputationssegmenten mittels Clusteranalyse (3.3.4). Zum Abschluss des dritten Kapitels werden die Ergebnisse der zweiten Datenerhebung (Studie 2) diskutiert, die der Validierung der mit den ersten Daten ermittelten Struktur des Reputationskonstrukts dient (3.3.5).

Diese Arbeit ist Ausdruck einer sowohl praxisorientierten wie auch wissenschaftlichen Motivation. Entsprechend ist eine erste Diskussion der Untersuchungsergebnisse hinsichtlich von Marketingimplikationen Gegenstand von **Kapitel 4**. Basierend auf den theoretischen Erkenntnissen sowie den Untersuchungsergebnissen soll versucht werden,

Gestaltungsperspektiven zum Management von Unternehmensreputation aufzuzeigen. Zunächst werden die Ergebnisse der Dependenzanalyse in kompakter Form hinsichtlich ihrer Praxisimplikationen diskutiert (4.1). Anschließend werden Möglichkeiten der Nutzung der identifizierten Reputation-Segmente diskutiert (4.2). In Unterabschnitt 4.3 werden Limitationen der vorliegenden Untersuchung aufgezeigt sowie sich daraus ableitender zukünftiger Forschungsbedarf. Es wird auch betont, dass die Auseinandersetzung mit Unternehmensreputation aus Managementperspektive zweckmäßig erscheinent. Es werden ausgewählte Komponenten und der Prozess eines Reputation-Management vorgestellt (4.4). Die betrachteten Komponenten bzw. Ebenen sind das normative (4.4.1) sowie das strategische Management (4.4.2).

Die Arbeit schließt mit einer Zusammenfassung (**Kapitel 5**), wobei insbesondere auf Praxis bezogene (5.1) sowie wissenschaftliche Implikationen und zukünftigen Forschungsbedarf (5.2) eingegangen wird. Im Rahmen der Praxis bezogenen Implikationen wird die Bedeutung der Unternehmensreputation für den sich weiter dynamisch verändernden Energiemarkt skizziert (5.1.1). Zu den Praxis bezogenen Implikationen gehört auch eine internationale Perspektive (5.1.2), ebenso wie die Berücksichtigung reputationsrelevanter Konzepte der Unternehmensführung (5.1.3). Die Forschung bezogenen Implikationen befassen sich mit Frage, inwieweit bei der Messung von Unternehmensreputation eine branchen- und kulturübergreifende Validität erreicht werden kann (5.2.1). Die vorliegende Arbeit schließt mit der Forderung nach einer stärkeren verhaltenswissenschaftlichen Fundierung der Reputationsforschung (5.2.2).

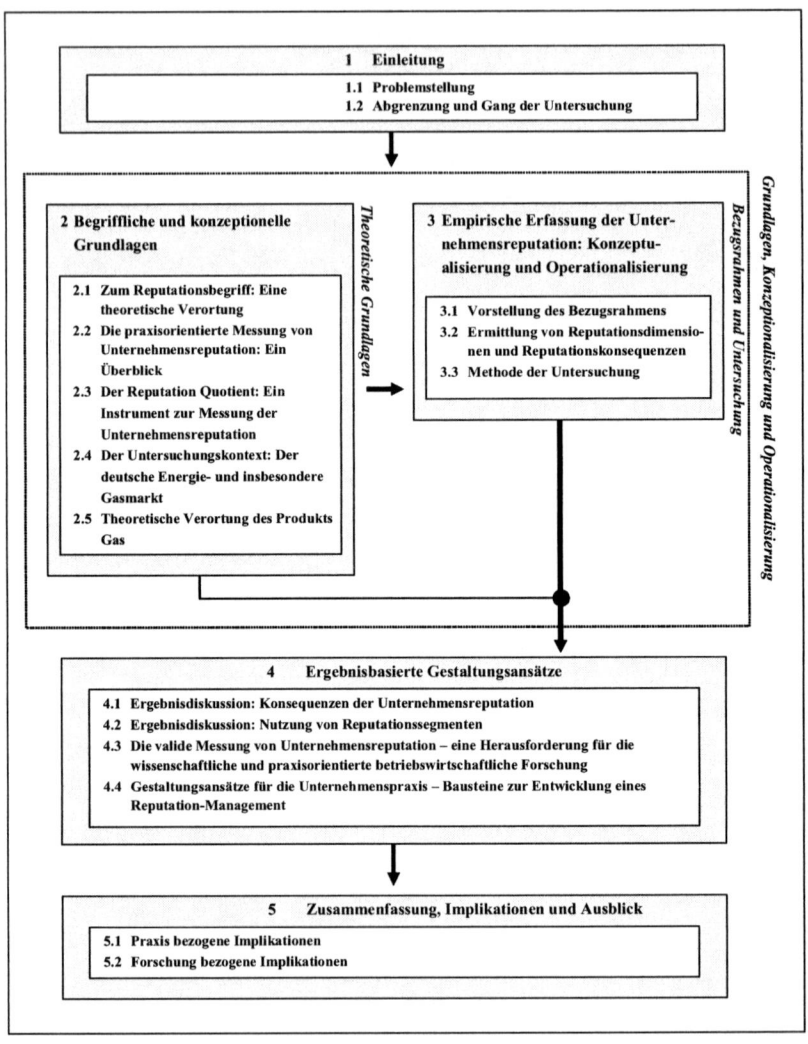

Abbildung 2: Aufbau der Arbeit

2 Begriffliche und konzeptionelle Grundlagen

2.1 Zum Reputationsbegriff: Eine theoretische Verortung

2.1.1 Unternehmensmarke und -reputation

Eine Durchsicht der relevanten Literatur zeigt, dass inhaltliche Überlappungen aber auch Unterschiede zwischen den Begriffen *Unternehmensreputation* und *Unternehmensmarke* konstatiert werden können. Beide Begriffe werden eigenständig oder teilweise austauschbar verwandt (z. B. Cravens et al., 2003, S. 203). So meinen Will/Wolters (2001, S. 45): „Reputation und Marke eines Unternehmens stellen immaterielle Güter dar".

Implizit unterschieden werden die Begriffe etwa auch, wenn Unternehmens-Markenführung („Corporate Branding") als Mittel des Reputation-Management angesehen wird: „Corporate branding is defined here as a (...) process of creating and maintaining a favorable reputation of the company with its constituent elements" (van Riel, 2001, S. 12). Nahe liegend erscheint deshalb zunächst die Frage, inwiefern sich die Begriffe Unternehmensmarke und Unternehmensreputation abgrenzen lassen (vgl. Bickerton, 2000; Ind, 1997; 1998 sowie den Herausgeberband von Schultz/Hatch/Larsen, 2000).

Eine Unternehmensmarke („Corporate Brand") kann in Anlehnung an den Markenbegriff (vgl. z. B. Keller/Aaker, 1992) als ein Leistungsversprechen und in der Psyche der Stakeholder verankertes und idealerweise unverwechselbares Vorstellungsbild eines Unternehmens (vgl. Wiedmann, 2001b; Supphellen/Nysveen, 2001; Laforet/Saunders, 1994) verstanden werden.

Eine Unternehmensmarke unterscheidet sich von „einfachen" Marken eines Unternehmens darin, dass eine konsequente Nutzung des Markennamens im Vordergrund steht. Sowohl auf Ebene der Konzernmutter bis hinunter zum einzelnen Produkt im Produktportfolio wird die Kommunuikation desselben Namens unterstützt (vgl. Wolff, 2001, S. 61ff.; Esch/Bräutigam, 2001, S. 27ff.).

Eine begriffliche Differenzierung von Unternehmensmarke und Unternehmensreputation ergibt sich auch anhand der Ziele, die mit beiden Konzepten verbunden sind:

- *Unternehmensmarke.* Nach Tomczak et al. (2001, S. 3) ist das Ziel der Unternehmensmarkierung „die Verankerung eines konsistenten Vorstellungsbilds vom Gesamtunternehmen in den Köpfen der relevanten Anspruchsgruppen".

- *Unternehmensreputation.* Ziel der Unternehmensreputation ist nicht nur die Schaffung eines Vorstellungsbilds. Das Vorstellungsbild ist vielmehr positiv aufzuladen und die sich ergebende Achtung vor dem Unternehmen soll positiv auf relevante Konsequenzen (z. B. Loyalität der Kunden) wirken und im Idealfall ein Stakeholder übergreifendes Unterstützungspotenzial generieren (vgl. Walsh/Wiedmann, 2004). Insofern ist die Unternehmensmarke Teilmenge der Unternehmensreputation, jedoch nicht umgekehrt.

Eine weitere Unterscheidung von Unternehmensmarke und -reputation lässt sich hinsichtlich ihrer Relevanz für verschiedene Anspruchsgruppen vornehmen. Obgleich auch hier Überschneidungen vorliegen, existieren Unterscheide dahingehend, dass Unternehmensreputation nicht nur auf kommunikationspolitischen Maßnahmen des Unternehmens basiert, sondern vielmehr auf ein Bündel von unternehmerischen Aktivitäten, die für verschiedene Stakeholdergruppen relevant sind (vgl. Abbildung 3). Die Unternehmensmarke ist in diesem Sinne stärker das Produkt der kommunikationspolitischen Bemühungen des Unternehmens. Über eine positive, indifferente oder negative Reputation verfügt indes jedes Unternehmen – ob es etwas bewusst dafür tut oder nicht.

Die unterschiedliche Relevanz von Unternehmensmarke und -reputation für verschiedene Anspruchsgruppen lässt sich anhand von Unternehmen wie *Nike* oder *Reebok* beispielhaft erläutern. *Nike* ist eine weltweit erfolgreiche Unternehmens- und Produktmarke und das Unternehmen verfügt über viele treue Kunden, die durch den Kauf von *Nike*-Produkten ein innovativ-sportliches Lebensgefühl ausdrücken möchten. Für diese Kunden ist die Unternehmensmarke *Nike* insofern von hoher persönlicher Relevanz.

Nun verhält es sich so, dass verschiedene internationale Sportartikelhersteller – darunter *Nike* – seit Mitte/Ende der 90er Jahre regelmäßig mit schlechten Arbeitsbedingungen in fernöstlichen Fabriken, in denen diese Sportartikelhersteller produzieren lassen, in Verbindung gebracht werden (vgl. Wootliff/Deri, 2001, S. 157; Klein, 2001, S. 328).

Kunden können nun die Produkt- und Unternehmensmarke *Nike* weiterhin als für sich relevant und vorteilhaft (im Sinne einer Bedürfnisbefriedigung) ansehen – da bspw. die Qualität der Produkte nicht tangiert wird –, jedoch gleichzeitig die Reputation desselben Unternehmens als „befleckt" ansehen. Solche widersprüchlich scheinenden Einschätzungen von Unternehmensmarke und -reputation lassen sich auch aus Sicht anderer Anspruchgruppen (z. B. Gewerkschaften) begründen.

	Unternehmensmarke	Unternehmensreputation
Kunden	●	●
Aktionäre/ Investoren	◐	◐
Wettbewerber	◐	◐
Politik	○	◐
Potenzielle Kooperationspartner	◐	●
Mitarbeiter (aktuelle)	○	◐
Mitarbeiter (potenzielle)	◐	◐
Medien	◐	◐
Interessensverbände (Gewerkschaften etc.)	○	●
Wissenschaft	○	◐
Lieferanten	◐	◐
Sonstige Multiplikatoren	○	◐

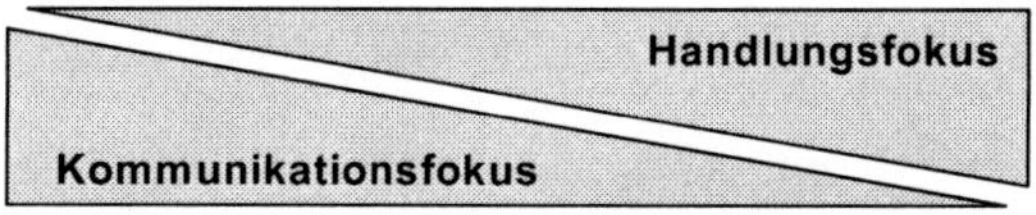

Handlungsfokus

Kommunikationsfokus

● = Hohe Relevanz für die jeweilige Anspruchsgruppe.
◐ = Mittlere Relevanz für die jeweilige Anspruchsgruppe.
○ = Geringe/keine Relevanz für die jeweilige Anspruchsgruppe.

Abbildung 3: Unternehmensmarke versus Unternehmensreputation

Kurzfristig wird die lädierte Reputation für *Nike* vermutlich keine nachteilhaften ökonomischen Folgen haben, doch mittel- und langfristig kann eine verfestigte negative Reputation die Reputations-Markenkaskade (Unternehmensreputation → Unternehmensmarke → Produktmarke) hinunter den Erfolg der einzelnen *Nike*-Produkte beeinflussen (vgl. z. B. Selnes, 1993). Denn im Laufe der Zeit wird es zu kundenseitigen Dissonanzen in Bezug auf das konsistente (positive) Vorstellungsbild vom Unternehmen (= Unternehmensmarke) kommen, da das Vorstellungsbild durch neue negative Bilder ergänzt und somit beeinträchtigt wird.

2.1.2   Reputation versus Image

2.1.2.1   Existierende Definitionen: Eine Bestandsaufnahme

Eine methodisch abgesicherte Reputationsmessung bedarf einer tragfähigen theoretischen Fundierung. Diese beginnt bei Konstrukt bezogenen Arbeiten gemeinhin mit einer begrifflichen Standortbestimmung, welche sich hier als nicht unproblematisch darstellt.

Die etymologische Betrachtung des Begriffs *Ruf* oder *Reputation* (von lat. *reputatio*) belegt eine mit dem heutigen Verständnis kompatible Begriffsbedeutung, bei der unter Ruf (oder *Leumund*) die aus der Meinung anderer resultierende (vor allem soziale) Einschätzung verstanden wird (vgl. Brockhaus Enzyklopädie, 1992, S. 311; Deutsches Wörterbuch, 1984, S. 1395; Kluge, 1999).

Die Bedeutung der Reputation (bzw. des Rufs oder des Leumunds) für das öffentliche Leben wird auch dadurch unterstrichen, dass in der Vergangenheit in den Rechtssystemen der deutschsprachigen Länder sog. *Leumundszeugen* bei Strafprozessen vorgesehen waren, die Auskunft über den (guten) Ruf des Beklagten zu machen hatten (vgl. Brockhaus Enzyklopädie, 1970, S. 395).

Eine Literaturdurchsicht zeigt, dass der Begriff *Reputation* einerseits eine uneinheitliche inhaltliche Konkretisierung erfährt und andererseits häufig mit dem *Image*begriff gleichgesetzt wird (vgl. z. B. Gray, 1986, S. 3f.; Marwick/Fill, 1997, S. 398; Caruana, 1997). So findet sich beim Informationsportal www.wissen.de (abgerufen am 03.04.2002) die folgende Definition von Image: „Reputation, Leumund; das Bild, das sich die Öffentlichkeit von einer Person oder Firma macht oder machen soll."

Interessant ist auch, dass der Begriff des *Image* nicht eindeutig belegt ist und die Begriffe der *Unternehmensidentität, -persönlichkeit* und des *-image* in der Literatur nicht immer eine trennscharfe Verwendung erfahren, vor allem wenn sie in einem interdisziplinären Kontext verwendet werden (vgl. Bromley, 2001, S. 316).

Auch dort, wo Autoren sich um eine begriffliche Abgrenzung dieser zwei verwandten Konzepte bemühen, wird der Unterschied nicht immer klar. So meint Einwiller (2003, S. 97) hinsichtlich dieser zwei Konzepte: „Während sich hinter Reputation die sozial vermittelte, in einem Netzwerk verbreitete und positive Einstellung Dritter gegenüber einem Objekt verbirgt, sollen unter einem Image die individuellen Meinungen und Einstellungen verstanden werden". Der Unterschied zwischen positiven Reputation- und Image bezogenen Einstellungen, auf den diese Abgrenzung abstellt, erschließt sich dem Leser nicht ohne weiteres.

Eine Schwierigkeit mag für Autoren darin liegen, ein Konstrukt wie Reputation gedanklich und somit begrifflich sauber zu fassen. Gängige Auffassung ist, dass Unternehmensreputation „is primarily an emotional concept that is difficult to rationalize and verbalize" (Groenland, 2002, S. 309). Davies et al. (2002, S. 57) bezeichnen Reputation als „woolly concept".

Einwiller (2001, S. 2) kritisiert in ihrer im Internetbereich angesiedelten Arbeit, dass Definitionen von Reputation „are often superficial and vague (...) are conceputalized in a simplistic manner and reduced to aspects like familiarity, company size, name, or design. In empirical studies the meaning of reputation is often left to the interpretation of the respondent by simply asking for an estimation whether the firm in question has a 'good/bad reputation'."

Eine weitere Schwierigkeit ist auch, dass Reputation in Bezug auf verschiedenen Entitäten untersucht worden ist; z. B. hinsichtlich Marken (vgl. Chaudhuri, 2002), Personen (vgl. z. B. Gaines-Ross, 2000; Wade/Porac/Pollock, 1997) und natürlich Unternehmen. Unter Reputation kann zunächst im umgangssprachlichen Sinne das Ansehen oder der gute Ruf einer Person oder Institution verstanden werden (Der Brockhaus, 1999, Bd. 11, S. 409). Diese Begriffsverständnis kann jedoch lediglich einer Annäherung an eine fundierte Definition darstellen, denn es muss grundsätzlich als tautologisch eingestuft werden – „Reputation" wird mit „Ruf" erklärt. Diese begriffliche

Schwäche findet sich auch in existierenden Definition von „Reputation" (vgl. z. B. die Definition von Einwiller, 2003 in Tabelle 2).

In einer meta-analytischen Studie zeigen Gotsi/Wilson (2001a), dass grundsätzlich zwischen zwei Schulen der Konzeptualisierung von Unternehmensreputation unterschieden werden kann: „These include the *analogous school of thought*, which views corporate reputation as synonymous with corporate image, and the *differentiated school of thought*, which considers the terms to be different, and (...) interrelated" (Gotsi/Wilson, 2001a, S. 24)[14].

Die *differentiated school* kann wiederum in drei Konzeptualisierungsansätze unterteilt werden: 1) Unternehmensreputation und Unternehmensimage sind unterschiedliche und unabhängige Konzepte (z. B. Brown/Cox, 1997); 2) Unternehmensreputation ist lediglich eine Dimension des Konstrukts Unternehmensimage (z. B. Mason, 1993); 3) Unternehmensreputation wird durch die Einzelwahrnehmungen des Unternehmensimage determiniert (z. B. Gray/Balmer, 1998). Wie im Folgenden zu zeigen sein wird, wird in dieser Arbeit von einer Unterschiedlichkeit der Konzepte Reputation und Image ausgegangen.

In Tabelle 2 sind Definitionen der Begriffe (Unternehmens-) Reputation und (Unternehmens-) Image zusammengetragen und gegenübergestellt. Bei der Betrachtung der Definitionen beider Konzepte – vor allem aufgrund der zum Teil synonymen Verwendung der Begriffe – wird unmittelbar deutlich, dass es sich bei Reputation und Image um zumindest verwandte Konstrukte bzw. „closely allied elements" (Markwick/Fill, 1997, S. 396) handelt. Wohl auch deshalb meint Wiedmann (2001a, S. 3), dass „die Ähnlichkeiten in der Interpretation der Begriffe Image und Reputation sicherlich größer als die Unterschiede" seien. In beiden Fällen wird auf die Gesamtwahrnehmung der relevanten Stakeholder abgestellt, die durch persönliche Erfahrungen einzelner Stakeholder mit dem jeweiligen Unternehmen oder durch andere Unternehmen bezogene Informationen geprägt sein kann.

Bei näherer Betrachtung sind jedoch konzeptionell relevante Unterschiede zu erkennen, die auf eine Differenzierbarkeit der beiden Konstrukte hinweisen. Während ein Image

---

[14]   Hervorhebung von Verfasser vorgenommen.

sich aus den vielfältigen Außenauftritten und wahrnehmbaren Handlungen eines Unternehmens ergibt, ist die Unternehmensreputation stärker an den erbrachten Leistungen orientiert, d. h. im Falle von Image ist das Gedächtnisbild (vgl. Kroeber-Riel/Weinberg, 1999, S. 342f.) eines Stakeholder stärker durch die Maßnahmen zur Erreichung eines Zielimages geprägt. Überhaupt spielt beim Image (engl. Bild, Vorstellungsbild) – das häufig als vom Unternehmen und seinen konkreten Leistungen abgekoppelt betrachtet wird – die Wahrnehmung von visuellen Unternehmenselementen eine größere Rolle als bei Reputation.

Da Reputation im stärkeren Maße als Image das Ergebnis von unternehmensseitigen Handlungen und eigenen Erfahrungen der Stakeholder darstellt, kann es nicht so schnell wie das Image geändert werden. Schließlich können Veränderungen in der Handlungs-weise eines Unternehmens relativ schnell über Medien kommuniziert werden, die tatsächliche Anpassung einer Handlungsweise (die i. d. R. mit Prozessänderungen im Unernehmen einher geht) dauert hingegen oft länger (vgl. Herbig/Milewicz, 1993, S. 19). Änderungen im Image können indes als notwendige Bedingung für eine Veränderung der Unternehmensreputation angesehen werden. In diesem Sinne meinen Markwick/Fill (1997, S. 398): „Images may be altered relatively quickly as a result of organizational changes or communication programmes, whereas reputation requires nurturing through time and image consistency".

Offenbar haben die eigenen Erfahrungen von Stakeholdern und vor allem von Konsumenten mit einem Unternehmen – und mithin die Beeinflussung von Einstellun-gen in Bezug auf ein Unternehmen – im Falle von Reputation eine höhere Relevanz als beim Image[15] (vgl. Walsh/Beatty, 2007). Während für die Wahrnehmung einer Unternehmensreputation i. d. R. eine gewisse „Nähe" der Konsumenten zum jeweiligen Unternehmen vorliegen sollte, ist dies für die Imagewahrnehmung nicht erforderlich. Nähe kann hier verstanden werden als eine positive Einstellung gegenüber einem Unternehmen oder als Vertrautheit aufgrund regelmäßiger Transaktionserfahrungen.

In diesem Kontext meint Alvesson (1998), dass der Begriff Unternehmensimage nur dann sinnvoll verwendet werden kann, wenn ein gewisser Abstand zwischen der beobachtbaren Gruppe und der betrachteten Entität vorliegt. Insofern beschränkt er Unternehmensimage auf externe Stakeholder. Dadurch wird implizit von Alvesson (1998) ausgeschlossen, dass z. B. Mitarbeiter und Führungskräfte Quelle einer irgendwie objektivierbaren Imagebeurteilung sein können. Diese Auffassung steht im Widerspruch zu der Reputationskonzeptualisierung von Fombrun et al. (2000).

Zur Unterscheidung der Begriffe Reputation und Image dienen auch die jeweiligen Konnotationen, die mit beiden Begriffen mitschwingen. Während Reputation meist als etwas Neutrales bis Positives aufgefasst wird, werden mit dem Begriff Image regelmäßig auch negative Assoziationen genannt. So wird Image als etwas Falsches, Manipulatives oder das Gegenteil von Realität bezeichnet (vgl. Gotsi/Wilson, 2001a, S. 27)[16]. Selbst eine neutral intendierte Verwendung beider Begriffe ruft doch zumindest bei Reputation positive Nebenbedeutungen hervor. Man stelle sich vor, über ein Unternehmen wird gesagt: „Dieses Unternehmen hat eine gute Reputation." Und nun vergleiche man diese Aussage mit: „Dieses Unternehmen hat ein gutes Image." Letzteres ruft i. d. R. keine unmittelbar positiven Assoziationen hervor.

Ein wichtiger Aspekt betrifft die Verhaltensrelevanz von Reputation und Image. Insbesondere in der deutschsprachigen verhaltenswissenschaftlich orientierten Marketingforschung wird Image häufig einstellungstheoretisch erklärt (vgl. z. B. Trommsdorff, 1975; 1980; Franke, 1997a). Nach Franke (1997b, S. 209f.) ist Image eine Bereitschaft, sich z. B. einem Unternehmen gegenüber positiv oder negativ zu verhalten. Es kann davon ausgegangen werden, dass hiermit das Spektrum typischer Konsumentenreaktionen auf Erfahrungen aus einer Geschäftsbeziehung gemeint ist: während *positives Verhalten* die regelmäßige Frequentierung eines Geschäfts oder den wiederholten Kauf desselben Produkts meint, findet *negatives Verhalten* i. d. R. in Loyalitätsentzug seinen Ausdruck.

Der Verhaltensaspekt wird auch im Kontext von Reputation thematisiert. Laut derzeit gängiger Literaturmeinung beschränkt sich das Verhalten eines Stakeholders bei Vorliegen einer positiv wahrgenommenen Reputation nicht nur auf den wiederholten

---

[15]   Auch wenn in der Literatur teilweise eigene Erfahrungen mit einem Unternehmen oder dessen Produkt(en) als imagebeeinflussend gelten (vgl. Loudon/Della Bitta, 1993, S. 376).

[16]   Vgl. auch die dort aufgeführte Literatur.

Kauf, sondern beinhaltet zudem ein Unterstützungspotenzial des Stakeholders (Wiedmann, 2001a; Fombrun/Wiedmann, 2001a, S. 6f.).

Quelle / Autor(en)	Definition	
	(Unternehmens-) Reputation	*(Unternehmens-) Image*
Loudon/Della Bitta, 1993, S. 376		„A company's image is the perception consumers have of its character as a result of their experiences with it and their knowledge of and beliefs about it."
Herbig/Milewicz, 1993, S. 18	„Reputation is an aggregate composite of all previous transactions over the life of the entity, a historical notion, and requires consistency of an entity's actions over a prolonged time."	
Fombrun, 1996, S. 72	„(…) corporate reputation is a snapshot that reconciles images of a company held by all its constituencies."	
Webster's Revised Unabridged Dictionary, 1998	„The estimation in which one is held; character in public opinion; the character attributed to a person, thing, or action" (…) „Specifically: Good reputation; favorable regard; public esteem; general credit; good name."	
Walker Information, 1998, S. 1	„the reflection of an organization over time as seen through the eyes of its stakeholders and expressed through their thoughts and words."	
Assael, 1998, S. 233		„An image is a total perception of the object that consumers form by processing information from various sources over time."
Der Brockhaus, 1999, Bd. 6, S. 370		(…) ist das „gefühlsbetonte Vorstellungsbild, z. B. über Menschen, Unternehmen oder Markenartikel; Imagebildung erleichtert die soziale Orientierung, erschwert andererseits die kritische Wahrnehmung und Bewertung."
Weiss/Anderson/MacInnis, 1999, S. 75	„Thus, whereas image reflects what a firm stands for, reputation reflects how well it has done in the eyes of the marketplace."	
Kroeber-Riel/Weinberg, 1999, S. 196		„In einem übertragenen Sinne bedeutet Image soviel wie das Bild, das sich jemand von einem Gegenstand macht. Ein Image gibt die subjektiven Ansichten und Vorstellungen von einem Gegenstand wieder."

Quelle / Autor(en)	Definition	
	(Unternehmens-) Reputation	*(Unternehmens-) Image*
Schweizer/Wijnberg, 1999, S. 252	„is a shorthand evaluation of the stock of information about that firm in the possession of a particular actor or group of actors that is used (...) to make decisions, involving a certain degree of risk (...) with regard to the firm, without feeling the need to collect more information."	
Kotler, 2000, S. 553		„Image is the set of beliefs, ideas, and impressions a person holds regarding an object. People's attitudes and actions toward an object are highly conditioned by that object's image."
Fombrun/Gardberg/Sever, 2000, S. 243	„A reputation is therefore a collective assessment of a company's ability to provide valued outcomes to a representative group of stakeholders."	
Bromley, 2000, S. 241	„(...) the way key external stakeholder groups or other interested parties conceptualise that organization."	
Bromley, 2000, S. 241		„(...) the way an organization presents itself to its publics, especially visually."
Bromley, 2001, S. 317	„Reputation can be defined as a distribution of opinions (the overt expression of a collective image) about a person or other entity, in a stakeholder or interest group."	
Fombrun, 2001, S. 23	„(...) reputations are the corporate analogue to brand equity."	
Neuner, 2001, S. 390	„Die Reputation (...) eines Unternehmens, einer Marke oder eines Produkts lässt sich allgemein als Ruf und Ansehen kennzeichnen, das ein Meinungsgegenstand einem dispersen Publikum gegenüber innehat."	
Zinkhan et al., 2001, S. 152		„Corporate images are selectively perceived mental pictures of an organization. The sum total of these perceived characteristics of the corporation is what we refer to as the "corporate image"."
Schultz/Mouritsen/Gabrielsen, 2001, S. 24	„Reputation combines everything that is knowable about a firm. As an empirical representation, it is a judgement of the firm made by a set of audiences on the basis of perceptions and assessments."	

Quelle / Autor(en)	Definition	
	(Unternehmens-) Reputation	*(Unternehmens-) Image*
Picot/Reichwald/Wigand, 2001, S. 127f.	Bei Reputation handele es sich „um Erfahrungen Dritter mit der Person des Vertrauensnehmers. Reputation ist gewissermaßen die öffentliche Information über die bisherige Vertrauenswürdigkeit eines Akteurs".	
Gotsi/Wilson, 2001a, S. 29	„A corporate reputation is a stakeholder's overall evaluation of a company over time. This evaluation is based on the stakeholder's direct experience with the company, any other form of communication and symbolism that provides information about the firm's actions and/or a comparison with the actions of other leading rivals."	
Davies et al., 2002, S. 61	„Reputation is taken to be a collective term referring to all stakeholders' views of corporate reputation."	
Chen/Paliwoda, 2002, S. 45	„Reputation is the estimation of the consistency over time of an attribute of an entity."	
Einwiller, 2003, S. 96	„Reputation ist der Ruf eines Reputationsobjekts, welcher aus der sozial vermittelten Einstellung Dritter gegenüber selbigem resultiert".	
Wang/Lo/Hui, 2003, S. 76	„in essence, reputation is a result of the past actions of a firm."	
Rose/Thomsen, 2004, S. 202	„[corporate reputation] is identical to all stakeholders' perception of a given firm, i.e. based on what they think they know about the firm, so a corporation's reputation may simply reflect people's perceptions."	

Tabelle 2: Definitionen von Reputation und Image

In einem neueren Beitrag schlagen Brown et al. (2006) vor, die Begriffe Unternehmens-reputation, -identität und -image von einander abzugrenzen, indem sie als verschiedene Elemente von „Corporate Associations" angesehen werden (vgl. auch Brown/Dacin, 1997). Brown/Dacin (1997, S. 69) definieren Corporate Associations als „generic label for all the information about a company that a person holds". Brown et al. (2006) unterscheiden zwischen: 1) Unternehmensidentität – den mentalen Assoziationen, die Organisationsmitglieder mit dem Unternehmen haben; 2) Angestrebtes Image – den mentalen Assoziationen, die wichtige Stakeholder aus Sicht des Management haben sollten; 3) Geschaffenes Image („Construed Image") – den mentalen Assoziationen, die

Menschen außerhalb des Unternehmens aus Sicht von Organisationsmitgliedern haben; 4) Unternehmensreputation – den mentalen Assoziationen hinsichtlich des Unternehmens, die Menschen außerhalb des Unternehmens tatsächlich haben. Die tatsächlichen Assoziationen von Personen außerhalb des Unternehmens sind bei der Betrachtung von kundenbezogener Unternehmensreputation besonders relevant, da sich Kundenbewertungen vor allem aus direkten Erfahrungen der Kunden mit dem Unternehmen nähren. Aufgrund der effektiven Unterscheidung von angestrebten und tatsächlichen Assoziationen sowie internen und externen Stakeholdern ist die begriffliche Klassifikation von Brown et al. (2006) als sehr geeignet anzusehen.

2.1.2.2 Zusammenfassung und Neudefinition

Zusammenfassend lässt sich feststellen, dass der *Reputation*sbegriff auf den ersten Blick Ähnlichkeiten zum *Image*begriff aufweist, jedoch nicht nur den Bereich der professionellen Selbstdarstellung betrifft (vgl. Gotsi/Wilson, 2001a, S. 26). Unter Rekurs auf die herausgearbeiteten Abweichungen zwischen dem Reputations- und Imagebegriff lassen sich vier Unterscheidungsmerkmale identifizieren (vgl. Abbildung 4):

- *Abstand zum Unternehmen.* Für die Bildung eines bestimmten Image ist es weniger zwingend, dass Stakeholder und insbesondere Konsumenten persönliche Erfahrungen mit einem Unternehmen haben. Für die Entstehung einer Reputation in den Köpfen der Stakeholder sind persönliche Erfahrungen (vgl. Walsh/Beatty, 2007).

- *Möglichkeit der Veränderung.* Die Reputation eines Unternehmens scheint zeitstabiler als dessen Image. Diese Sichtweise spiegelt sich etwa in der Definition von Weiss et al. (1999), die zwischen dem Ansehen (=Image) und der Intensität und Qualität dieses Ansehens (=Reputation) unterscheiden. Ein über Zeit gewachsenes, hohes Ansehen ist grundsätzlich zeitstabiler als ein flüchtig aufgebautes Image. Des Weiteren argumentieren Weiss/Anderson/MacInnis (1999, S. 75): „A firm can change its image through repositioning, though its reputation remains intact". In diesem Zusammenhang fügen Markwick/Fill (1997, S. 398) an: „reputations are more durable than images".[17]

-   *Konnotation*; bei Reputation ist diese tendenziell positiver als beim Image.

-   *Einstellungskomponente*; es kann davon ausgegangen werden, dass das Image stärker kognitiv (Wissen und Vorstellungen) und affektiv (Gefühlshaltung) dominiert ist, während Repuation mehr konative Anteile hat. Die konative Komponente bezieht sich auf eine Handlungstendenz bzw. auf eine grundsätzliche Handlungsbereitschaft, die in Bezug auf Reputation im bereits erwähnten Unterstützungspotenzial ihren Ausdruck finden kann.

Mit Unternehmensreputation und dem Management derselben ist – anders als etwa bei der Imagepflege – der Versuch beschrieben, die spezifischen Einzelursachen, die eine Gesamtreputation über einen bestimmten Zeitraum ergeben, systematisch zu erfassen und die Unternehmen bezogenen Wahrnehmungen umfassend zu analysieren.

Insofern kann Unternehmensreputation definiert werden als:

die Summe der (positiven) Wahrnehmungen aller relevanten Stakeholder in Bezug auf Leistungen (Produkte und Services), Personen, Organisation, kommunikativen Aktivitäten etc. eines Unternehmens und der/des sich daraus ergebenden Achtung vor diesem sowie das Unterstützungspotenzial für dieses Unternehmen. Eine Reputation ist folglich das über Zeit gewachsene Ergebnis unternehmerischer Handlungen in den Köpfen der Stakeholder, wobei diese Handlungen nicht zwingend mit dem Leistungserstellungsprozess zusammenhängen müssen.

---

[17] Dies schließt freilich nicht aus, dass sich Unternehmensreputationen im Laufe der Zeit in positiver oder negativer Hinsicht verändern können (vgl. z. B. Schwalbach, 2003).

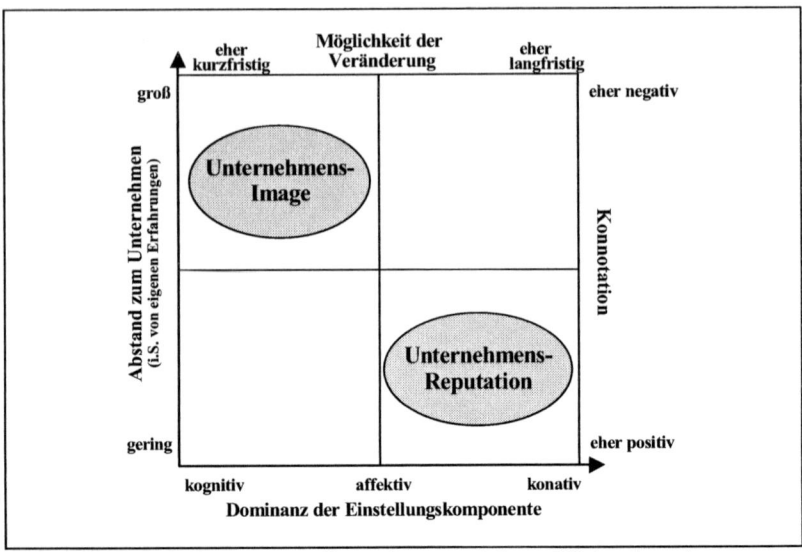

Abbildung 4: Abgrenzung von Unternehmensreputation und Unternehmensimage

2.2 Die praxisorientierte Messung von Unternehmensreputation: Ein Überblick

Zur empirischen Erfassung von Unternehmensreputation bedarf es eines verlässlichen Messinstruments. Eine Betrachtung bisheriger Verfahren zur Messung von Unternehmensreputation fördert zweierlei zutage: Einerseits dominieren praxisorientierte Ansätze, die häufig nur schwach theoretisch fundiert sind und andererseits solche, die Reputation im Hinblick auf eine abgegrenzte Gruppe von Stakeholdern erfassen.

Die Zahl praxisorientierter Messansätze ist relativ groß und bekannte Reputations- bzw. Marken Rankings sind u. a. der FORTUNE®/ROPER Corporate Reputation Index™, das Platinum 400 Ranking des *Forbes*-Magazins[18] oder *Interbrands The world's greatest brands*. Im Folgenden sollen zwei der hierzulande bekannteren praxisorientierten Reputations-Ranking kurz vorgestellt werden: Die *Imageprofile* des deutschen

---

[18]   Im Rahmen des *Platinum 400*-Ranking werden die 400 größten Unternehmen mit herausragender Profitabilität aufgelistet. Zentrale Kriterien bei der Bewertung sind hohe Zuwachsraten in Bezug auf Kapital, Absatz, Netto-Gewinn und Cash-Flow der letzten fünf Jahre sowie der letzten zwölf Monate. Bei der Ermittlung des Ranking werden einerseits die absoluten Zuwächse gemessen und andererseits die Zuwächse im Vergleich mit anderen Unternehmen der jeweiligen Branche gewichtet (vgl. www.forbes.com/platinum400).

manager magazin (2002a) sowie das Reputation-Rranking des amerikanischen *Fortune Magazine*. Anschließend wird der stärker theoriebasierte RQ ausführlicher vorgestellt.

2.2.1 Imageprofile des manager magazin

Mittlerweile findet im zweijährigen Turnus eine vom *manager magazin* beauftragte Studie statt, die rund 170 Unternehmen[19] hinsichtlich ihrer Reputation erfasst. Die bereits erwähnte und in Auszügen vorgestellte Studie stammt aus dem Jahr 2002. Die Daten werden von den Meinungsforschungsinstituten BIK und Emnid erhoben und die Ergebnisse jeweils Anfang November unter dem Titel *Imageprofile* veröffentlicht.

Bei den Experten, die zur Beurteilung der ausgewählten Unternehmen herangezogen werden, handelt es sich um über 2.500 Vorstände, Geschäftsführer und Manager, die laut *manager magazin* repräsentativ ausgewählt werden und deshalb das Meinungsbild in den Chefetagen der deutschen Wirtschaft widerspiegeln. Die befragten Experten haben die Möglichkeit, die Reputation jedes Unternehmens mit bis zu 10 Punkten zu bewerten. Nach Bildung von Mittelwerten aus den Beurteilungen aller Experten ergibt sich eine Reputations-Rangliste. Das Ranking beinhaltet u. a. Informationen wie den Reputationswert der letzten Erhebung, die Veränderung des Reputationswerts und die Branchenzugehörigkeit des jeweiligen Unternehmens.

Neben ihren Einschätzungen der Unternehmensreputationen benennen die befragen Experten auch die Kriterien, die ihrer Meinung nach die Reputation eines Unternehmens am Meisten prägen. Seit 1998 sind dies vor allem die Faktoren *Kundenorientierung*, *Produktqualität* und *Managementqualität*. Vor etwas mehr als zehn Jahren noch galt *Managementqualität* als wichtigster Faktor, gefolgt von *Preis-Leistungsverhältnis* und *Ertrags- und Finanzkraft* (vgl. Tabelle 3; in Anlehnung an www.manager-magazin.de, 03.07.2002).

Diese Verschiebungen unterstreichen den dynamischen Charakter von Unternehmens-reputation. Sie unterstreichen aber auch die wachsende Bedeutung von „weichen" (z. B.

---

[19]   Bei der Auswahl der Unternehmen werden die 100 umsatzstärksten Unternehmen in Deutschland berücksichtigt, alle Dax-Werte sowie führende Firmen und Markenklassiker aus 17 Branchen. Das vollständige Reputation-Rranking ergänzt um weitere unternehmensrelevante Informationen befindet sich in Anhang Ia.

Kundenorientierung) vis-a-vis „harten" (z. B. Preis-Leistungsverhältnis) Faktoren im Hinblick auf die Unternehmensreputation.

Jahr / *Kriterium*	1987	1988	1989	1990	1991	1992	1994	1996	1998	2000	2002
Kundenorientierung	-	-	-	-	-	-	-	-	1	1	1
Produktqualität	-	-	-	-	-	-	-	-	2	2	2
Managementqualität	3	1	1	1	1	1	2	2	3	3	3
Innovationskraft	6	4	5	4	4	4	5	4	5	4	4
Preis-Leistungsverhältnis	1	3	2	2	5	2	1	1	4	6	5
Kommunikationsleistung	4	6	6	6	7	5	6	6	7	5	6
Mitarbeiterorientierung	5	5	4	5	6	6	4	5	6	7	7
Ertrags- und Finanzkraft	2	2	3	3	3	3	3	3	8	8	8
Attraktivität für Manager	7	8	7	7	8	8	8	9	11	10	9
Internationalisierung	-	-	-	-	-	-	-	-	10	9	10
Umweltorientierung	-	-	-	-	2	7	7	7	9	12	11
Wachstumsdynamik	9	9	9	9	10	9	9	8	12	11	12
Unabhängigkeit	8	7	8	8	9	-	-	-	-	-	13

Tabelle 3: Wichtigkeit der Faktoren, die Unternehmensreputation determinieren

2.2.2 Reputation-Ranking des Fortune Magazin

Im Auftrag des US-amerikanischen *Fortune*-Magazins ermittelt die Unternehmensberatung Hay Group zwei Mal im Jahr die Unternehmen mit der besten Reputation und entwickelt daraus eine Ranking der *am Meisten bewunderten Amerikanischen Unternehmen* („America's Most Admired Companies"). Dabei kommen neun (ehemals acht) verschiedene Bewertungskriterien zum Einsatz. So wird etwa die Fähigkeit eines Unternehmens, talentierte Mitarbeiter anzuziehen und weiterzubilden, die Kreditwürdigkeit, die internationale Leistungsfähigkeit, die Qualität der Produkte und Dienstleistungen sowie die Innovationskraft des Unternehmens berücksichtigt. Daraus ergeben sich eine Gesamtliste und separate Rankings nach einzelnen Branchen.

Die methodische Vorgehensweise ist vergleichbar mit der des *manager magazin*. Die Hay Group wählt aus 58 Branchen die zehn umsatzstärksten Unternehmen aus und lässt diese hinsichtlich der genannten Kriterien von rund 10.000 Wirtschaftsexperten (CEO, Vorstände, Analysten) beurteilen. Zur Ermittlung des endgültigen Ranking für jede Branche werden über die abgefragten Kriterien Mittelwerte gebildet.

Zur Bildung der Top Ten-Liste werden die Befragten zusätzlich gebeten, jene zehn Unternehmen zu nennen, die sie am Meisten bewundern. Dazu werden Unternehmen aus einer Top 25-Liste des Vorjahres ausgewählt. Alternativ kann es sich um Unternehmen handeln, die nicht zu den insgesamt Top 25 gehören. Diese Unternehmen müssen dann jedoch zu den Top 20% ihrer jeweiligen Branche gehören (vgl. www.fortune.com).

2.2.3 Kritik an praxisorientierten Messansätzen

Bei den Ansätzen des *manager magazin* und von *Fortune* handelt es sich um eine ex post-Betrachtung. Im Unterschied zum Reputations-Ranking des manager magazin gestattet die halbjährliche Erhebung von Fortune eine regelmäßigere Bestandsaufnahme der Unternehmensreputation. Dem Unternehmensmanagement ist es somit möglich, Reputationsdefizite eher zu erkennen und Maßnahmen zur Reputationssicherung und -verbesserung zu ergreifen.

Dennoch ist auch der *Fortune*-Ansatz kritisch zu betrachten, vor allem methodische Defizite und die Inkaufnahme eines Halo-Effekts (vgl. z. B. Solomon/Bamossy/Askegaard, 2001, S. 191; Kroeber-Riel/Weinberg, 1999, S. 305; Trommsdorff, 1998, S. 268) werden kritisiert (vgl. z. B. ; Davies et al., 2002, S. 137ff.; Fryxell/Wang, 1994).

Im Kontext der Reputationsmessung drückt sich der Halo-Effekt dergestalt aus, dass die befragten Experten sich an einem aus ihrer Sicht zentralen Merkmal des jeweiligen Unternehmens orientieren (z. B. Gewinnentwicklung) und andere Unternehmensmerkmale darauf abstimmen (z. B. soziales Engagement).

Fryxell/Wang (1994) kritisieren, dass vier der ehemals acht Bewertungskriterien einen Leistungsbezug haben, während Variablen wie *Innovation* oder *Corporate Social Responsibility* von jeweils nur einem Item gemessen werden. Unter Verwendung der konfirmatorischen Faktorenanalyse zeigen die Autoren, dass alle bis auf ein Item – das *Community and Environment Responsibility* erfasst – direkt von der Wahrnehmung des Beantwortenden in Bezug auf das finanzielle Potenzial beeinflusst werden. Insofern misst der *Fortune*-Index nach Fryxell/Wang (1994) kaum mehr als die (finanzielle) Leistungsfähigkeit („Performance") eines Unternehmens.

In Frage gestellt wurde auch die Allgemeingültigkeit von Reputationswerten, die ausschließlich auf Grundlage der Meinungen von Wirtschaftsvertretern (und nicht der repräsentativen Bevölkerung) berechnet worden sind. In diesem Zusammenhang kritisieren Fombrun et al. (2000, S. 245f.): „The surveys rely on the perceptions of a limited respondent pool that over-represents senior managers, directors, and financial analysts and does not incorporate the views of other key stakeholders that shape corporate reputations."

Trotz der Kritikpunkte erscheinen praxisorientierte Messungen der Unternehmensreputation intuitiv reizvoll, da sie eine Messung von harten und eine Objektivierbarkeit von weichen Faktoren oder bestimmten Unternehmensmerkmalen suggerieren. Weiterhin scheint die Unternehmensreputation in Relation zu wichtigen betriebswirtschaftlichen Größen eine gewisse Aussagekraft hinsichtlich der Leistungsfähigkeit eines Unternehmens zu haben. Dabei bleibt jedoch unklar, ob Unternehmensreputation als Prädiktor- oder Beeinflusservariable anzusehen ist. Anders ausgedrückt, sorgt eine positive Unternehmensreputation für z. B. höhere Umsätze und Gewinne oder ist Unternehmenserfolg (d. h. wachsende Umsätze und Gewinne) die Determinante der Unternehmensreputation? In der gängigen Literatur ist diese Frage nicht eindeutig geklärt.

Eine Klärung kann mit Hilfe verfügbaren Zahlenmaterials angestrebt werden. In Abbildung 5 sind jene 15 Unternehmen abgebildet, die in den Imageprofilen 2002 des *manager magazin* die vordersten Plätze belegten und für die Reputationswerte der drei berücksichtigten Erhebungsjahrgänge (1998, 2000, 2002) vorlagen. Bei diesen Top 15-Unternehmen handelt es sich um Porsche, BMW, Audi, Coca-Cola, DaimlerChrysler, VW, Nokia, Siemens, Sony, FAZ-Gruppe, Miele, Deutsche Lufthansa, Aldi, Hugo Boss und SAP. In Abbildung 5 sind Nokia, Sony sowie Hugo Boss nicht berücksichtigt, weil für diese Unternehmen die Reputationswerte der Jahre 1998 und/oder 2000 nicht vom *manager magazin* vorliegen.

Eine Untersuchung des Zusammenhangs von Unternehmensreputation und relevanten betriebswirtschaftlichen Größen erfolgte wie folgt. Für die ausgewählten Unternehmen mit der besten Reputation in Deutschland im Jahre 2002 wurden die entsprechenden Reputationswerte der Jahrgänge 2000 und 1998 erfasst, um Veränderungen in den Reputationswerten identifizieren zu können.

Es wird sichtbar, dass die Reputationswerte einiger Unternehmen in den sechs Jahren insgesamt deutlich gestiegen sind (z. B. Porsche, Aldi), während andere deutliche Reputationseinbußen haben hinnehmen müssen (z. B. DaimlerChrysler, SAP). Wenn nun die Reputationswerte der drei betrachteten Jahrgänge ins Verhältnis zu den Umsatzerlösen[20] desselben Zeitraums gesetzt werden, wird sowohl ein paralleler wie auch ein gegenläufiger Richtungsverlauf deutlich (vgl. Abbildung 5):

- Im Fall von BMW ist der Reputationsindex von 1998 bis 2002 um ledigdlich drei Punkte gestiegen (von 851 auf 854), der Umsatz hingegen deutlich stärker.

- Audis Reputation ist von 1998 bis 2002 um elf Punkte zurückgegangen (von 834 auf 825), der Umsatz hat sich im gleichen Zeitraum deutlich erhöht.

Es kann demnach nicht automatisch von einem linearen Zusammenhang zwischen Reputation und Unternehmenskennziffern (hier Umsatz) ausgegangen werden. Deshalb sind bei der Untersuchung von Reputation unternehmensindividuell die relevanten Einflussfaktoren der Reputation zu ermitteln und analysieren.

---

[20] Die Umsatzerlöse sind der Übersichtstabelle i Anhang Ib entnommen. Bei den Umsatzgrößen handelt es sich um Indizes, die die Veränderung zum Basisjahr 1998 (=100 Punkte) wiedergeben.

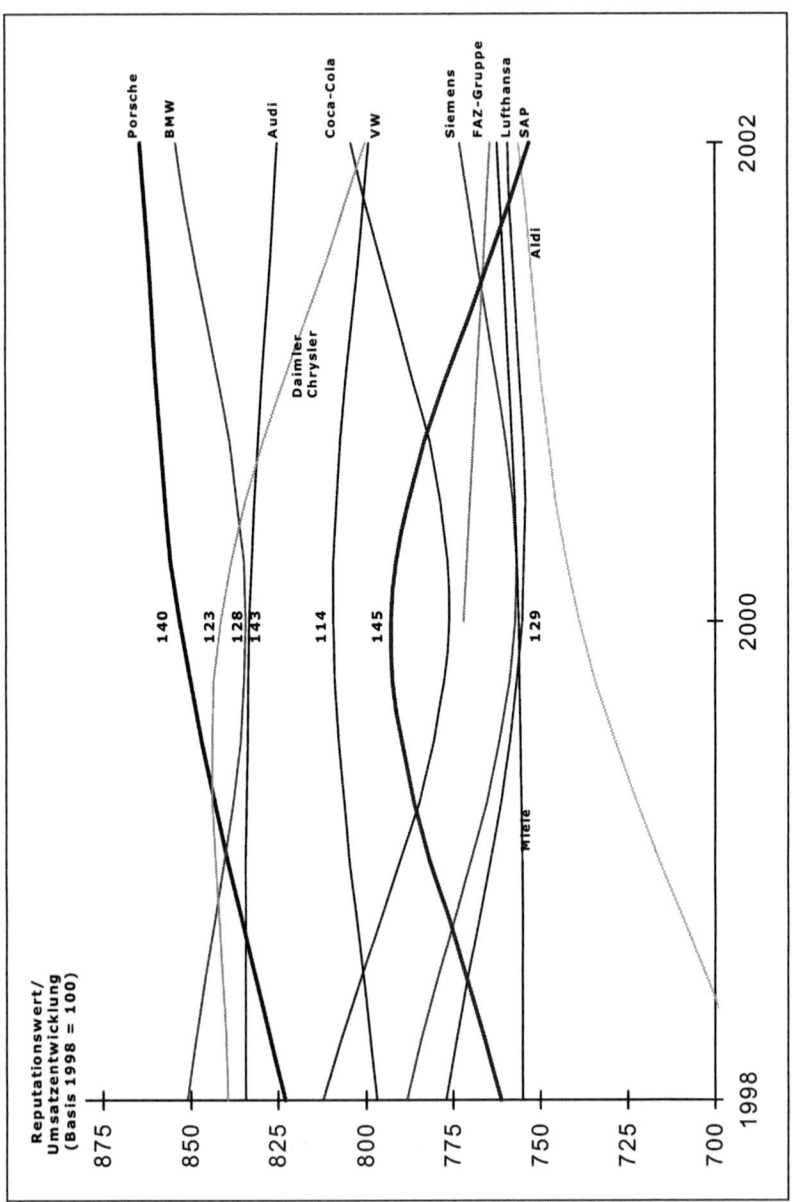

Abbildung 5: Unternehmensreputation in Relation zu Unternehmenskennziffern

2.3 Der Reputation Quotient: Ein Instrument zur Messung der Unternehmens- reputation

2.3.1 Imagemessung versus Reputationsmessung

Die von Fombrun/Gardberg/Sever (2000) vorgeschlagene Reputationsmessung weist teilweise Parallelen zur Imagemessung auf, hebt sich teilweise aber auch deutlich von der traditionellen Imagemessung ab. Es soll an dieser Stelle keine umfassende Diskussion der Imagemessung erfolgen – vor allem auch deshalb weil *die* Imagemessung nicht existiert –, sondern lediglich eine knappe Abgrenzung zur Reputationsmessung vorgenommen werden.

Aus diesem Grund werden Methoden der Imagemessung kompakt dargestellt. Zu den klassischen Verfahren der Imagemessung gehören das semantische Differential, Conjoint Measurement und die mehrdimensionale Skalierung. Vor allem das *semantische Differential*, in ähnlicher Form auch als *Polaritätenprofil* bezeichnet (vgl. z. B. Trommsdorff, 1975; Osgood/Suci/Tannenbaum, 1957), findet häufig Einsatz (vgl. Kroeber-Riel/Weinberg, 1999, S. 196f.; Trommsdorff, 1998, S. 166ff.). Dabei werden verschiedene adjektivistische Gegensatzpaare in mehrstufigen, bipolaren Ratingskalen bewertet (z. B. werden Unternehmen oder Marken verglichen).

Bei gängigen Reputationsmessungen werden hingegen Ratingskalen eingesetzt, mit denen ausgewählte reputationsrelevante Kriterien von den Auskunftspersonen bewertet werden, um letztlich eine Quantifizierung einer gegebenen Unternehmensreputation vorzunehmen.

2.3.2 Entwicklung des RQ und Replikationen

2.3.2.1 Forschungszentrierte Auseinandersetzung mit der Messung von Unternehmensreputation

Zu den theoretisch-konzeptionell und empirisch bislang anspruchsvollsten Arbeiten zum Thema Unternehmensreputation gehören neben dem *RQ* von Fombrun/Gardberg/Sever (2000), die *Corporate Personality Scale* von Davies et al. (2002, S. 137ff.) sowie der *Reputation Index* von Cravens/Goad Oliver/Ramamoorti (2003). Darüber hinaus existieren Arbeiten, in denen die Messung von Reputation i. d.

R. nicht Hauptziel der Studie war, sondern Reputation als unabhängige Variable modelliert wurde.

Bei der Corporate Personality Scale geht es darum „to measure both internal and external perspectives of reputation" (Davies et al., 2002, S. 148). In einer groß angelegten empirischen Studie (10 Unternehmen: 3 industrielle Serviceunternehmen, 4 Einzelhändler, 1 Bank, 1 Hersteller und 1 Finanzdienstleistungsunternehmen; n = 4.626 Fragebögen, wovon n = 2.565 von Kunden und n = 2.061 von Angestellten mit Kundenkontakt stammten) wurden Daten faktoranalytisch zu sieben Reputationsdimensionen verdichtet: *Agreeableness, Enterprise, Competence, Chic, Ruthlessness, Machismo* und *Informality* (vgl. Davies et al., 2002, S. 150ff.).

Trotz der insgesamt soliden Vorgehensweise von Davies et al. (2002) weist ihr Ansatz der Reputationsmessung im Vergleich zum RQ Schwächen auf. Beispielsweise war begriffliche Stringenz offenbar nicht Hauptziel von Davies et al. (2002). So ist nicht immer nachvollziehbar, in welchem Verhältnis die von ihnen im Rahmen der Konzeptualisierung verwendeten Begriffe *Image* (vgl. Davies et al., 2002, S. 143f.), *Persönlichkeit* (vgl. Davies et al., 2002, S. 144) und *Identität* stehen (vgl. Davies et al., 2002, S. 140).

Schließlich ist die Corporate Personality Scale hinsichtlich der Berücksichtigung verschiedener Stakeholdergruppen restriktiver als der RQ, denn der Fokus der Corporate Personality Scale liegt laut Davies et al. (2002, S. 140) auf Kunden und Angestellten als die vermeintlich „most important Stakeholders".

Mit ihrem *Reputation Index* entwerfen Cravens et al. (2003) eine Messkonzeption, bei der die interne und externe Perspektive Berücksichtigung finden. Der *Reputation Index* liegt bisher nur konzeptionell vor und eine empirische Überprüfung steht noch aus.

Die Autoren machen neun relevante Index-Komponenten aus: 1) *Products or services,* 2) *Employee/suppliers,* 3) *External relationships/alliances,* 4) *Innovation,* 5) *Value creation,* 6) *Financial strength and viability,* 7) *Strategy,* 8) *Culture* und 9) *Intangible liabilities* (vgl. Cravens/Goad Oliver/Ramamoorti, 2003, S. 206f.). Diese Komponenten werden zum Teil weiter unterteilt.

Anders als bei anderen Messansätzen wird im Rahmen des *Reputation Index* vorgeschlagen, einzelne Reputationskomponenten zu gewichten. Solche reputationsrelevanten Komponenten die für ein Unternehmen von hoher Bedeutung sind, sind dabei höher zu gewichten als jene von geringerer Bedeutung: „All of these components are important, yet the relative impact on corporate reputation depends upon the strategic mission and the operational efforts of the company at a given point in the corporate life cycle" (Cravens et al., 2003, S. 209). Dabei gehen Cravens et al. (2003, S. 209) grundsätzlich davon aus, dass „product or service offered to be of primary importance".

Die mit einer Gewichtung einhergehende Möglichkeit, einzelne Komponenten der Unternehmensreputation differenzierter zu bewerten, geht indes zu Lasten einer Reputation bezogenen Vergleichbarkeit von Unternehmen. Während Unternehmen derselben Branche vermutlich den gleichen Reputationskomponenten eine hohe Bedeutung beimessen – und eine Vergleichbarkeit der Unternehmensreputation insofern möglich wäre –, dürften sich Reputation bezogene Inter-Branchenvergleiche schwieriger gestalten.

Andere existierende Messansätze befassen sich mit speziellen Aspekten der Unternehmensreputation und basieren i. d. R. auf eindimensionalen Konzeptualisierungen.

Mit ihrer drei-Item-Skala messen Bhattacharya/Rao/Glynn (1995) die von Organisationsmitgliedern beurteilte Reputation der Organisation für die sie tätig sind. Dazu wurden in den süd-östlichen USA 306 Mitglieder eines Kunstmuseums schriftlich befragt. Die eingesetzte Skala kann mit einem Cronbachschen Alpha von 0,69 als reliabel angesehen werden. Das zentrale Ergebnis der Studie von Bhattacharya et al. (1995) war der positive Zusammenhang von wahrgenommener Reputation einer Organisation und Identifikation der Organisationsmitglieder mit dieser Organisation.

Anderson/Robertson (1995) setzten in ihrer Untersuchung ein aus neun Items bestehendes semantisches Differenzial ein (Alpha = 0,91). Als Probanden dienten 201 Broker. Diese wurden dazu befragt, wie ihre Kunden deren Unternehmen (d. h. das der jeweiligen Broker) hinsichtlich der Reputation einschätzen. Im Ergebnis konnte keine signifikante Beziehung zwischen Reputation und der Kaufwahrscheinlichkeit abgefragter Marken nachgewiesen werden. Ein semantisches Differenzial wurde auch in Browns (1995) Studie eingesetzt (sechs Items, Alpha = 0,92), die sich mit der Reputation von Zulieferfirmen im Kontext der organisationalen Beschaffung befasste.

Um die Messung der Unternehmensreputation von Zulieferfirmen ging es auch in der Studie von Doney/Cannon (1997). Mitglieder der *National Association of Purchasing Management* sollten im Rahmen einer schriftlichen Befragung angegeben (n = 210) inwieweit sie glaubten, dass Kunden annehmen, ihre Zulieferer seien ehrlich und kundenorientiert. Doney/Cannon (1997) setzten eine aus drei Items bestehende 7-Punkt-Skala ein (Alpha = 0,78). In dem von Doney/Cannon (1997) verwendeten Untersuchungsmodell wurde Reputation als Antezedenzfaktor[21] von Vertrauen modelliert.

Smith/Barclay (1997) verwendeten eine 7-Punkt-Skala, die aus drei Items bestand. Den Autoren ging es u. a. darum, die von Geschäftspartnern wahrgenommene Reputation des jeweils anderen Partners zu erfragen. Ziel war es Antwortpaare zu bilden, um eine solche wechselseitige Einschätzung zu erfassen. Dazu wurden kanadische Verkaufsrepräsentanten zweier multinationaler Unternehmen befragt und es konnten insgesamt 103 „Paare" gebildet werden. Geringere gegenseitige Reputationseinschätzungen führten etwa zu einer schlechteren Beurteilung der Vertrauenswürdigkeit des jeweils anderen Geschäftspartners.

In Ganasans (1994) Untersuchung ging es um die Beurteilung von Händler-Reputation. Dazu wurden bei einer relativ kleinen Stichprobe (n = 124) Reputation anhand von vier Items (7-Punkt-Skala) gemessen (Alpha = 0,75). Ganasan (1994) konnte keine signifikante Beziehung von Händler-Reputation mit Händler-Glaubwürdgkeit und -Nettigkeit nachweisen.

---

[21] *Antezedenten* beschreiben eine Gruppe von Merkmalen, welche eine Situation charakterisieren. Antezedenten sind nicht dauerhaft und momentäre Stimmungen und Zustände und können zwischen zwei Kaufsituation variieren und folglich auch das Kaufverhalten (vgl. Runyon/Stewart, 1987, S. 126; Hawkins/Best/Coney, 1986, S. 519).

2.3.2.2 Vorstellung des RQ

Einen noch stärker theoriebasierten Ansatz der Reputationsmessung stellt der RQ dar, der Gegenstand der folgenden Ausführungen ist. Im Rahmen der Entwicklung des *Reputation Quotient* nahmen Fombrun/Gardberg/Sever (2000) eine interdisziplinäre Literaturdurchsicht vor, in der sie die Bedeutung des Konstrukts *Reputation* in Bereichen wie z. B. Volkswirtschaft, Soziologie, Kommunikation aber auch Marketing untersuchten (vgl. Fombrun/Gardberg/Sever, 2000, S. 242f.).

Dem Verständnis in all diesen Bereichen ist laut der Autoren gemein, dass „a corporate reputation is a collective construct that describes the aggregate perceptions of multiple stakeholders about a company's performance" (Fombrun/Gardberg/Sever, 2000, S. 242). Die Berücksichtigung von nicht nur einer Stakeholder-Gruppe wird in diesem Zusammenhang betont: „(...) the RQ-method relies on ratings by the general public" (van Riel/Fombrun, 2002, S. 297).

Anhand einer mehrstufigen empirischen Vorgehensweise, die u. a. Expertengespräche und multivariate Analysen beinhaltete, haben Fombrun/Gardberg/Sever (2000) zunächst neun und dann sechs zentrale Dimensionen der Unternehmensreputation ermittelt: *Emotionale Anziehungskraft* (Emotional Appeal), *Vision & Führung* (Vision & Leadership), *Finanzielle Leistung* (Financial Performance), *Arbeitsplatzzufriedenheit* (Workplace Environment), *Soziale Verantwortung* (Social Responsibility) und *Produkte & Services* (Products & Services). Die sechs Konstruktdimensionen und ihre wesentlichen Facetten sind in Abbildung 6 dargestellt.

Durch eine mehrdimensionale Konzeptualisierung tragen Fombrun/Gardberg/Sever (2000) auch dem Problem von Single-Item-Messungen Rechnung (vgl. Churchill, 1979, S. 66f.; Jacoby, 1978, S. 93). In der Tat finden sich noch immer Operationalisierungen von Reputation, die anhand eines Items oder weniger Items vorgenommen werden (z. B. bei Eggert, 2002, S. 199; Patrick/Folkes, 2002, S. 10; Doney/Cannon, 1997). Einwiller (2003, S. 183f.) differenziert in ihrer im Internetkontext angesiedelten Arbeit zwischen Anbieterreputation und Systemreputation. Diese Faktoren werden mit drei bzw. vier Items gemessen.

In Abbildung 6 (in Anlehnung an Fombrun/Wiedmann, 2001a, S. 13; 2001b, S. 60) sind ebenfalls in der Literatur postulierte Positivwirkungen der Unternehmensreputation aufgeführt. So betonen Gotsi/Wilson (2001b, S. 99) „the value of a favourable corporate reputation as a means of enhancing an organisation's financial value, influencing intention to buy, acting as a mechanism for assuring product/service quality, influencing customer and employee loyalty, and offering inimitability to the organisation".

Gleichzeitig muss darauf hingewiesen werden, dass eine gute Unternehmensreputation Konsumenten keinen umfassenden Schutz vor Fehlkäufen oder -investitionen bietet. Beispielsweise nahm der US-amerikanische Energiekonzern *Enron* im Jahre 2001 den beachtlichen 36. Platz in der *Forbes 500s* Liste der größten US-Unternehmen ein (vgl. www.forbes.com). Bereits am Ende von 2001 verband man mit diesem Unternehmen eine Milliardenpleite und einen der größten Konkurse in der amerikanischen Wirtschaftgeschichte (vgl. z. B. Clark/Demirag, 2002; Cohan, 2002).

Gardberg/Fombrun (2002) skizzieren die empirische Vorgehensweise zur interkulturellen Validierung des RQ und fordern zu Replikationsstudien auf. Mittlerweile existiert eine zunehmende Zahl internationaler Untersuchungen. Neben einigen Studien aus den USA (vgl. z. B. Fombrun/Gardberg/Sever, 2000), liegen bereits erste Arbeiten aus z. B. Belgien (Thevissen, 2002), Italien (vgl. Ravasi, 2002), Dänemark (Schultz et al., 2002) und den Niederlanden (Groenland, 2002) vor. In diesen Studien wird regelmäßig darauf hingewiesen, dass die Dimensionalität des Original-RQ einer länderspezifischen Anpassung bedarf. So konstatiert Groenland (2002, S. 315): „there is evidence that two dimensions may have to be added to the original scale".

Im Hinblick auf eine reliable und valide Messung von Unternehmensreputation mittels des RQ ergeben sich Kritikpunkte an existierenden RQ-Studien. Von Bedeutung sind hier insbesondere folgende Punkte:

-   Der RQ wurde bislang nicht in und für Deutschland validiert (vgl. Walsh/Wiedmann, 2004).

-   Eine theoretisch-qualitative Vorgehensweise findet bislang kaum statt. Häufig wird von der Prämisse ausgegangen, der RQ sei in anderen Ländern ohne weiteres einsetzbar. Die Möglichkeit, dass länderspezifische Dimensionen existieren, wird (wenn überhaupt) eher am Rande diskutiert.

- Es ist anzunehmen, dass die Unternehmensreputation für deutsche Konsumenten wichtiger ist als z. B. für amerikanische, da Deutsche in höherem Maße unsicherheitsavers sind (vgl. Hofstede, 1980; 1991). Eine Überprüfung des RQ außerhalb der USA ist bislang nicht mit Hilfe anspruchsoller multivariater Verfahren erfolgt. Neben der Durchführung explorativer Faktorenanalysen (vgl. Fombrun et al., 2000, S. 249f.) wurden teilweise uni- und bivariate Analysen vorgenommen (vgl. Groenland, 2002, S. 312f.).

- Bislang wurden Konsequenzen der Unternehmensreputation nicht systematisch diskutiert. Zwar berücksichtigt Groenland (2002, S. 309f.) im Rahmen von explorativen Interviews Konsequenzen einer positiven oder negativen Unternehmensreputation, doch werden diese nicht in einen prüffähigen Zusammenhand mit dem Konstrukt gebracht.

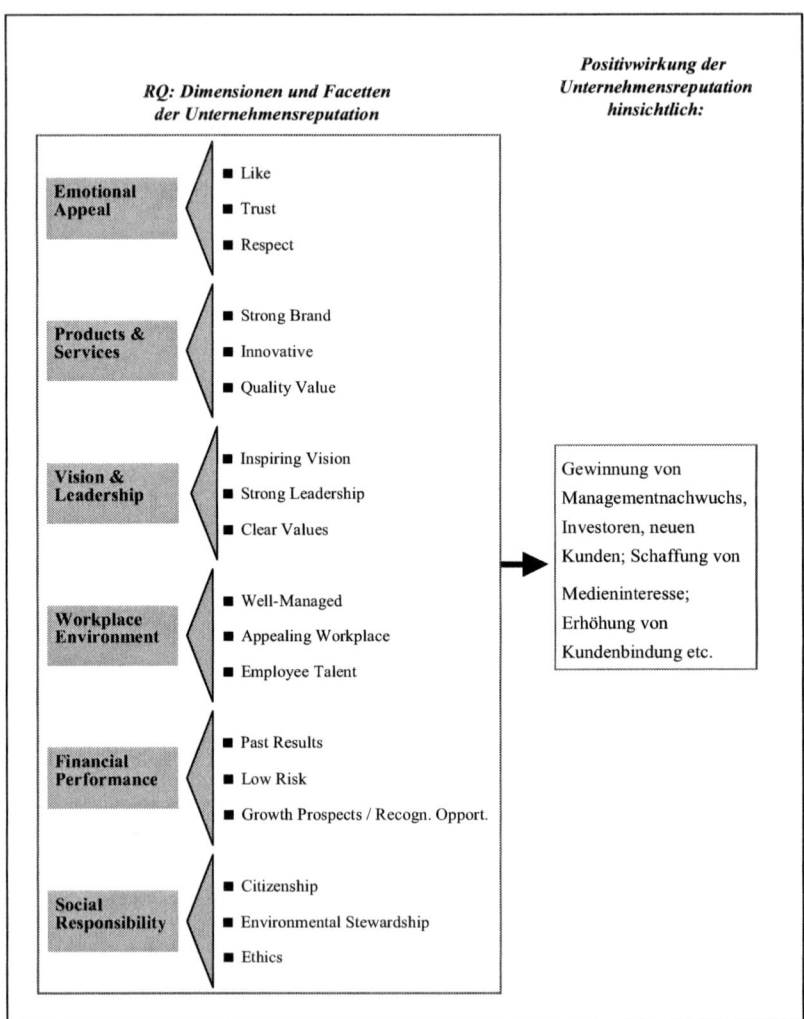

Abbildung 6: Dimensionen und Wirkung der Reputation

2.4 Der Untersuchungskontext: Der deutsche Energie- und insbesondere Gasmarkt

Aus betriebswirtschaftlicher und insbesondere Marketingsicht ist es notwendig, die einzelnen im Gasmarkt agierenden Akteure zu beschreiben, um ihre jeweiligen Marketing bezogenen Bedürfnisse – insbesondere hinsichtlich einer konsistenten und positiven Reputation – besser verstehen zu können.

Nachdem die Akteure im deutschen Gasmarkt entlang der Wertkette beschrieben worden sind (Kap. 2.4.1), wird eine kompakte Umfeldanalyse aus Sicht von EVU durchgeführt (Kap. 2.4.2). Diese Umfeldanalyse dient der Identifikation derzeitiger und zukünftiger Herausforderungen, die sich aus Veränderungen in der ökonomischen, ökologischen, soziokulturellen, politisch-rechtlichen und technologischen Unternehmensumwelt ergeben. Schließlich dienen eine Betrachtung bereits liberalisierter Märkte und die Analyse von dort gemachten Erfahrungen der Ermittlung weiterer Reputation bezogener Herausforderungen.

2.4.1 Akteure im Gasmarkt

Der deutsche Gasmarkt ist geprägt durch eine komplexe Struktur, in der etwa 750 Unternehmen (vgl. Schiffer, 2001, S. 114) kommunal, regional, und z. T. national sowie auf unterschiedlichen Wertschöpfungsstufen agieren. Etwa 700 Unternehmen betreiben eigenständige Leitungsnetze und sind gleichzeitig im Energiehandel tätig. Die Akteure im Gasmarkt lassen sich grob in *Anbieter* und *Nachfrager* unterteilen, wobei eine solche Einteilung Unschärfen hat, da eine Reihe von Anbietern (z. B. Ferngasgesellschaften) sowohl als Anbieter wie auch als Nachfrager agieren.

2.4.1.1 Anbieter im Gasmarkt

Auf Anbieterseite lassen sich die folgenden Unternehmenstypen bzw. Gasversorgungsunternehmen (GVU) unterscheiden (vgl. z. B. Schiffer, 1999, S. 129; Binder et al., 2000; Nill-Theobald, 2001; Wiedmann/Kilian/Duvenhorst/Walsh, 2002, S. 15ff.)[22]:

- Ausländische Fördergesellschaften wie die russische Gazprom,

---

[22] Auf Ebene der Weiterverteilung sind „reine" GVU relativ selten. Weiterverteiler wie Stadtwerke bieten ihren Endkunden i. d. R. auch andere Medien/Energie wie Strom und Wasser an.

- Importgesellschaften und Ferngasgesellschaften (FGG) wie die Ruhrgas AG,

- Inländische Fördergesellschaften wie die BEB Erdgas und Erdöl GmbH,

- Regionale GVU wie die HeinGas AG,

- Kommunale GVU wie Stadtwerke (z. B. enercity, Hannover; MVV, Mannheim),

- „Newcomer" (z. T. Tochterunternehmen ausländischer GVU), die vornehmlich im Gashandel aktiv sind[23].

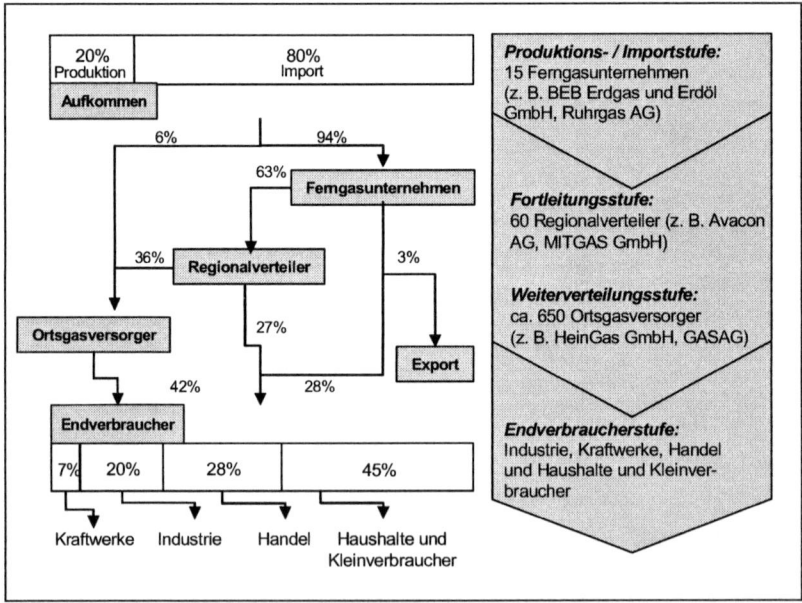

Abbildung 7: Struktur des deutschen Gasmarkts

Gas durchläuft nach der Förderung bis es zum Endverbraucher verschiedene Stufen. Insofern ist Gas auf unterschiedlichen Ebenen Vermarktungsobjekt. Die Wertkette im

---

[23]   Trader wie die Ampere AG, RWE Trading, Trianel etc.

Gasmarkt besteht aus den Stufen (vgl. auch Abbildung 7; in Anlehnung an o. V., 2002c, S. 7):

- **Förderung/Import:** Import- und Fördergesellschaften importieren Gas bzw. fördern es aus heimischen Vorkommen. Verträge zum Gasimport haben eine sehr lange Laufzeit von i. d. R. mehr als 20 Jahren. Zudem sind in den Importverträgen häufig Zahlungsverpflichtungen unabhängig von der tatsächlichen Abnahme vorgesehen, um die langfristigen Investitionen in die Fördertechnologien abzusichern (sog. Take-or-Pay-Verträge). Die Erdgasgewinnung bzw. –förderung wird in Deutschland von rund 10-15 Unternehmen bestimmt, wovon zwei Unternehmen – BEB Erdgas und Erdöl GmbH aus Hannover und Mobil mit Firmensitz in Hamburg – in Punkto Förderung eine führende Rolle spielen, da ca. 75% der Gesamtförderung auf sie entfällt (Schiffer, 2001, S. 114). Rund ein Fünftel des deutschen Primärenergieverbrauches basiert auf Erdgas. Hiervon wurden im Jahr 2001 knapp 19% in Deutschland gefördert. Der Großteil wurde aus Russland (ca. 36%), den Niederlanden (ca. 21%), Norwegen (ca. 19%), Großbritannien (3,5%) und Dänemark (2,5%) importiert (Schiffer, 2002, S. 161).

- **Transport:** Physisch wird Gas von den jeweiligen Fördergebieten nahezu direkt zu den Orten des Verbrauchs transportiert.[24] Der Leitungswettbewerb ist durch das EnWG ausdrücklich freigegeben worden, um auch in Zukunft über den Netz-zu-Netz-Wettbewerb einen kontinuierlichen Ausbau des Leitungsnetzes zu gewährleisten (vgl. z. B. SchroerKuylaars, 2003). Die diskriminierungsfreie Durchleitung für andere Anbieter im Gashandel als Voraussetzung des liberalisierten Gashandels

---

[24] Am 4 Juli 2000 wurde hierzu die *Verbändevereinbarung Gas* zwischen den Verbänden der Anbieter und Abnehmer: Bundesverband der deutschen Gas- und Wasserwirtschaft e.V., Verband kommunaler Unternehmen e.V., Bundesverband der Deutschen Industrie e.V. und Verband der Industriellen Energie- und Kraftwirtschaft e.V. geschlossen. Diese wurde vom Bundeswirtschaftsministerium als unzureichend verworfen. Daraufhin folgte der erste Nachtrag am 15. März 2001, der nach Ansicht des Kartellamts nicht ausreichend war. Dieser wurde durch den zweiten Nachtrag am 21. September 2001 ergänzt. Am 3. Mai 2002 haben sich die Verbände auf die *Verbändevereinbarung II* geeinigt. Diese baut auf den in der Zwischenzeit gemachten praktischen Erfahrungen auf und ersetzt die vorher geltende Fassung einschließlich ihrer Nachträge. Die Verbändevereinbarung II trat am 1. Oktober 2002 in Kraft. Sie umfasst Regeln für folgende gaswirtschaftliche Leistungen: Fernleitung, Verteilung, Bilanzausgleich, Kompatibilität, kommerzieller Speicherzugang und Engpassmanagement. Diese Vereinbarung enthält weiterhin auch Regeln zu: Technischen Rahmenbedingungen, Einbeziehung der Haushalts- und Gewerbekunden in den Gas-zu-Gas Wettbewerb, verbesserte Transparenz und Vereinfachung des Netzzugangs und schließlich Verfahrensregeln zur Durchführung einer Schlichtung.

ist durch die Verbändevereinbarungen I und II geregelt. Eine Alternative zur Netzdurchleitung ist der Transport von verflüssigtem Erdgas[25] mit Hilfe von Tankschiffen. Diese Transportvariante bietet sich derzeit vor allem dann an, wenn Erdgas von entlegenen Fördergebieten in die Länder transportiert werden muss, in denen es konsumiert wird. Für Deutschland, mit seinem im internationalen Vergleich sehr dichten Leitungsnetz, ist der inländische Transport von verflüssigtem Erdgas deshalb bislang nicht relevant (vgl. z. B. Flauger, 2003).

- **Speicher:** Da Erdgas vorwiegend im Wärmemarkt nachgefragt wird, kommt es zu Bedarfsschwankungen insbesondere in saisonaler Hinsicht. Im Sommer wird mehr Erdgas importiert und gefördert als in dieser Jahreszeit nachgefragt wird. Es ergibt sich bei kontinuierlicher Förderung somit die Notwendigkeit, das Erdgas zu speichern, das dann im Winter wieder in das Netz eingespeist wird (vgl. o. V. 2002d). Der Speicherzugang ist durch das EnWG und die Verbändevereinbarungen geregelt und ist dann entgeltlich zu gewähren, wenn er technisch für einen wirksamen Netzzugang erforderlich ist und freie Kapazitäten vorliegen.[26]

- **Verteilung und Handel:** National agierende GVU (Import- und Fördergesellschaften) verkaufen das Gas an regional und örtlich agierende GVU und direkt an Industriebetriebe mit quantitativ hohem Bedarf weiter. Regionale und kommunale GVU verteilen Gas an die privaten Haushalte, Gewerbekunden und Industriebetriebe. Händler und Broker steigen zunehmend in den Gashandel ein. Sie bringen Nachfrage und Angebot zusammen, bündeln teilweise die Nachfrage, organisieren den Gastransport und bieten Risikoabsicherung und weitere Dienstleistungen an. Zu nennen wären hier etwa die von der RWE gegründete *RWE Energy Trading*

---

[25]   Verflüssigtes Erdgas – sog. Liquefied Natural Gas (LNG) – entsteht in speziellen Verflüssigungsanlagen. In diesen Anlagen wird Erdgas auf 160 Grad Celsius heruntergekühlt und dabei verflüssigt.

[26]   In diesem Zusammenhang ist eine aktuelle Entscheidung des Europäischen Rats vom 26.06.2003 vor allem deutsche EVU von hoher Relevanz. In einer ab dem 01.07.2003 gültigen Gas- und Strombinnenmarktrichtlinie ist das Wahlrecht zwischen einem verhandelten und geregelten Netzugang (wie es in Deutschland bisher praktiziert wurde) nicht länger vorgesehen. In Zukunft müssen die EU-Mitgliedsstaaten „die Einführung eines Netzzugangssystems auf der Grundlage veröffentlichter und genehmigter Tarife oder Tarifmethoden sicherstellen" (Neveling, 2003, S. 13).

Ltd., die im Internet Energie anbietet oder die Ampere AG, die mehrheitlich den Stadtwerken Hannover (*enercity*) gehört.[27]

2.4.1.2 Nachfrager im Gasmarkt

Die Abgrenzung unterschiedlicher Gruppen von Gas-Endverbrauchern ist weitgehend identisch mit dem Strommarkt. Grundsätzlich kann zwischen privaten Haushalten sowie kleinen und großen Gewerbekunden unterschieden werden. Diese Gruppen sind hinsichtlich verschiedener marketingrelevanter Kriterien zu unterscheiden (vgl. Tabelle 4).

	Private Haushalte	**Kleingewerbe**	**Großkunden**
Produktaffinität	Gas ist im Unterschied zum Strom aufgrund zunehmend vielfältiger Anwendungen (z. B. in PKW) ein *medium-interest* Produkt.	Gas besitzt Kostenrelevanz und ist i. d. R. ein *medium-interest* Produkt.	Da Gas als Betriebsmittel eine z. T. hohe Kostenrelevanz[28] besitzt (vor allem in der industriellen Fertigung), ist es für Großkunden i. d. R. ein *high-interest* Produkt.
Abnahmemenge je Kunde	gering	mittel	hoch
Relativer Preis je Mengeneinheit	hoch	mittel	niedrig
Preissensibilität	gering	mittel/hoch	hoch
Beschaffungsvorgang	„automatisch" (kontinuierliche Versorgung vertraglich; bei Mietern häufig über Vermieter geregelt)	„automatisch"	i. d. R. „automatisch", periodische Bestellung und langfristige Verträge (2-5 Jahre).
Wechselwilligkeit	(noch) gering (vgl. z. B. Beutin, 2001, S. 405; Zinnbauer, 2001, S. 247)	gering/mittel	aufgrund der Kostenrelevanz relativ hoch (vgl. Haag/Hannes/Weiß, 2001, S. 163)

Tabelle 4: Kennzeichnung der Kunden-Segmente im Gasmarkt

Deutschland ist der drittgrößte Gasmarkt der Welt. Lediglich die USA und Russland weisen einen höheren Gasverbrauch auf (vgl. Binder et al., 2000, S. 830). Auf die

---

[27] Die Stadtwerke Hannover haben im Jahre 2002 darüber hinaus einen eigenen Trading-Floor („enercity trade") aufgebaut mit dem sie im Mai desselben Jahres gestartet sind, um aktiv am Energiehandel teilzunehmen.

privaten Haushalte und Gewerbe- und Dienstleistungsunternehmen entfielen im Jahre 2001 die Hälfte des Gesamtgasverbrauches (DIW, 2002; o. V., 2002a). In Deutschland haben derzeit ca. 50% bzw. 18 Millionen der Haushalte einen Gasanschluss, wobei die Tendenz steigend ist, da neue Wohnungen in Deutschland zu 75% mit einem Gasanschluss versehen werden (DIW, 2002).

Der Energieverbrauch insgesamt ist in den knapp letzten zehn Jahren relativ konstant geblieben (vgl. Abbildung 8; auf Grundlage von Daten des DIW, Berlin, 2003). Dies ist insofern beachtlich, als politische und technologische Bemühungen hin zu einem effizienteren Energieeinsatz bzw. hin zu Energieeinsparungen hierzulande zu beobachten waren.

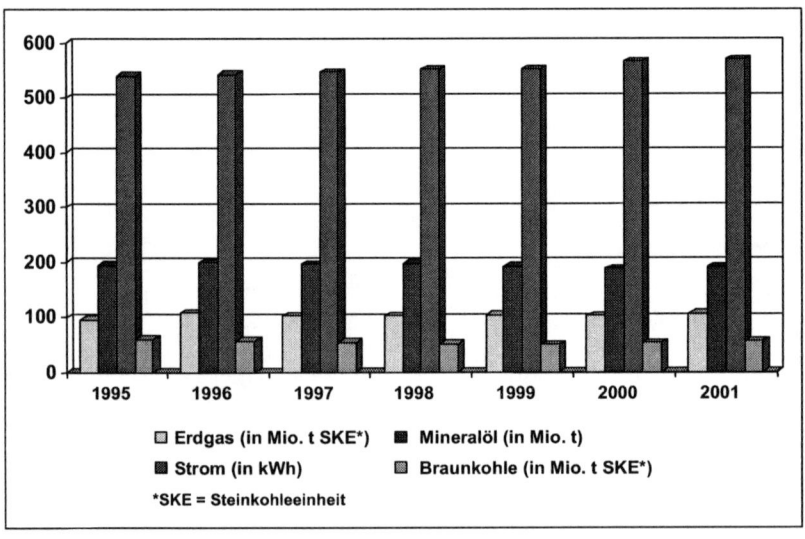

Abbildung 8: Energieverbrauch in Deutschland

In der Industrie bzw. bei Groß-Gewerbekunden ging der Erdgaseinsatz konjunkturbedingt zurück, machte aber dennoch knapp ein Viertel des Gesamtverbrauches aus. Derzeit entfallen knapp 30% des Gesamtverbrauchs auf den Industriesektor (o. V., 2002a). Im Kraftwerkssektor nahm die Stromerzeugung auf Erdgasbasis zu. Damit

---

[28]   Hagenbaugh (2003) sagt in diesem Zusammenhang: „For many products, natural gas accounts for the majority of the cost of production."

erhöhte sich der Anteil dieses Energieträgers an der gesamten Stromerzeugung. Rund 13% des deutschen Gasverbrauches entfällt auf Kraftwerke (o. V., 2002a). Zu den mengen- und preismäßigen Verbräuchen des Kleingewerbes liegen detaillierte Angaben nicht vor. Vermutlich weil es ein Abgrenzungsproblem hinsichtlich der Unternehmen gibt, die dieser Gruppe zuzuordnen sind.

2.4.1.3 Die Erdgas-Wertkette

Wie bereits erläutert, gibt es innerhalb der Gaswirtschaft auf unterschiedlichen Versorgungsstufen eigenständig handelnde Unternehmen. Unternehmen fördern Erdgas aus Lagerstätten in Deutschland oder importieren Erdgas aus dem Ausland. Diese Gasförderer und/oder -lieferanten verkaufen Erdgas an überregionale, regionale und örtliche Gasversorgungsunternehmen (i. d. R. Stadtwerke) sowie an große Unternehmen der verarbeitenden Industrie. Regionale und örtliche Stadtwerke beliefern Gewerbekunden sowie private Endkunden bzw. Haushalte.

Nach Beschreibung der Akteure der Anbieter- und Nachfragerseite können nun beide Gruppen zusammengeführt werden (vgl. Abbildung 9). In der folgenden Wertkette sind auch die Energieströme abgebildet. Es wird auch deutlich, dass Unternehmen Gas zum Teil über mehr als eine Prozessstufe hinweg liefern und dadurch in die Situation geraten, sowohl BtoB- wie auch BtoC-Marketing zu praktizieren. Für das Management von Unternehmensreputation stellt dies eine Herausforderung dar – so werden etwa FGG, die 10-20 Stadtwerke zu ihren Kunden zählen, ihre Reputation anders ausgestalten wollen als eben solche Stadtwerke, die primär an private Endverbraucher liefern und mit diesen vielfältige Kontakte haben.

Es gibt bereits heute viele Indize dafür, dass rechtlich-organisatorisch unabhängige Unternehmen verschiedener Wertschöpfungsstufen ein erfolgreiches Marketing nur dann realisieren können, wenn sie die spezifischen Bedürfnisse der anderen Marktakteure berücksichtigen. Insofern werden zunehmend Strategien eines ganzheitlichen bzw. integrativen Gas-Marketing entworfen, das Akteure mehrerer Stufen der Wertkette berücksichtigt.

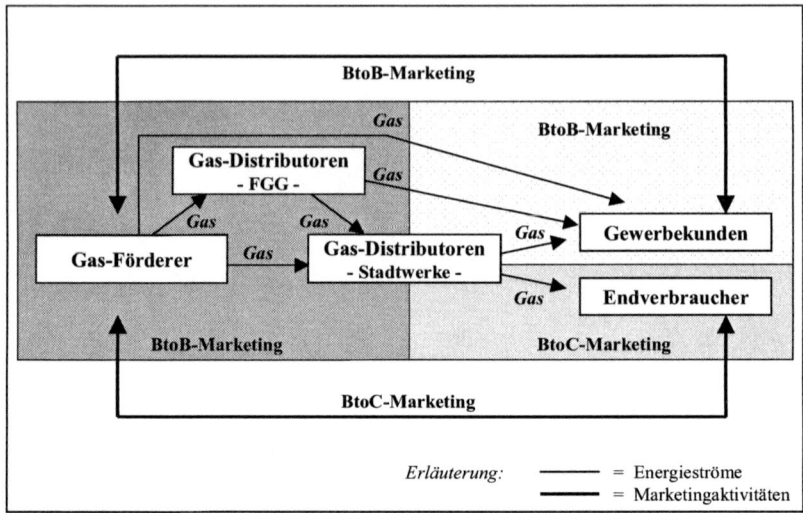

Abbildung 9: BtoB und BtoC-Marketing im Gasmarkt

Energie- und insbesondere Gasunternehmen stehen vor der komplexen Aufgabe, Marketingkonzepte zu entwickeln, die bestehende Kunden binden und die Akteure aller Wertschöpfungsstufen in solche Konzepte integrieren. Die Notwendigkeit bei Reputation bezogenen Strategien auch die Kunden (i. d. R. Gewerbekunden und Endverbraucher) der eigenen Kunden zu berücksichtigen ergibt sich aus der traditionell oligopolen Marktstruktur.

Man stelle sich vor, ein Gas-Förderer erwirtschaftet 75% seines Umsatzes mit zehn Stadtwerkskunden, von denen fünf kontinuierlich Kunden verlieren, etwa aufgrund von Reputationsdefiziten oder mangelnder Kundenzufriedenheit. Dieser Gas-Förderer müsste alarmiert sein, da er selbst indirekt gefährdet wird. Vor diesem Hintergrund erscheint es sinnvoll, den fünf schwächelnden Stadtwerkskunden zu helfen, damit der eigene Gasabsatz weiter gesichert ist. Gleichzeitig könnte der Gas-Förderer direkt mit den Endverbrauchern kommunizieren und somit neben dem traditionellen BtoB-Marketing ebenfalls ein BtoC-Marketing betreiben.

2.4.2 Umweltanalyse zur Bestimmung relevanter Reputation bezogener Herausforderungen im Gasmarkt

Neben den Akteuren im Gasmarkt sollen im Folgenden die wesentlichen reputationsrelevanten Herausforderungen, die sich aus Veränderungen im unternehmerischen Umfeld ergeben, skizziert werden. Gegenstand dieses Kapitels ist eine systematische Auseinandersetzung mit Faktoren, die das aktuelle wettbewerbsrelevante Geschehen im Gasmarkt determinieren und somit die Rahmenbedingungen für den Auf- und Ausbau der Unternehmensreputation.

Im Rahmen einer Umweltanalyse sollen jene Faktoren hinsichtlich ihres Einflusses auf das Marktgeschehen untersucht werden, die zur relevanten Umwelt der Akteure im Gasmarkt zählen. Da die Akteure, auf die bereits in Kapitel 2.4.1 eingegangen wurde, Teil derselben Wertkette sind, sind sie alle von relevanten Umweltveränderungen mehr oder minder stark betroffen.

Üblicherweise wird bei der Umweltanalyse zwischen fünf globalen Umweltbereichen unterschieden (vgl. Abbildung 10; in Anlehnung an Raffée/Wiedmann, 1989, S. 187; Wiedmann, 1996a, S. 246): in der *ökonomischen Umwelt* werden (gesamt-) wirtschaftliche, in der *ökologischen Umwelt* Ökologie bezogene, in der *soziokulturellen-Umwelt* gesellschaftliche, in der *politisch-rechtlichen Umwelt* politische und legislative und in der *technologischen Umwelt* Technologie bezogene Entwicklungen berücksichtigt (vgl. z. B. Wiedmann, 1996a).

Durch die veränderten Rahmendaten für die deutsche und europäische Energieversorgung lassen sich verschiedene Makro-Entwicklungen absehen: Ein großes Angebot an fossilen Energieträgern zu relativ günstigen Kosten, verstärkte Eingriffe der Politik zum Schutz der Umwelt und des Klimas, eine weiter voranschreitende Globalisierung der Energiemärkte sowie die grenzüberschreitende Vernetzung von Energiekonzernen und schließlich die Stagnation der Energienachfrage in Deutschland (vgl. z. B. Kübler, 1999). Hinzu kommen neue Vorgaben durch die Liberalisierung der Strom- und Gasmärkte und eine Neupositionierung der Unternehmen, die sich mehr und mehr vom Versorger zum Dienstleister wandeln (vgl. Walsh et al., 2005; Sachse, 2001; Pasture, 2000, S. 826).

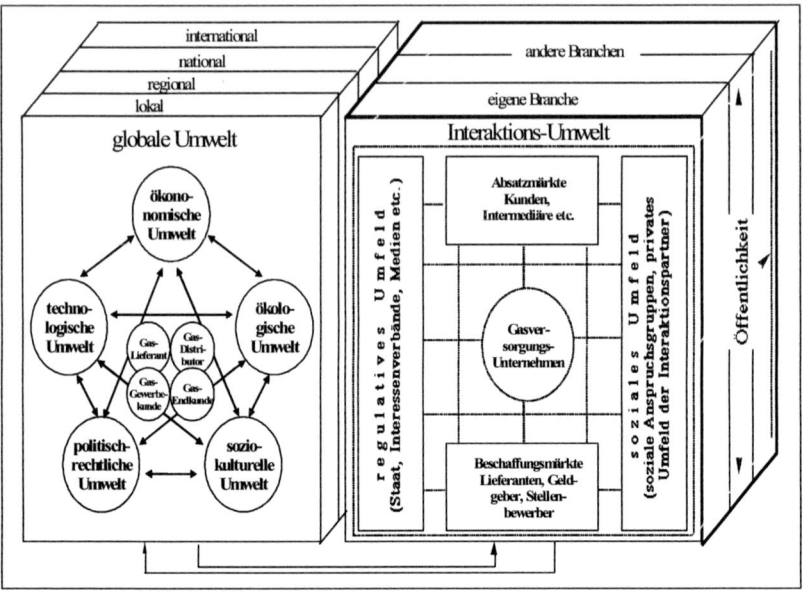

Abbildung 10: Wettbewerbsdeterminanten im liberalisierten Gasmarkt

2.4.2.1 Ökonomische Umwelt

Die ökonomische Umwelt bildet das ursprüngliche Handlungsfeld der Gasversor-
gungsunternehmen in dem die unternehmerische Gewinnerzielung sowie die
Existenzsicherung des Unternehmens im Vordergrund der Analyse stehen. Ökonomische Umweltfaktoren – wie etwa das gesamtwirtschaftliche Wachstum oder Branchen
bezogene Investitionen – können den Import, die Förderung und den Handel mit
Erdgas beeinflussen. Eine positive konjunkturelle Entwicklung kann zu einer
Nachfrageerhöhung bei Gas führen, da Unternehmen einerseits einem geringeren
Kostendruck ausgesetzt sind und andererseits der Produktion bezogene Verbrauch mit
steigendem Output zunimmt.

In konjunkturell schwierigen Zeiten ist der Gasverbrauch indes aus Kostengründen
rückläufig (vgl. Hagenbaugh, 2003). Auch das Gas bezogene Ausgabeverhalten der
privaten Haushalte folgt diesem Muster: Steigende Einkommen werden ebenfalls zur
Erneuerung oder zum Erwerb von gastechnischen Anlagen (Brenner, Kessel etc.)
eingesetzt, während bei stagnierenden Einkommen kostenintensive Anschaffungen und

Reparaturen häufig zurückgestellt werden. Ein solches Verhalten ist wissenschaftlich mit der „Engel-Kurve" postuliert (vgl. z. B. Geigant, 1994, S. 216): Konsumenten erhöhen mit steigendem Einkommen ihre Konsum bezogenen Ausgaben, wobei bestimmte Ausgaben (z. B. für Lebensmittel) mit steigendem Einkommen nur unterproportional zunehmen.

In wirtschaftlich schwierigen Zeiten ist es für EVU auch schwierig ein Reputation-Management zu betrieben, ohne dem Faktor „Preis" Rechnung zu tragen. Kunden sind hinsichtlich Kostenaspekten sensibilisiert und erwarten häufig von einem „anständigen" EVU, dass Preise gesenkt oder zumindest nicht erhöht werden.

Vor allem für lokale Gasverteiler wie Stadtwerke birgt die Marktliberalisierung Chancen und Risiken. Durch sich abzeichnende und zukünftig vermutlich verstärkende Konzentrationsprozesse auf Stufe der Gas-Import- und Distributionsgesellschaften ist ein noch stärkerer Wettbewerb um attraktive Segmente wie z. B. der Gewerbe- und Industriekunden zu erwarten, die zunehmend von FGG und Regionalversorgern umworben werden und die aufgrund von Mengeneffekten günstigere Gaspreise als Stadtwerke anbieten können.

Dieses Ausscheiden aus dem Preiswettbewerb in einem wichtigen Segment kann die Existenz mancher Stadtwerke bedrohen, es kann jedoch als Chance zu einer verbesserten, spezialisierten Segmentierungsstrategie im Bereich der Haushaltsendkunden verstanden werden (vgl. Walsh et al., 2005). Denn in diesem Segment genießen Stadtwerke reputationsrelevante Vorteile – wie z. B. Kundennähe und historisch gewachsene Geschäftsbeziehungen –, die systematisch genutzt werden können, um etwa Kunden zu binden oder Wechselbarrieren aufzubauen.

Die einzelnen Umweltbereiche dürfen nicht isoliert betrachtet werden. In der ökonomischen Dimension geht es deshalb z. B. um die kosteneffiziente Anpassung an die ökologischen Anforderungen und rechtlichen Auflagen, aber auch um den Aufbau ökologischer Innovationspotenziale, sowohl in strategischer als auch in operativer Hinsicht. So haben Energieunternehmen aller Wertschöpfungsstufen in den letzten Jahren stets die Themen *Brennwert* (von Gas) und *Energieeffizienz* (im Gaseinsatz) kommuniziert, damit Gas nicht nur mit positiven Umwelteigenschaften, sondern auch mit ökonomischen Vorteilen assoziiert wird.

2.4.2.2 Ökologische Umwelt

Ganz allgemein beinhaltet die ökologische Umwelt den Zustand der Biosphäre, die sich aus den Umweltmedien Luft (Atmosphäre), Wasser (Hydrosphäre) und Boden (Litosphäre), aller Lebewesen sowie deren Lebensräumen zusammensetzt. Die fortschreitende Zerstörung des natürlichen Lebensraumes durch Konsum und Produktion oder jedweder Art menschlichen Handelns hat nicht nur direkte Auswirkungen auf Unternehmen, z. B. in Form von Verknappung von Ressourcen wie fossiler Brennstoffe, Belastung der natürlichen Ressourcen durch Abfälle oder Entsorgungsproblematik, sondern auch indirekte. Aufgrund der wechselseitigen Beeinflussung der ökologischen mit den anderen Umweltsphären ergeben sich auch indirekte Folgeerscheinungen auf das jeweilige Unternehmensverhalten.

Zentrale Ursache der ökologischen Probleme ist die Beeinträchtigung der Versorgungs-, Träger- und Regenerierungsfunktion der ökologischen Umwelt. Den Wirtschaftssubjekten werden durch die Versorgungsfunktion endliche Ressourcen (Rohstoffe, Bereitstellung von Raum etc.) für Produktions- und Konsumzwecke in begrenztem Maße zur Verfügung gestellt. Die aus dem Produktionsprozess und dem anschließenden Konsum der Produkte sich zwingend ergebende Aufnahme der stofflichen und energetischen Outputs in Form von Abluft, Abwärme, Abwasser, Lärm und festem Abfall beeinträchtigen die Trägerfunktion, da für den Erhalt der ökologischen Gleichgewichte in der Biosphäre die Aufnahme sehr begrenzt ist.

Durch die Überforderung der Versorgungs- und Trägerfunktion wird die Regenerierungsfunktion ebenso zwangsläufig gestört. Mithin ist es der Biosphäre nicht mehr möglich, den durch die Produktions- und Konsumprozesse beanspruchten Naturhaushalt und die ökologischen Gleichgewichte wieder herzustellen (vgl. Sepp, 1996, S. 49 f.).

Für Energieunternehmen sind Umweltaspekte integraler Bestandteil unternehmerischer Handlungen. Ein Reputation-Management unter Missachtung von Umweltfragestellungen ist für ein EVU kaum denkbar, denn viele Stakeholder erwarten ein erhöhtes Bemühen hinsichtlich der Schonung natürlicher Ressourcen.

Aufgrund Umwelt bezogener Beeinträchtigungen und der Endlichkeit des Gutes Gas sind insbesondere Gas-Förderer dazu angehalten, ökologische Aspekte in das strategische Reputation-Management mit einzubeziehen. Dabei befinden sich Energieversorger zunehmend im Spannungsfeld von ökologischen und marktlichen Anforderungen (vgl. Jänig, 1998).

Dass Umweltbelange von Energieunternehmen Ernst genommen werden müssen liegt auf der Hand, denn für die meisten EVU stellen Fragen des Umweltschutzes die Reputation bezogene Achillesverse dar. Man denke etwa an die in Bezug auf die Reputation verheerende Wirkung solcher Probleme für multinationale Ölkonzerne wie Shell (z. B. wegen Ölverschmutzungen im Niger Delta, Nigeria) oder Exxon, als bei der Havarie der Exxon Valdez im Jahre 1989 knapp 40.000 Tonnen Rohöl die Küste von Alaska verseuchten (vgl. z. B. Davies et al., 2002, S. 99f.).

2.4.2.3 Soziokulturelle Umwelt

Gesellschaftliche und demografische Strukturen sowie die Entwicklung vorherrschender Normen und Werte[29] (vgl. Rokeach, 1973; Kahle, 1996) beeinflussen die soziokulturelle bzw. gesellschaftliche Umwelt und determinieren ebenfalls das ökologieorientierte Unternehmensverhalten. Im Zentrum der Analyse der soziokulturellen Umwelt steht der sich in breiten Bevölkerungsschichten abzeichnende Wertewandel[30] hin zu einem ausgeprägteren Umweltbewusstsein[31] (vgl. z. B. Monhemius, 1993; imug, 1997, S. 203ff.) aufgrund der bedrohlichen Entwicklungen in der ökologischen Umwelt, der teilweise zu Veränderungen in den Verhaltensgewohnheiten der Menschen geführt hat. Parallel hierzu hat eine politische Artikulation von Umweltbewusstsein stattgefunden.

---

[29] Werte sind Vorstellungen vom Wünschenswerten, die sich in Einstellungen, Zielvorstellungen sowie Bedürfnissen des Menschen konkretisieren (Wiedmann/Raffée, 1986, S. 13ff.).

[30] Mit Wertewandel ist nicht nur das Auftauchen neuer Werte gemeint, sondern die Veränderung innerhalb des vorhandenen Wertesystems. Doch liegt dem gesellschaftlichen Wertewandel nicht lediglich die Aggregation der individuellen Umwertung zu Grunde. Vielmehr handelt es sich dabei um einen mehrstufigen Prozess (vgl. Raffée/Wiedmann, 1989, S. 565).

[31] Mit Umweltbewusstsein wird eine bestimmte Einstellung zu ökologierelevanten Fragestellungen, die sich in konkreten Handlungen manifestiert, bezeichnet. Der umweltbewusste Konsument ist sich also der ökologischen Konsequenzen seines Konsumentenverhaltens (nicht wieder verwertbarer Abfall, Umweltbelastung, Gesundheitsgefährdung etc.) bewusst und versucht deshalb, sein konsumrelevantes Verhalten dem Ziel der Verringerung von Umweltproblemen anzupassen.

2.4.2.4 Politisch-rechtliche Umwelt

In der politisch-rechtlichen Umwelt werden die in den politischen und soziokulturellen bzw. gesellschaftlichen Prozessen entstehenden Werteveränderungen in gesetzliche Regelungen und Verordnungen umgesetzt. Hierbei wird der unternehmerische Handlungsraum von staatlichen Institutionen, ökologisch-wirtschaftlichen Appellen bis hin zu umweltrechtlichen Verordnungen determiniert.

So hat die damalige rot-grüne Regierung im Jahre 2000 mit der Umsetzung der ökologischen Steuer- und Abgabenreform begonnen. Ein Ziel dieser Reform ist die Finanzierung der Senkung der Lohnnebenkosten[32] auf unter 40%. Die erste Stufe, in der die Steuern auf Kraftstoffe, Erdgas und Heizöl erhöht und eine neue Steuer auf Strom eingeführt wurden, ist im April 1999 in Kraft getreten. Bei der nächsten, Anfang 2000 in Kraft getretenen, Stufe wurde auf eine weitere Anhebung der Steuer auf Erdgas und Heizöl verzichtet.

Im Rahmen der Umweltanalyse von Energieunternehmen spielt die politisch-rechtliche Umwelt häufig eine wichtigere Rolle als für andere Branchen. Der Energiesektor ist traditionell besonders von Abgaben und Steuern betroffen. Dies spiegelt sich auch in der derzeitigen Abgabenlast dieses Sektors, die sich in den letzten Jahren um 50% erhöht hat und die bei knapp 50 Mrd. € liegt (Ruhrgas, 2002). Im europäischen Vergleich liegt die deutsche Erdgassteuer mit an der Spitze (Kommission der Europäischen Union, 2001, S. 41). Erdgas wird bereits heute mit Steuern und Abgaben von rund 3,7 Mrd. € pro Jahr belastet (Ruhrgas, 2002).

Wenn möglich versuchen EVU Kostensteigerungen an die Kunden weiterzugeben. Ein reputationsrelevantes Problem besteht für EVU jedoch darin, dass Kunden solche Preiserhöhungen häufig ausschließlich dem jeweiligen EVU zuattribuieren anstatt die „Schuld" beim „Verursacher", dem Staat, zu suchen.

In der politisch-rechtlichen Umwelt eines EVU wird auch definiert, ob und unter welchen Bedingungen vertikale und horizontale Kooperationen bzw. wirtschaftliche

---

[32]   Mit Lohnnebenkosten werden die Beiträge der Arbeitgeber zu den verschiedenen Sozialversiche-rungssystemen bezeichnet. Dazu zählen die gesetzliche: Krankenversicherung, Arbeitslosenversi-cherung, Unfallversicherung und Pflegeversicherung.

Verflechtungen möglich sind. Der deutsche Gasmarkt ist bspw. durch eine kaum noch zu überblickende Fülle von Verflechtungen gekennzeichnet (vgl. Abbildung 11).

Wohl prominentestes Beispiel war die Übernahme von Ruhrgas durch e.on, wodurch der größte kombinierte Strom- und Gaskonzern Europas entstanden ist. Nachdem das Bundeskartellamt den Zusammanschluss untersagte, beantragten und erhielen die Unternehmen eine Ministererlaubnis. Gegen die Ministererlaubnis und die geplante Fusion klagten neun Wettbewerber von e.on und Ruhrgas, die den Zusammenschluss der beiden Energiemarktführer erfolgreich gerichtlich blockierten. Nach Verhandlungen von e.on und Ruhrgas mit diesen neun Unternehmen und der Zusage, hinsichtlich verschiedener Geschäftsbereiche und –aktivitäten (Netzzugang und -durchleitung, regionale Konzentration, Abgabe von Beteiligungen etc.) und Wünsche der klagenden Unternehmen zu erfüllen, zogen die neun Wettbewerber Ende Januar 2003 ihre Klage zurück und machten den Weg für die Fusion somit frei.

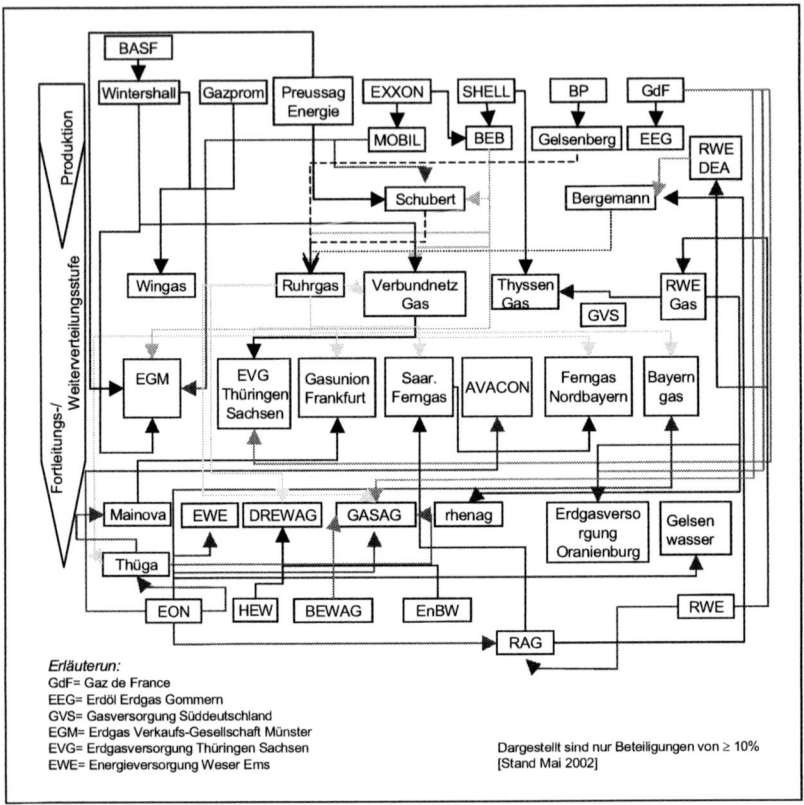

Abbildung 11: Beteiligungsstrukturen im Gasmarkt

2.4.2.5 Technologische Umwelt

Der Stand Energie- und Gas bezogener aber auch ökologieorientierter Technologien legt weitere Rahmenbedingungen für ein Wirtschaften im wettbewerbsintensiven Umfeld fest. Ausschlaggebend für den erreichten Maßstab in den Umwelttechnologien ist das technologische Wissen in der Gesellschaft bzw. bei den einzelnen Entscheidungsträgern in den Unternehmen, aus dem sich wiederum konkrete technische Neuerungen ergeben können. Die Analyse des Angebots von Umweltschutztechnologien stellt den Ausgangspunkt zur Lösung unternehmensspezifischer Umweltschutzprobleme dar.

Konkrete Maßnahmen zur Verminderung und Vermeidung der reputationsrelevanten Umweltbelastungen sind entlang des Förder- bzw. Produktionsprozesses im Unternehmen umzusetzen. Relevante Technologien betreffen nicht nur die Förderstufe (z. B. verlustarmes Fördern), sondern auch die neuartige und effiziente Nutzung von Ergas. Hier sind bspw. zu nennen Brenner mit hohem Brennwert aus dem Haushaltsbereich oder Erdgasautos. Im Jahre 2001 gab es in Deutschland rund 12.000 Erdgasautos, deutlich mehr also als die 4.200 Autos im Jahre 1998 oder die mageren 90 Stück im Jahre 1992 (vgl. Bekeschus, 2001; www.tws.ezine.trurnit.de, 2002).

In der aktuellen Diskussion zu ressourcenschonenden Energiequellen spielt die Brennstoffzelle eine prominente Rolle. Mit Brennstoffzelle soll zukünftig eine für die gesamte Bevölkerung preisgünstige und emissionslose Energiegewinnung möglich werden. Technisch handelt es sich bei der Brennstoffzelle um eine umgekehrte Elektrolyse. In der Brennstoffzelle reagieren Wasserstoff und Sauerstoff und verbinden sich über eine Membran zu Wasser. Bei diesem Vorgang wird Energie in Form von Elektrizität frei.

2.4.3 Liberalisierte Märkte als Suchfeld für strategische Herausforderungen

Zu den in der EU bereits liberalisierten Märkten gehören die Bereiche Telekommunikation und Strom. Ein kompakter Überblick über die zentralen Wettbewerb bezogenen Auswirkungen der Deregulierung in diesen beiden Märkten hilft, die für den Gasmarkt antizipierten und später diskutierten reputationsrelevanten Veränderungen zu verstehen.

2.4.3.1 Telekommunikation

Am 14. Juni 1989 wurde das *Gesetz zur Neustrukturierung des Post- und Fernmeldewesens und der Deutschen Bundespost[33]* im Bundesgesetzblatt Teil I veröffentlicht. Auf Ebene der Europäischen Union fand eine Diskussion über die Liberalisierung des Marktes für Telekommunikation schon früher statt. Im Jahre 1987 wurde das Grünbuch der Europäischen Kommission über die Entwicklung des gemeinsamen Marktes für Telekommunikationsdienstleistungen und -geräte veröffentlicht.

---

[33] Das so genannte Poststrukturgesetz (kurz: PostStrukG).

National erfolgte die Reform des Post- und Fernmeldewesens in drei Phasen. Die Neustrukturierung des Post- und Fernmeldewesens und der Deutschen Bundespost wurde in der ersten Phase bereits 1989 mit der Postreform I vollzogen. Diese Reform umfasste die Liberalisierung [34] des Endgerätemarktes, des Mobil- und Satellitenfunkbereiches sowie der Datendienste. Weiterhin kam es zu einer Trennung von unternehmerischen und hoheitlichen Aufgaben und somit zur „Gründung" dreier öffentlicher Unternehmen: POSTDIENST, POSTBANK und TELEKOM.

Von diesen drei Unternehmen vermochte es vor allem die Telekom anfangs, eine positive Reputation aufzubauen und sich gegenüber Aktionären und Kunden als innovatives, zukunftsfähiges und Wettbewerb bejahendes Unternehmen zu positionieren.

Auf EU-Ebene fiel die Diskussion über die wettbewerbliche Ausrichtung der Telekommunikation mit der Neuausrichtung in Deutschland zusammen. Die EU-Ratsentscheidung vom Juli 1993 beinhaltet, dass der Sprachtelefondienst ab 1998 für den Wettbewerb zu öffnen ist. In Deutschland wurde des Weiteren eine Entschließung durchgesetzt, nach der die Netzinfrastruktur ab 1998 gemeinschaftsweit liberalisiert wird. [35]

Im Jahre 1995 wurde die Liberalisierung in Deutschland durch die Umsetzung der *Postreform II* (1. Januar 1995) fortgesetzt. Die Unternehmen der Deutschen Bundespost änderten ihre Rechtsform und wurden in Aktiengesellschaften umgewandelt. Die *Postreform II* beinhaltete die Änderung des Grundgesetzes (Einfügung Art. 87f. und 143b) und des Artikelgesetzes Postneuordnungsgesetz. In Deutschland war man gewillt, die verbliebenen Telekommunikationsmonopole aufzuheben und es

---

[34] Die Liberalisierung des Telekommunikationsmarktes erfolgte in einigen EU-Staaten teilweise erheblich früher und bevor entsprechende Gesetze auf EU-Ebene verabschiedet wurden. Ohne Richtlinien der EG begann die Thatcher-Regierung bereits im Jahre der Regierungsübernahme 1979 das britische Fernmeldewesen zu deregulieren. Mit dem Ziel, eine angebots- und marktorientierte Wirtschaftspolitik zu verfolgen, wurde mit dem Telecommunications Act von 1981 die britische Post – das Post Office – in zwei unabhängige Unternehmen für Post und Telekommunikation getrennt. Dabei wurde British Telecom als selbständiges öffentliches Unternehmen geschaffen und der Markt für Endgeräte bis 1984 konsequent liberalisiert.

[35] Relevant sind in diesem Zusammenhang die Dienstrichtlinie (90/338/EWG), ergänzend die Richtlinie 96/19/EG der Kommission zur Änderung der Richtlinie 90/388/EWG über die Einführung des vollständigen Wettbewerbs auf dem Markt für Telekommunikationsdienste sowie die Vertragstexte von Maastricht (Artikel 7, 37, 90).

wurde ein Eckpunktepapier zum Regulierungsrahmen im Telekommunikationsbereich erarbeitet.

Nahezu zur gleichen Zeit erließ die Europäische Kommission eine Richtlinie zur Herstellung des vollständigen Wettbewerbs auf den Telekommunikationsmärkten. Diese Richtlinie führte bereits zum August 1996 zur de facto-Aufhebung der Netzmonopole (nicht des Telefonsprachdienstmonopols). Das Telekommunikationsgesetz, vom 25. Juli 1996, bildete die *3. Phase* der Liberalisierung. Es löste das bisherige Fernmeldeanlagengesetz, das Telegraphenwegegesetz etc. ab.

Schon bald nach der Liberalisierung traten neue Akteure (z. B. Unternehmen wie Arcor, E-Plus, Talkline, Viag, Mannesmann, Mobilcom) in den Wettbewerb ein und zwangen die Telekom zu Preisanpassungen. Zum Beispiel lag der Minutenpreis der Telekom für Citygespräche im Dezember 1998 bei 0,1043 DM, im Februar 1999 bis Januar 2000 bei 0,1034 DM und ab Februar 2001 bei 0,1033 DM. Zur Euroeinführung im Januar 2002 kostete dieser Tarif 0,0528 €, während er im Juni 2002 bei 0,0517 € und im November bereits bei 0,0264 € lag.

Die Deregulierung des Marktes und der Markteintritt neuer Wettbewerber haben sich positiv auf die Branchenreputation ausgewirkt. Der Markt für Telekommunikationsprodukte und –dienstleistungen gilt in der öffentlichen Wahrnehmung als wettbewerbsintensiv, preisorientiert und innovativ – Eigenschaften, die vor allem Privatkunden vor der Deregulierung nicht mit diesem Markt assoziiert hätten.

Im Telekommunikationsmarkt verliert der Preiswettbewerb zunehmend an Bedeutung, da die Marktakteure versuchen, sich mit hochinnovativen Produkten vom Wettbewerb zu differenzieren. Im Hardwarebereich ist ein Trend zu leistungsfähigen Multifunktionsgeräten festzustellen, so etwa die Kombination von Mobiltelefon und Kamera, Mobiltelefon und MP3-Player oder Mobiltelefon mit Hand Held-Funktion und MP3-Player. Bei der Ausformung der Tarife wird zunehmend auf Nischenangebote gesetzt.

Gleichwohl können die mit einer Liberalisierung einhergehenden strategischen Neuausrichtungen von Unternehmen erhebliche Risiken bergen. Der Versuch der Telekom, zum Global Player zu avancieren, hat ein Reihe von Unternehmensübernahmen in Übersee mit sich gebracht, die den Aktienkurs der Telekom gegenwärtig erheblich belasten (z. B. Übernahme des US-Unternehmens VioceStream Wireless

Corp. im Sommer 2001). Ausdruck dessen ist u. a. der niedrigste Aktienkurs in der Firmengeschichte im Mai 2002 (nur rund zwei Jahre nach dem Höchststand der Aktie im Mai 2000).

2.4.3.2 Strommarkt

Die Neuregelung des deutschen Energiewirtschaftsrechts begann Mitte der 80er-Jahre auf europäischer Ebene. Im Rahmen einer intensiv geführten Liberalisierungs- bzw. Deregulierungsdiskussion und den damit verbundenen Bestrebungen, einen einheitlichen Ordnungsrahmen für den leitungsgebundenen Energiemarkt zu finden, ist im Jahre 1997 die Binnenmarktrichtlinie *Elektrizität* und im August 1998[36] die Binnenmarktrichtlinie *Gas* in Kraft getreten (vgl. für einen Überblick Stern, 1998, S. 94ff.). Im Jahre 1996 einigte sich der EU-Energieministerrat auf eine stufenweise Liberalisierung des Energiemarkts.

Hierzulande wurde die Stromversorgung am 29. April 1998 mit Verabschiedung des Gesetzes zur Neuregelung des Energiewirtschaftsgesetzes für den freien Wettbewerb geöffnet. Diese Liberalisierung brachte sowohl für Stromanbieter wie auch - verbraucher umfassende Veränderungen mit sich. Auf Anbieterseite kam es zu einem offenen Wettbewerb gegenüber Konkurrenten und die Verbraucher können seitdem ihren Stromlieferanten frei wählen (vgl. Niermann/Walsh, 2005).

Für Strom existieren Deutschland weit flächendeckende Distributionsstrukturen als Grundlage für einen entsprechenden Wettbewerb. Dieser Wettbewerb brachte für Verbraucher sinkende Preise mit sich und die aktuellen Entwicklungen zeigen, dass der reine Preiswettbewerb um das homogene Gut Strom mit den bestehenden Überkapazitäten sich dem Ende zuzuneigen scheint und zukünftig wieder steigende Strompreise erwartet werden können (vgl. Abbildung 12; in Anlehnung an Wiedmann et al., 2002, S. 13; vgl. auch (vgl. Barfeld, 1999, S.16).

---

[36]   Die drei relevanten EU-Binnenmarktrichtlinien waren: 1) Beschluss der Richtlinie durch das Europäische Parlament vom 11.12.1996; 2) Beschluss der Richtlinie durch den Ministerrat vom 9.12.1996; 3) Inkrafttreten der Richtlinie nach Veröffentlichung im Amtsblatt der EU vom 19.07.1997.

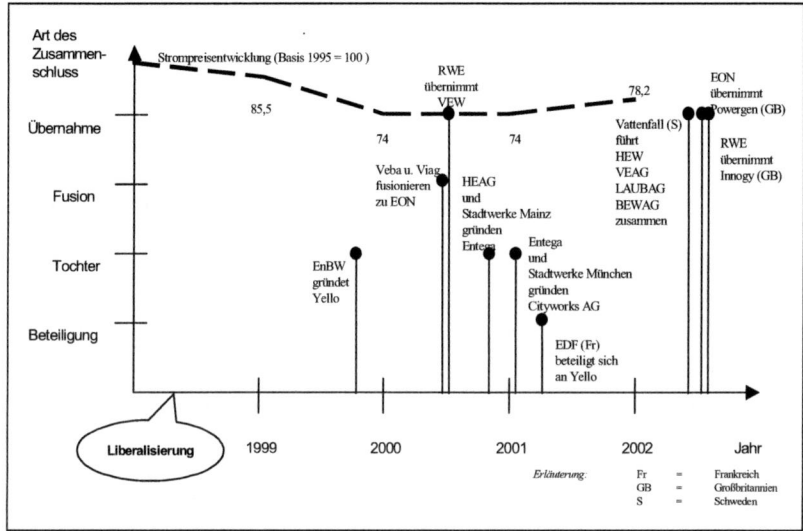

Abbildung 12: Unternehmenszusammenschlüsse und Markenbildung im liberalisierten Strommarkt

Gleichzeitig wurde der Versuch unternommen, das homogene Gut Strom zu markieren. Eine Reihe von z. T. national kommunizierten Marken ist entstanden, die es bislang jedoch noch nicht vermochten, den Markt bzw. die Marktanteile spürbar zu verändern. Mit Blick auf die gewählten Markenstrategien lassen sich bislang drei Typen identifizieren: 1) Produktmarke (z. B. „Yello"); 2) Familienmarken (z. B. „enercity Strom"); Dachmarke (Unternehmensmarken, Programmmarken wie z. B. „e.on", „RWE" usw.).

Die Schaffung und Pflege von Energiemarken findet ihren Ausdruck u. a. in den gestiegenenen Kommunikations- bzw. Werbausgaben von EVU. Diese betrugen im Jahre 1998 noch 134 Mio. DM für die gesamte Energiebranche, womit man im Vergleich zu anderen Branchen an der 52. Stelle lag. Im Zusammenhang mit der Liberalisierung und dem Markenaufbau nahm das Werbebudget der Energiebranche zwischen den Jahren 1997 und 1999 um 64 Mio. DM (91%) zu (vgl. A. C. Nielsen, 1999, S. 12).

Im Vergleich dazu betrug die Steigerung der gesamten klassischen Werbeaufwendungen in Deutschland im gleichen Zeitraum „nur" 28%, was die überdurchschnittliche

Steigerung der Werbeausgaben der Energiebranche eindrücklich belegt. Vor allem im Stromsektor steigen die Werbebudgets weiter an.[37] Dieser Trend setzte sich auch in den Jahren 2000 und 2001 fort, in denen der Energiesektor mit Werbeausgaben von rund 176 Mio. € (2000) bzw. 182 Mio. € (2001) zu den werbestärksten Branchen Deutschlands gehörte (ZAW, 2002, S. 11).

2.4.3.3 Fazit

Die skizzierten Veränderungen in den deregulierten Märkten für Telekommunikation und Strom lassen sich wie folgt zusammenfassen:

- Die Anzahl der Wettbewerber nimmt deutlich zu und es profilieren sich Nischenanbieter.

- Der Markt wird aufgrund zahlreicher Anbieter und Marken unübersichtlicher.

- Gleichzeitig ist ein gegenläufiger Trend zu verzeichnen, nämlich der zu zum Teil großen Fusionen (vgl. Wiedmann et al., 2002, S. 9ff.) und weiteren Verflechtungen von Unternehmen unterschiedlicher Wertschöpfungsstufen. So ist bspw. der Energieriese *e.on* über seine Münchner Tochter Thüga AG an über einhundertzwanzig Stadtwerken beteiligt.

- Es kommt zu einer Angebotsdiversifikation. Eine wachsende Zahl von EVU wirbt mit unterschiedlichen Stromprodukten, auch im Haushaltsbereich. Beispielsweise bieten die Stadtwerke Hannover im Privatkundenbereich vier Leistungspakete an: 1) enercity Strom & more (preiswerter und ressourcenschonender Strom inklusive verschiedener Serviceleistungen, in Hannover produziert); 2) enercity Strom & Fon (Strom und einen ISDN-Anschluss aus einer Hand); 3) enercity Strom & care (Naturstrom inklusive verschiedener Serviceleistungen, zu 100% regenerative Energie); 4) enercity Strom & go (preisgünstiger Strom aus konventionellen Quellen, ohne zusätzliche Serviceleistungen).

---

[37] Laut VDEW (2002) hoben die Energieunternehmen im Jahre 2001 ihre Budgets für die Schaltung von Werbung um ca. 4% auf 183 Mio. Euro an.

- Die Preise für Telekommunikation und Strom sinken vor allem im Geschäfts-
kunden- aber auch im Privatkundenbereich. Von 1998 bis Ende 2000 sanken
hierzulande die Industriestrompreise um über 25%, zum Teil sogar um bis zu
50%. Im Bereich der Haushaltsprivatkunden sanken die Preise um lediglich
rund neun Prozent (IHK Würzburg-Schweinfurt, 2002).

Für den Gasmarkt können aufgrund struktureller Übereinstimmungen – insbesondere
vis-a-vis des verwandten Strommarkts – ähnliche Entwicklungen unterstellt werden,
für die sich unmittelbar eine Relevanz hinsichtlich der Unternehmensreputation
begründen lassen.

2.4.4 Der liberalisierte Gasmarkt

2.4.4.1 Rechtliche Rahmenbedingungen

Heute ist die deutsche Gaswirtschaft weitgehend marktwirtschaftlich ausgerichtet,
doch vor noch wenigen Jahren hatten Gasversorgungsunternehmen eine technische,
wirtschaftliche und rechtliche Sonderstellung. Die EU-Binnenmarktrichtlinie Erdgas
vom 22. Juni 1998 (98/30/EG) verpflichtet die Mitgliedstaaten der Europäischen
Union, die Gasmärkte stufenweise für den Wettbewerb zu öffnen. Die Mitgliedsstaaten
der EU waren verpflichtet, die Vorgaben der Richtlinien innerhalb von zwei Jahren
nach deren In-Kraft-Treten in nationales Recht umzusetzen. Die deutsche Bundesre-
gierung verabschiedete im Dezember 2000 den *Entwurf eines ersten Gesetzes zur
Änderung des Gesetzes zur Neuregelung des Energiewirtschaftsrechts* von 1998, mit
dem die Umsetzung der EG-Gasrichtlinie in nationales Recht abgeschlossen ist (vgl.
www.bmwi.de, 2002).

Mit dem Energiewirtschaftsgesetz von April 1998, der 6. GWB-Novelle von Januar
1999 sind die rechtlichen Rahmenbedingungen für die Gaswirtschaft neu gesetzt
worden. Deutschland hat sich für den verhandelten Netzzugang entschieden, der
freiwillige Vereinbarungen auf der Basis wirtschaftlicher Grundsätze ermöglicht. Ein
wichtiges Element ist hierbei die *Verbändevereinbarung*[38] *Gas*. Durch die Energie-

---

[38] Diese wurde im Juli 2000 durch die Verbände BDI, VIK und BGW, VKU im Beisein von
Bundeswirtschaftsminister Müller unterzeichnet. Die Verbändevereinbarung, die durch den 1.
Nachtrag vom März 2001 konkretisiert wurde, organisiert den Netzzugang und umfasst Regeln zu

rechtsnovelle ist Deutschland seiner Umsetzungsverpflichtung zur Öffnung des Energiemarktes schneller als andere EU-Staaten nachgekommen.

Zentraler Punkt des Gesetzes ist die Aufhebung der geschlossenen Strukturen durch Beseitigung der ordnungspolitischen Ausnahmestellung der Demarkations- und Konzessionsverträge. Vertragliche Konstruktionen, mittels derer gegenseitige Abgrenzungen von Versorgungsgebieten vereinbart werden, wurden mit Verabschiedung der Energierechtsnovelle verboten sowie bestehende Vereinbarungen gesetzlich außer Kraft gesetzt. Gasversorgungsunternehmen müssen ihre Netze nun kostenorientiert anderen Anbietern zur Verfügung stellen. Die Städte und Gemeinden müssen künftig ihre öffentlichen Verkehrswege grundsätzlich jedermann für die Verlegung und den Betrieb von Leitungen zur unmittelbaren Versorgung von Letztverbrauchern in ihrem Gebiet diskriminierungsfrei zur Verfügung stellen.

Weiterhin hat jedes Unternehmen die Möglichkeit, Aufgaben der Gasversorgung zu übernehmen und die dafür notwendigen Leitungen, Anlagen und Einrichtungen zu bauen. Dabei wird vorausgesetzt, dass vom Unternehmen eine wirtschaftlich und technisch sichere Gasversorgung gewährleistet werden kann.[39] Der Markteintritt neuer Akteure ist damit nicht nur theoretisch möglich, er wird auch in der EU und vor allem in Deutschland praktiziert, was zu einem ausgeprägten brancheninternen Wettbewerb beiträgt. Insofern sehen sich nicht nur Gasförderer und –lieferanten, sondern auch Unternehmen der nächsten Wertschöpfungsstufe – Ferngasgesellschaften und Gas-Distributoren wie Stadtwerke – einem schwindenden Gebietsschutz und somit gestiegenem Wettbewerb gegenüber.

2.4.4.2 Stufen der Liberalisierung

In der folgenden Tabelle sind die wettbewerbsrelevanten rechtlichen Stufen der Liberalisierung des europäischen und deutschen Gasmarktes zusammenfassend dargestellt.

---

den folgenden gaswirtschaftlichen Leistungen: Fernleitung, Verteilung, Bilanzausgleich und Kompatibilität.

[39] Im Gegensatz zu Strom und Telekommunikation hat Gas keine einheitlichen bundesweiten Verteilstrukturen, aber mehrere Vorlieferanten, so dass von den Marktakteuren die vorhandene Infrastruktur genutzt wird und partiell auch ein Neubau sinnvoll ist.

Jahr	Verordnung / Gesetz	Maßnahme / Umsetzung
1998	EU-Binnenmarktrichtlinie *Erdgas* [98/30/EG; vgl. Europäische Kommission, 2001, S. 40]	EU-Mitgliedstaaten haben ihre Gasmärkte stufenweise für ausländische Anbieter zu öffnen. Seit dem Jahr 2000 muss jedes Land seinen Markt zu 20% des jährlichen Gesamtgasverbrauchs des jeweiligen Mitgliedstaates für den Wettbewerb öffnen.[40]
04/1998	Neufassung Energiewirtschaftsgesetz (EnWG), Verbändevereinbarung	Aufhebung geschlossener Versorgungsgebiete in Deutschland. Bedingungen des Gasnetzzugangs sollen in Deutschland basierend auf freiwilligen Vereinbarungen zwischen den Marktakteuren erfolgen. eine Regulierungsbehörde (die u. a. die Preise und Durchleitungsrechte festlegt) war anders als in 14 anderen EU-Staaten viele Jahre nicht vorgesehen. Die Schaffung einer solchen Regulierungsbehörde ist jedoch ab Mitte 2004 geplant (vgl. Riechmann, 2003).
06/2000	Verbändevereinbarung Gas	Verbände der Anbieter- und Abnehmerseite vereinbaren Netzzugangs- und Netzentgeltregelungen für Dritte. Diese wurde vom Bundeswirtschaftsministerium als unzureichend abgelehnt.
05/2002	Verbändevereinbarung II (in Oktober 2002 in Kraft getreten)	Diese ersetzt die vorher geltende Fassung einschließlich ihrer Nachträge. Sie soll Regeln für folgende gaswirtschaftlichen Leistungen umfassen: Fernleitung, Verteilung, Bilanzausgleich, Kompatibilität, kommerzieller Speicherzugang und Engpassmanagement. Diese Vereinbarung enthält weiterhin auch Regeln zu: Technischen Rahmenbedingungen, Einbeziehung der Haushalts- und Gewerbekunden in den Gas-zu-Gas Wettbewerb, verbesserte Transparenz und Vereinfachung des Netzzugangs und schließlich Verfahrensregeln zur Durchführung einer Schlichtung. Der 2. Nachtrag der Verbändevereinbarung Gas sieht vor, Haushaltskunden ab den 01.01.2002 in den Gas-zu-Gas-Wettbewerb mit einzubeziehen. Das ist bislang noch nicht im vollen Umfang geschehen.

Tabelle 5: Stufen der Gasmarktliberalisierung

2.5 Theoretische Verortung des Produkts Gas

Der Wettbewerb im Gasmarkt unterscheidet sich grundsätzlich nicht von einem Wettbewerb um andere Produkte. Jedes Produkt bzw. jede Branche weist jedoch Charakteristika auf, die unmittelbar Auswirkungen auf die Ausgestaltungsformen des Wettbewerbs haben und die in unterschiedlichen Reputation bezogenen „Touch Points" resultieren. Im Gasmarkt liegen diese Charakteristika zum Ersten in den

---

[40] Seit dem Jahr 2003 sind die nationalen Märkte zu 28% und ab 2008 dann zu 33% öffnen.

Besonderheiten des Produkts Gas, zum Zweiten in rechtlichen Aspekten und zum Dritten in der bereits erläuterten konkreten Form der Liberalisierung begründet.

2.5.1 Produktmerkmale

Erdgas besteht hauptsächlich aus Methan (chem. Formel CH_4) und nachdem es teils sehr aufwendig nach der Förderung aufbereitet[41] worden ist, entwickeln sich bei der Gasverbrennung relativ geringe Schadstoffmengen (Schwefeldioxid, Kohlenmonoxid, Staub). Diese günstigen Verbrauchseigenschaften im Vergleich zu anderen fossilen Brennstoffen erklären u. a. den wachsenden Markterfolg von Gas.

Erdgas weist je nach Herkunft verschiedene Brennwerte auf und wird deshalb entsprechend typologisiert. Typ H (= High) etwa hat einen hohen Brennwert während der von Typ L (= Low) geringer ist. Insofern ist beim Produkt Gas nicht das Volumen für die Ermittlung des Preises ausschlaggebend, sondern der jeweilige Brennwert. Natürlich spielen bei der Preisbildung auch makroökonomische Faktoren wie Gasangebot und –nachfrage eine wichtige Rolle.

2.5.2 Verwendungsrelevante Charakteristika

Anders als etwa beim Strom – dessen Produktion und Verbrauch *uno actu* erfolgen – ist Gas lagerfähig. Die Distribution des Produkts Gas erfolgt bislang nahezu ausschließlich über Leitungen und lässt keine Alternativen zu. Produzent und Verbraucher müssen deshalb stets über ein Leitungsnetz miteinander verbunden sein.

Bei Gas handelt es sich um ein homogenes Produkt, dessen Gewinnung eine Standortgebundenheit voraussetzt und dessen Qualitätsniveau kaum beeinflussbar ist. Wenn verschiedene Qualitäten wie etwa hinsichtlich der bereits genannten Brennwerte auftreten, führt dies zumeist zur Bildung von Qualitätsklassen. Grundsätzlich handelt es sich bei Gas um ein Substitutionsgut und aus Endverbrauchersicht i. d. R. um ein low interest- und low involvement-Gut.

---

[41]   Beispielhaft seien die Abtrennung unerwünschter Gasbegleitstoffe und die Absonderung des mit dem Gas geförderten Wassers genannt oder die Oderation von Gas. Odorier- oder Geruchsmittel dienen der Sicherheit; sie sollen gewährleisten, dass Menschen austretendes Gas schneller wahrnehmen.

Für viele Haushalte besitzt Gas eine nur relativ geringe Kostenrelevanz, weshalb eine hohe Wechselwilligkeit von Haushaltsgaskunden bislang noch nicht dokumentiert ist. Aufgrund dieser Produktmerkmale spielt vor allem für Kunden das Unternehmen von dem sie Gas beziehen – und dessen Reputation - eine zentrale Rolle, weniger das Produkt selbst.

Trotz der relativen Produkthomogenität kann das Gut Gas hinsichtlich seiner Verwendung differenziert werden. Gas liegt nach der Förderung i. d. R. in einem verwendungsfähigen Zustand vor, doch durchläuft es zuerst verschiedene Stufen bis es vom Förderer zum Endverbraucher gelangt. Insofern kann Gas unterschiedlicher Weise Vermarktungsobjekt sein:

- Für Haushaltsendkunden stellt Gas ein Verbrauchsgut dar, während Gas bei Gewerbekunden i. d. R. als Betriebsstoff eingesetzt wird; d. h. Gas wird z. B. zur Beheizung von Produktionshallen eingesetzt oder zum Antrieb von Produktionsmaschinen.

- Für Gas-Förderer ist es ein Fördergut bzw. Rohstoff.

- Für Gas-Distributoren wie FGG ist Gas ein Handelsprodukt, das in seiner Beschaffenheit nicht verändert wird bevor es weiterverkauft wird.

Die Produkt bezogenen Merkmale von Gas (vgl. z. B. Maltzahn, 1999, S. 21f.; Beutin, 2001, S. 404f.) sind im Folgenden zusammenfassend dargestellt:

Charakterisierung:	Primärenergie
Leitungsbindung:	Anbieter und Nachfrager müssen über Gasleitungen verbunden sein. Es ist ein tatsächlicher physischer Transport des Primärenergieträgers über z. T. große Entfernungen notwendig. Anders als beim Strom entstehen beim Gas tatsächlich entfernungsabhängige, also variable Transportkosten.
Produkthomogenität:	Hoch (abgesehen vom Brennwert). Jedoch ist im Unterschied zum Strom eine Aufbereitung aus sicherheitstechnischen Gründen nötig.

Lagerfähigkeit:	Gegeben. Anders als Strom, dessen Produktion und Verbrauch zeitnah erfolgen, ist Gas lagerfähig. Im Wärmemarkt ist die Speicherung wegen saisonaler Bedarfsschwankungen sogar zwingend notwendig.
Substituierbarkeit:	Mittelgroß – Gas wird zumeist im Wärmemarkt abgesetzt, jedoch kommen auch Anwendungen in der chemischen Industrie und vermehrt in der Stromerzeugung in Betracht. Im Wärmemarkt ist Gas ein Substitutionsgut, konkurriert also mit anderen Energieträgern, insbesondere dem Heizöl.
Kundeninteresse:	Bei Haushaltskunden gering, bei Gewerbe- und Industriekunden hoch.
Produktdifferenzierung:	Emotional (bislang noch nicht erfolgt) und über den Preis.

3   Empirische Erfassung der Unternehmensreputation: Konzeptualisierung und Operationalisierung

Im Rahmen der im Folgenden dargestellten empirischen Studien stand die Erklärung des Konstrukts der Unternehmensreputation sowie der Zusammenhang zwischen derselben und ihren postulierten Konsequenzen im Mittelpunkt der Betrachtung. Die theoretische Grundlage und Notwendigkeit einer empirischen Untersuchung ergeben sich aus den in den Kapiteln 2.2 und 2.3 aufgezeigten Forschungsdefiziten.

Mittels eines Bezugsrahmens werden die als relevant ausgemachten Einflussgrößen der Unternehmensreputation von EVU integriert und in Beziehung zueinander setzt. Dieser Bezugsrahmen wird als theoretisch-konzeptionelles Grundgerüst für die weitere Bearbeitung des Themas verstanden und der Bezugsrahmen dient dazu, komplexe Zusammenhänge zwischen den berücksichtigten Größen zu erfassen und zu systematisieren. Ausgangspunkt eines solchen praxisnahen Bezugsrahmens sind einerseits die Berücksichtigung aller relevanten Quellen der Unternehmensreputation in der *Mikro-Umwelt* sowie von monetären und nicht-monetären Konsequenzen der Unternehmensreputation.

3.1   Vorstellung des Bezugsrahmens

Die im Bezugsrahmen berücksichtigen Einflussgrößen der Unternehmensreputation lassen sich grob in globale Umweltbereiche (vgl. Kapitel 2.4.2), die internen sowie die externen Einflussquellen unterteilen. Die Bedeutung vor allem der internen und externen Einflussquellen auf die Unternehmensreputation sollen die folgenden Abschnitte verdeutlichen.

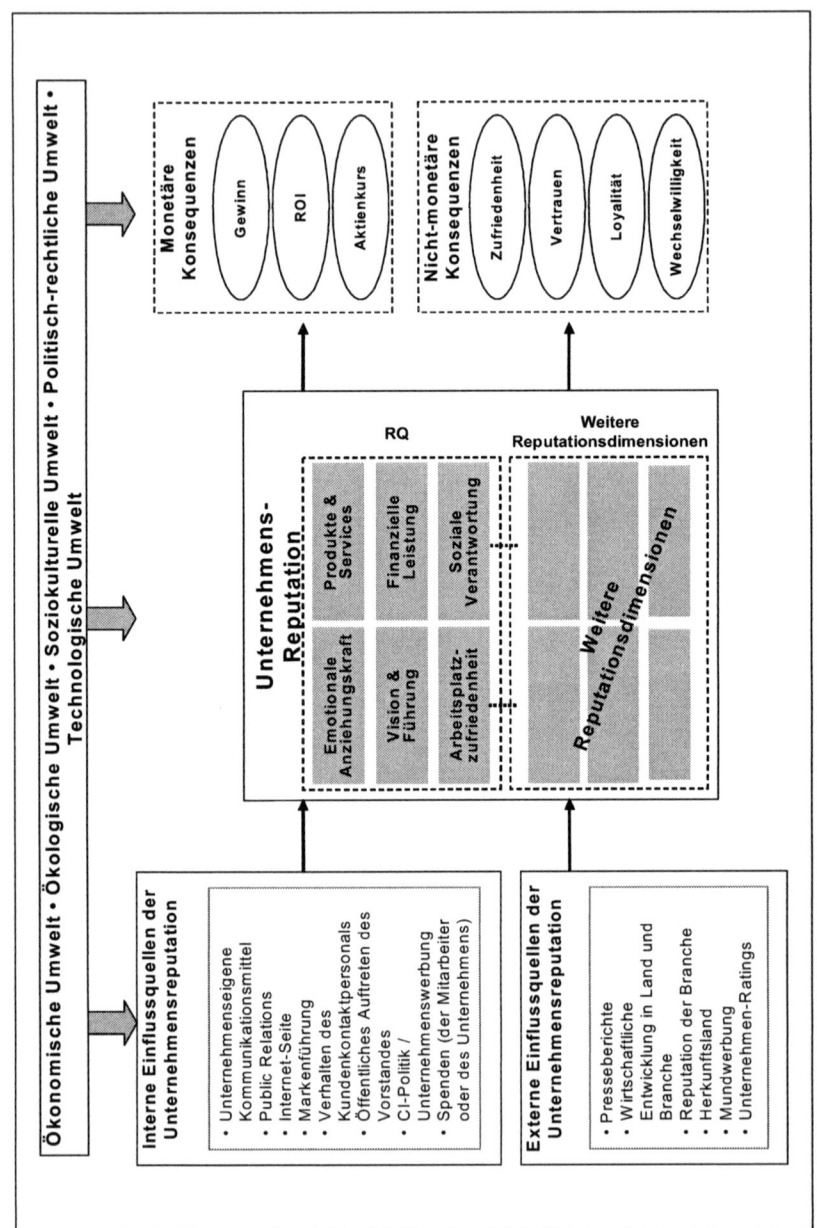

Abbildung 13: Bezugsrahmen der Untersuchung

3.1.1 Interne Reputationsquellen

„A good name, like good will, is got by many actions and lost by one" (Lord Jeffery, britischer General, 1717-1797).

Aus Stakeholderperspektive kann Reputation nach Vogt (1997, S. 146) nach privaten (bilateral) und öffentlichen Informationen (multilateral) unterschieden werden. Die persönlichen bzw. privaten *Erfahrungen* eines Stakeholders mit einem Energieunternehmen unterscheiden sich demnach von einem Ruf, der auf am Markt für alle Stakeholder zugänglichen Informationen basiert.

Aus Unternehmensperspektive lassen sich auf Determinantenseite interne und externe Quellen der Unternehmensreputation unterscheiden. Die internen Reputationsquellen werden grundsätzlich vom Unternehmen kontrolliert und können von diesem gesteuert werden. Zunächst sind alle Maßnahmen und Instrumente der internen und externen Marketingkommunikation zu nennen. Während Instrumente wie Public Relations und Internet nach außen gerichtet sind, da es gilt zu externen Stakeholdern ein positives Verhältnis aufzubauen (Kleebinder, 1995; Lovelock/Vandermerwe/Lewis, 1999, S. 382f.) sollen etwa Maßnahmen der Corporate Identity auch stark nach innen wirken (vgl. Wiedmann, 1996b, S. 10ff.).

Eine gesteuerte, proaktive Beeinflussung der Reputation über interne Quellen ist vor allem auch deshalb möglich, weil das Management über den Zeitpunkt und den finanziellen Umfang kommunikativer Maßnahmen entscheidet.

Mit der Liberalisierung des Energiemarkts und der strategischen Neuausrichtung vieler EVU ändern sich deren Ziele und teilweise auch die Zielgruppen. Von dieser Neuausrichtung sind auch die Instrumente der Unternehmenskommunikation betroffen. Häufig akzentuieren EVU Medien, die bisher bzw. vor der Liberalisierung gar keine oder eine nur nachgeordnete Rolle gespielt haben. Zu nennen sind hier Mitarbeiterzeitschriften, das Intranet oder Geschäftsberichte. All diese Medien stellen interne Reputationsquellen dar, da dort reputationsrelevante Themen und Ereignisse behandelt werden oder gar entstehen können.

Gleichwohl gibt es interne Quellen, die die Unternehmensreputation beeinflussen können, auf die das Management keinen Einfluss hat und diese Quellen können ein

Reputation-Management mitunter sogar konterkarieren. Zum Beispiel legen internationale Transport- und Versandunternehmen einen überdurchschnittlich hohen Wert darauf, als pünktlich und zuverlässig zu gelten. Wenn nun die Belegschaft eines solchen Unternehmens – z. B. wie vor einigen Jahren im Fall von FederalExpress (FedEx) in den USA – mit Streikmaßnahmen droht, dann ist die mühsam aufgebaute Reputation akut gefährdet (vgl. Margaritis, 2000), denn das zentrale Leistungsversprechen kann u. U. nicht mehr erfüllt werden.

Als weiteres Beispiel kann in diesem Zusammenhang der Streik der Lufthansa-Piloten (und dann des Bodenpersonals) im Jahre 2001 gennant werden. In beiden Fällen gefährdeten die eigenen Mitarbeiter mit Streiks bzw. Streikdrohungen die Reputation des gesamten Unternehmens. Im Fall von Lufthansa stellte sich die Situation zeitweise so dar, als wäre jeglicher Zusammenhalt im Unternehmen und insbesondere zwischen den verschiedenen Mitarbeitergruppen verloren gegangen. Während des Pilotenstreiks im Frankfurter Flughafen, bei dem die Piloten eine Lohnerhöhung im zweistelligen Prozentbereich forderten, kam es zu (Gegen-) Protesten des Lufthansa-Bodenpersonals gegen diese vermeintlich überhöhte Forderung.

Zu den klassischen reputationsrelevanten Ereignissen gehören Produkt bezogene Krisen. Meldungen über fehlerhafte Produkte – insbesondere wenn durch sie Kunden zu Schaden kommen – finden ein großes öffentliches Echo (z. B. der gescheiterte „Elch-Test" der Mercedes A-Klasse)[42]. Unternehmen versuchen i. d. R. durch kommunikatve Maßnahmen der eigenen PR-Abteilung Reputationsschäden zu begrenzen. Jedoch sind angesichts von wachsamen Verbraucherschutzorganisationen, der Presse sowie rechtlichen Bestimmungen Grenzen hinsichtlich unternehmensseitiger Reaktionen definiert (vgl. Siomkos/Malliaris, 1992, S. 60).

Ein starker Einfluss auf die Reputation von Unternehmen geht nach Ansicht verschiedener Autoren auch von Mitgliedern des Top-Management bzw. vom jeweiligen CEO

---

[42]   Im Oktober 1997 ist ein Mercedes vom Typ *A-Klasse* bei Durchführung eines Ausweichtests (dem sog. „Elch-Test") in Schweden auf sein Dach gekippt. Mercedes Benz wurde von diesem Ereignis überrascht und die bis dahin hervorragende Unternehmensreputation, die im Wesentlichen auf die Attribute *Qualität, Zuverlässigkeit* und *Sicherheit* zurückgeführt werden konnte, war akut gefährdet. Das Unternehmen stoppte daraufhin die Auslieferung von Wagen vom Typ A-Klasse und nahm die Auslieferung erst Ende Februar 1998 wieder auf (vgl. Töpfer, 1999).

aus (vgl. z. B. Cravens et al., 2003, S. 207; Gaines-Ross, 2000; Wade/Porac/Pollock, 1997). Ein solcher Einfluss kann sich auf die Kompetenz sowie Qualität der unternehmerischen Entscheidungen des CEO beziehen oder auf Handlungen, die nicht im unmittelbaren Zusammenhang mit der Unternehmensführung stehen.

Als unrühmliches Beispiel gilt mittlerweile der ehemalige CEO des im Januar 2002 bankrott gegangenen US-Energiekonzerns Enron, Kenneth I. Lay. Im September und Oktober 2001, als sich Enron bereits in akuten finanziellen Schwierigkeiten befand und der Aktienkurs der Enron-Aktie fiel, verkaufte Kenneth Lay große Teil seines eigenen Aktienpakets. Gleichzeitig ermutigte er Enron-Mitarbeiter, Aktien des eigenen Unternehmens zu kaufen; er sagte ihnen, Enron würde sich bald wieder fangen und erfolgreich sein. Der Reputationsverlust von Kenneth Lay und der von Enron insgesamt waren kurze Zeit später untrennbar miteinander verbunden.

Als weiteres Beispiel kann hier die ehemalige Mannesmann Vorstandschef Klaus Esser genannt werden, der im Zuge der Übernahme des Unternehmens durch Vodafon umfangreiche Prämienzahlungen erhalten hatte, wegen denen eine Anklage (Verdacht der Untreue) gegen Esser erhoben wurde. Ermittlungen wurden auch gegen namhafte Mitglieder des Aufsichtsrats wegen Begünstigung der vermuteten Untreue eingeleitet, so etwa auch gegen den Vorstandssprecher der Deutschen Bank Josef Ackermann (vgl. o. V., 2003f.).

Ein Reputationsschaden kann auch dann entstehen, wenn Informationen über eine tatsächliche oder vermeintliche schlechte Behandlung der eignen Mitarbeiter an die Öffentlichkeit gelangt (vgl. z. B. Puri/Borok, 2002). Insbesondere multinationale Unternehmen wie McDonald's werden kritisch dahingehend betrachtet, wie die eigenen Mitarbeiter behandelt und entlohnt werden. Beispielsweise wurde im Jahre 1998 zwei amerikanischen Mitarbeitern von McDonald's gekündigt, weil diese einen Streik in einer McDonald's-Filiale in Macedonia, Ohio organisierten (vgl. Klein, 2001, S. 240).

Umgekehrt können Handlungen der Mitarbeiter – die weder vom Management initiiert noch gesteuert werden – positive Effekte auf die Unternehmensreputation haben. Als im Sommer 2002 vor allem Dresden schwer von den Folgen der Flutkatastrophe betroffen war, spendeten Mitarbeiter der Dresdner Bank € 1,6 Mio. für die Flutopfer und für Wiederaufbaumaßnahmen.

3.1.2 Externe Reputationsquellen

„It can take 100 years to build a strong brand and 30 days to knock it down" (David D'Alessandro, Präsident von John Hancock Mutual Life Insurance, 6. Januar 1999, zitiert in Klein, 2001, S. 345).

Dieses Zitat unterstreicht, wie anfällig eine Reputation sein kann, wenn Bedrohungen nicht rechtzeitig erkannt werden. Ähnlich formuliert es auch Palazzo (2002): „Reputation kann schnell zerstört werden. Die empörte Öffentlichkeit setzt Unternehmen unter Druck, indem sie schlicht den Konsum ihrer Produkte verweigert. Die Gründe moralischer Empörung sind vielfältig, die Heftigkeit der Konsumentenreaktion kaum vorhersehbar. Es trifft den Metzger, dessen Produkten man in Zeiten von BSE nicht mehr traut. Wer Sport treibt, möchte dies vielleicht lieber in solchen Schuhen tun, die nicht unter menschenunwürdigen Bedingungen genäht wurden. Wer seinen Kindern Spielzeug schenkt, verzichtet vielleicht lieber auf die Puppe, die im chinesischen Gulag gefertigte wurde."

Im Unterschied zu den internen Determinanten der Unternehmensreputation können die externen nur mittelbar beeinflusst werden. In Krisensituationen bleibt Unternehmen häufig sogar nur ein reaktives Verhalten. Externe Einflüsse auf die Reputation können sich einerseits auf die vom Unternehmen erbrachten Leistungen beziehen, andererseits aber auch auf das Ergebnis gesellschaftlicher Stimmungen oder Trends.

Zu solchen reputationsrelevanten Trends gehört etwa der hin zu ethischen Konsum, Investment und Ansätzen der Unternehmensführung (vgl. imug/muk, 2001; Hackett, 1995; Kanungo/Mendonca, 1996; Caldwell/Bischoff/Karri, 2002) und die gestiegene Relevanz unternehmerischer Verantwortung für bspw. das Kaufverhalten von Verbrauchern (vgl. Abbildung 14; in Anlehnung an imug-Emnid, 1996; zitiert bei imug, 1997, S. 64). Solchen Trends tragen EVU bspw. dadurch Rechnung, dass auch ökologischer Strom (z. B. aus regenerativen Energien) zum festen Angebotsportfolio gehört - Strom, mit dem ein EVU seine Umweltorientierung zum Ausdruck bringt.

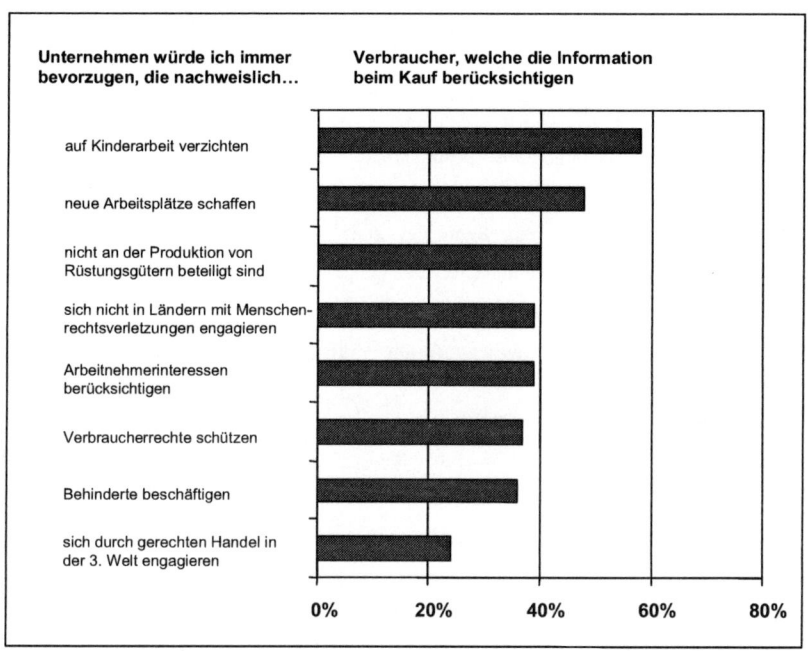

Abbildung 14: Für das Verbraucherverhalten relevante Aspekte unternehmerischer Verantwortung

Eine weitere Quelle externer (positiver und negativer) Reputationseinflüsse können andere Unternehmen (und deren Handlungen) darstellen, mit denen ein Unternehmen geschäftlich assoziiert ist. Wenn etwa ein neues Unternehmen *A* vom Unternehmen *C* Waren auf Kredit geliefert haben möchte, könnte Unternehmen *C* dies mit Verweis auf eine fehlende längerfristige gemeinsame Geschäftsbeziehung ablehnen. Wenn nun jedoch das Unternehmen *C* weiß, dass die namhafte Bank *B* dem Unternehmen *A* bei der Gründung zur Seite stand, dann kann dies von Unternehmen *C* als Reputationssurrogat verwendet werden. Insofern fungiert die „reputation of these associated companies (...) as a proxy" (Cravens/Goad Oliver/Ramamoorti, 2003, S. 203).

Ähnliche Effekte können auch auf Branchenebene auftreten, wenn einzelne Unternehmen in positiver oder negativer Weise die Reputation einer ganzen Branche determinieren. So gehört bspw. die Finanzdienstleistungsbranche traditionell zu jenen Branchen, die immer wieder in den Blickpunkt öffentlicher Kritik geraten sind und deren

Unternehmen in der Tendenz immer gegen eine schlechte Reputation bzw. zumindest einschlägige Vorurteile anzukämpfen haben (vgl. Wiedmann/Walsh, 2003).

Interessanterweise lassen sich hier schlechte Branchen bezogene Einschätzungen auf relative wenige – aber dafür umso prominentere – Ereignisse und Handlungen einiger weiniger Unternehmen zurückführen. Zu nennen sind hier bspw. Äußerungen wie die „Peanuts-Geschichte" im Fall Schneider oder massive Fehleinschätzungen der Wirtschaftstrends und Unternehmenswerte in der „New Economy".

3.1.2.1 Probleme der externen Reputationswahrnehmung durch interne Ereignisse und Schwachstellen – Ein Überblick

Zu den wohl am Besten dokumentierten Ereignissen in der Reputationsliteratur gehört der Brent Spar-Fall. Im Jahre 1995 beabsichtigte Shell die ausrangierte Bohrinsel *Brent Spar* im Nordatlantik zu versenken, anstatt sie am Land oder in einem Fjord zu demontieren. Shell berief sich bei der Entscheidung auf wissenschaftliche Gutachten, die Zustimmung der britischen Regierung und Kostenerwägungen. Nach massiven internationalen Protesten und Boykottaufrufen (vor allem in Deutschland) lenkte Shell ein und entschied sich für eine Abwrackung in Norwegen (vgl. Zyglidopoulos, 2002; Backer, 2001, S. 237; Klein, 2001, S. 379ff.; Terpstra/Sarathy, 2000, S. 516f.; van Riel, 1997, S. 137f.).

Einen Reputationsschaden hat unlängst bspw. das norwegische Erdöl- und Erdgasunternehmen Statoil ASA, Stavanger aufgrund von Bestechungsvorwürfen erlitten. Dem Unternehmen wurde vorgeworfen, bei seinen geschäftlichen Aktivitäten im Iran – insbesondere im Zusammenhang mit der Genehmigung zur Erschließung eines der größten iranischen Gasfelder – Zahlungen von über USD 5 Mio. (von vereinbarten USD 15 Mio.) an Horton Investments, einem iranischen Beratungsunternehmen, gezahlt zu haben. Dem Leiter von Horton Investments werden hervorragende Beziehungen zum Direktor der National Iranian Oil Company nachgesagt, der wiederum über sehr gute politische Kontakte verfügt (vgl. Wienberg, 2003).

Nachdem dieser Vorgang publik geworden ist, hat Statoil seine Geschäftsbeziehung mit Horton Investments für beendet erklärt und ein führendes Management-Mitglied ist von seiner Position zurückgetreten.

Zu Reputationsschäden durch externe Quellen kann es auch kommen, wenn ein Unternehmen auf externe Aktionen und Kommunikationskampagnen unangemessen reagiert. Unangemessen bedeutet, dass zu heftig bzw. disproportional reagiert wird und eine breite Öffentlichkeit somit Kenntnis von einem Ereignis bekommt, von dem sie ansonsten gar nichts oder nur wenig mitbekommen hätte. Im Jahre 2002 verklagte der Ölkonzern ExxonMobil die französische Abteilung von Greenpeace, weil man sich durch den modifizierten Einsatz des ESSO-Logos[43] verunglimpft sah (vgl. Abbildung 15). Auf Seiten von Esso meinte man die beiden Buchstaben „S" im Logo sähen wie SS-Runen aus und würden somit die Öffentlichkeit verwirren; tatsächlich ähneln sie eher dem Dollarzeichen ($). ExxonMobil verklagte Greenpeace France wegen des Missbrauches des Firmenlogos.

Ausgangspunkt waren Proteste der Umweltschützer gegen die klimafeindliche Politik des größten Ölkonzerns der Welt. Der Vorwurf von Greenpeace lautet, Exxon hätte durch seine massive Lobbyarbeit dazu beigetragen, dass die US-Regierung unter Präsident Bush das Klimaschutzprotokoll von Kyoto nicht ratifiziert hat. Die Umweltschützer unternahmen Aktionen bei denen wie bspw. im Oktober 2002 an Luxemburger Esso-Tankstellen protestiert wurde (o. V., 2003a).

---

[43] Esso gehört seit dem Jahr 2000 zu ExxonMobil.

Abbildung 15: Karikiertes Esso-Logo

Weitere zum Teil namhafte Beispiele für Risiken in Bezug auf die Unternehmensreputation lassen sich im Zusammenhang mit großen Konsumgüter-Marken finden. Mitte der 90er Jahre wurden in den USA Fragen der Unternehmensethik intensiv öffentlich diskutiert. Dabei wurden auch Strategien der Auslagerung arbeitsintensiver Produktionen in Drittweltländer – und die zumeist schlechten Arbeitsbedingungen in solchen Drittweltländern – kritisch von Verbraucherorganisationen und den Medien beleuchtet.

Im Jahre 1996 strahlte der amerikanische Sender NBC kurz vor Weihnachten eine Dokumentation über die Arbeitsbedingungen in indonesischen und chinesischen Fabriken aus, die Kinderspielzeug durch Kinderarbeit für die Marken Mattel und Disney produzierten (vgl. Klein, 2001, S. 328). Ähnliche Berichte im Zusammenhang mit Kinderarbeit wurden zur gleichen Zeit über pakistanische Fabriken (die z. B. Nike-, Adidas-, oder Reebok-Produkte herstellten) veröffentlicht und haben zu einer negativen öffentlichen Darstellung der betroffenen Unternehmen geführt (vgl. Rugman/Hodgett, 2003, S. 295; Klein, 2001, S. 328ff.).

Vor allem der „Liebling" der Wallstreet, Nike und dessen Gründer Phil Knight, waren Gegenstand einer kritischen Berichterstattung und es kam zu zahlreichen Protesten und Boykottaufrufen von Seiten der Konsumenten – sowohl in den USA wie auch in vielen anderen Ländern. Nachdem Nike lange Zeit jegliche Verantwortung an den argen Produktionsbedingungen in Dritte-Welt-Ländern ablehnte (vgl. Klein, 2001, S. 368f.), kam es 1998 zu einem Einlenken und Nike setzte sich für verbesserte Arbeitsbedingen ein. Auch wurde eine neue Stelle innerhalb des Unternehmens geschaffen, in der sich Nikes (neues) Verantwortungsbewusstsein manifestieren sollte: *Vice President for Corporate Responsibiliy* (Klein, 2001, S. 366).

Im Zusammenhang mit der öffentlichen ethischen Bewertung des Engagements multinationaler Unternehmen in nicht-demokratischen Ländern hat es mit Blick auf die Unternehmensreputation bereits deutliche Anpassungen der Strategien gegeben. Eine Reihe von Unternehmen ist Mitte der 90er Jahre wegen der Zusammenarbeit mit der Militärregierung in Burma in die Kritik geraten (vgl. auch das Pepsi-Beispiel in nachfolgender Tabelle). Im Juli 1996 zog sich der Heineken-Konzern aus Burma zurück und der CEO Karel Vuursteen bemerkte dazu: „Public opinion and issues surrounding this market have changed to a degree that could have an adverse effect on our brand and **corporate reputation**" (Hervorhebung hinzugefügt; zitiert in Klein, 2001, S. 424f.).

In der nachfolgenden Tabelle sind ausgewählte Reputation bezogene Ereignisse aufgeführt. Diese Ereignisse haben beim jeweiligen Unternehmen zu einem Reputationsschaden geführt, den die Unternehmen durch die Ergreifung von Maßnahmen zu berichtigten versuchten.

Unternehmen	Jahr	Ereignis	Reaktion des Unternehmens
Schlitz	1975	Der Hersteller der US-Biermarke *Schlitz* veränderte die Zubereitung des Qualitätsbiers mit dem Ziel Kosten zu sparen. Es wurde in verschiedenen Schritten der Gärungsprozess verkürzt, Gerste durch Mais ersetzt und ein neuer Schaumstabilisator eingesetzt. Kunden lehnten das veränderte (und qualitativ minderwertige) Bier ab. Schlitz' Gewinn von USD 48 Mio. im Jahre 1974 wandelte sich in einen Verlust von USD 50 Mio. im Jahre 1979. Schlitz verlor des Weiteren mehr als 90% (bzw. USD 900 Mio.) seines Markenwerts (vgl. Rao/Ruekert, 1994, S. 89; Aaker, 1991).	Mehr als 10 Mio. Flaschen und Dosen des Bieres wurden aus den Regalen des Handels genommen. Schlitz versuchte durch Rückkehr zur alten Herstellungsmethode Marktanteile zurück zu gewinnen – vergeblich (vgl. Aaker, 1997, S. 137f.).
Dow Chemical/ Union Carbide	1984	Im indischen Bophal explodierte eine Pestizidfabrik von Union Carbide (das Unternehmen wurde 2001 von Dow Chemical gekauft, das somit die Rechtsfolge antrat), wobei mehr als 3.000 Menschen starben und aufgrund der entstandenen Verseuchung des Geländes in den Folgejahren weitere 20.000 Menschen (o. V., 2003b; Franz, 2002; Mitroff, 1994).	Nahezu alle Reaktionen und Maßnahmen von Union Carbide waren aufgrund von Defiziten in der Informationspolitik und aufgrund der anhaltenden Weigerung, die volle Schuld für das Unglück anzuerkennen, von relevanten Stakeholdern als ungenügend wahrgenommen worden. Am Tag des Unglücks (nach ca. 16 Stunden) hält Union Carbide eine erste Pressekonferenz ab. Einige Stunden später wird der Krisenmanager einer PR-Agentur eingeschaltet. Der CEO der Union Carbide fliegt noch am selben Tag nach Bhopal und wird für eine Woche inhaftiert. Am ersten Tag werden 2 Mio. US-Dollar für Soforthilfemaßnahmen von Union Carbide bereitgestellt, nach fünf Monaten zahlt das Unternehmen weitere 5 Mio. US-Dollar für zusätzliche Hilfsmittel. Nach zwei Jahren tritt der CEO zurück. Rund vier Jahre nach dem Unglück erfolgt eine Schadensersatzzahlung von 470 Mio. US-Dollar (vgl. zu einer kompakten Chronologie der Ereignisse Pohlkamp/Rolf/ Schräder, 2003; vgl. auch Trotter/Day/Love, 1989).
Perrier	1990	Mit Benzol (aromatischer Kohlenwasserstoff) konataminiertes Perrier-Mineralwasser wurde in den USA gefunden.	Weltweite Rückrufaktion von 160 Mio. Trinkflaschen (vgl. Kurzbard/Siomkos, 1992; Davies et al., 2002, S. 110ff.).

Unternehmen	Jahr	Ereignis	Reaktion des Unternehmens
Pepsi	1997	Der Softdrinkhersteller, der Lieferverträge mit vielen US-Universitäten hat, betrieb eine Produktionsstätte im diktatorischen Burma.	Umfangreiche Proteste amerikanischer Studierender gegen die wirtschaftlichen Aktivitäten von Pepsi in Burma und somit des burmesischen Militärregimes bewegten Pepsi zu einem Verkauf seiner Anlagen und dem Abbruch der wirtschaftlichen Aktivitäten in Burma (vgl. Klein, 2001, S. 402ff.).
UPS	1997	Nach einem breit angelegten Streik[44] war ein Rückgang der Kundenloyalität zu verzeichnen und das Unternehmen verlor zwischen 5-10% seines Umsatzes (Walker Information, 1998, S. 1; o. V. 2003d, S. 1).	Zunächst reagierte das UPS-Management mit PR-Maßnahmen, z. B. entschuldigte man sich in ganzseitigen Inseraten bei seinen Kunden für Verspätungen. Des Weiteren behauptete UPS, dass die Gewerkschaft es ablehne, die Streikenden über das UPS-Angebot abstimmen zu lassen. Diese Taktik führte nicht zur Beendigung des Streiks und gleichzeitig fand öffentlich eine nationale Solidarisierung mit den UPS-Streikenden statt, die das UPS-Management schließlich zum Einlenken und zu der Akzeptierung der Forderungen bewegte.
Ford	1999/ 2000	Fehlerhafte Reifen (des Herstellers Firestone) an Ford Explorer wurden mit einer Unfallserie mit über 80 Toten in den USA und mehr als 30 Toten in Venezuela in Verbindung gebracht (vgl. O'Rourke, 2001).	Ford rief von seinen Kunden 13 Mio. Reifen der Marke Firestone zurück. Die Kosten des Rückrufs betrugen USD 3 Mrd.
FedEx	1998	Angedrohter Streik der FedEx-Piloten (vgl. Margaritis, 2000)	Das Management von FedEx entschied sich für eine zweigleisige Vorgehensweise. In den landesweiten Medien übte man mit Blick auf den Streik Zurückhaltung, auf regionaler und lokaler Ebene – also dort wo die Piloten zu Hause waren – kommunizierte FedEx in aggressiver Form, dass der angedrohte Streik unagemessen und zum Schaden anderer Mitarbeiter ist (vgl. Margaritis, 2000, S. 65). Die Folge war eine

---

[44] An dem Streik nahmen Teilzeit- und Vollzeitarbeiter, Packer, Fahrer, und Piloten teil. Forderungen der Streikenden waren u. a., dass: Teilzeitkräfte höhere Löhne und eine Festeinstellung bekommen, allen Angestellten mehr Arbeitssicherheit gewährleistet wird und weniger Gewicht zu heben ist (UPS hatte die 20-kg-Grenze der Pakete auf 30 kg angehoben).

Unternehmen	Jahr	Ereignis	Reaktion des Unternehmens
			zurück gehende öffentliche Unterstützung für die FedEx-Piloten.
Bayer	2001	Lipobay-Skandal – Vor allem in den USA auftretende Todesfälle wurden mit dem Cholesterin-Senker in Verbindung gebracht. Es wird vermutet, dass es bei gleichzeitiger Einnahme von Lipobay und Medikamenten mit dem Wirkstoff Gemifibrozil zur Zerstörung von Muskelgewebe kommt.	Durch den Rückzug des ehemaligen Erfolgsmedikaments Lipobay hat Bayer empfindliche Umsatz- und Gewinneinbußen in Milliardenhöhe ebenso wie einen Rückgang des Aktienkurses zu verzeichnen gehabt (vgl. Alperowicz, 2001). In der Folge kam es u. a. zum Abbau von Arbeitsplätzen. Des Weiteren verschob Bayer den ursprünglich für September 2001 geplanten Gang an die US-amerikanische Börse auf Ende Januar 2002.

Tabelle 6: Reputationskrisen von (multinationalen) Unternehmen und deren Reaktion

Wie bereits in obiger Tabelle erwähnt, kann die Unternehmensreputation auch durch fehlerhafte bzw. Gesundheit gefährdende Produkte Schaden nehmen. Prominentestes Beispiel der letzten Jahre ist vermutlich der Skandal im Zusammenhang mit dem Cholesterinsenker Lipobay von Bayer. Lipobay wurde vor allem in den USA mit einer Reihe von Todesfällen in Verbindung gebracht, was Bayer dazu veranlasste, das Produkt im August 2001 vollständig vom Markt zu nehmen. Das öffentliche Echo war vernichtend und viele Experten glaubten, die Reputation von Bayer hätte einen irreperablen Schaden genommen.

Bayer – derzeit in Erwartung von Milliardenklagen aus den USA (vgl. o. V., 2003e) – versucht zum Schutz und Wiederaufbau der Reputation durch Kommunikation seine Seite der Ereignisse darzustellen und die Diskussion zu entemotionalisieren. So fordert die Leitung der Unternehmenskommunikation von Bayer über die firmeneigene Website zu einer differenzierteren und sachlicheren Betrachtung des Lipobay-Falls auf.

After the shock, time for reflection[45]

The news of Bayer's voluntary withdrawal of Lipobay®/Baycol® was a major setback - not only for patients, doctors, pharmacists and stockholders, but also for the company's management team and employees.

---

[45]   Quelle: http://www.lipobay.bayer.com/en/kommspringer.html, am 24.07.2002.

It is no wonder, therefore, that this event and its consequences have received wide and detailed coverage in newspapers and magazines and on radio and television. And it is equally unsurprising that the tone of this reporting in the different media has varied widely.

There have been and continue to be both thoughtfully critical portrayals of the situation and sensational feature stories, sympathetic and devastating accounts, fair and unfair reports.

It is unacceptable when TV news programs take statements from a Bayer Management Board member out of context to paint a picture of heartless and unfeeling company management. This does not accurately represent the situation or the mood within the company, and I think most people in Germany realize this.

The shock will most likely give way soon to a more reflective mood - at Bayer, in the media and among the politicians and the authorities. And hopefully among the U.S. lawyers as well, who - instead of using well-founded arguments to make their point - have already launched a smear campaign against the German-based company Bayer as a prelude to a possible legal battle. Most people will recognize this as a lousy PR show.

Bayer has a good reputation to defend, and the Board of Management and the employees are fighting to restore lost confidence in Bayer. We know very well that the words "Responsible Care" have a special meaning when used in connection with drug products.

Heiner Springer, Head of Corporate Communications

3.1.2.2 Determinanten der Unternehmensreputation am Beispiel der „10 schlimmsten Unternehmen"

Die Probleme mit Lipobay und andere aus Bayer-Sicht negative Ereignisse[46] haben dazu beigetragen, dass Bayer von der amerikanischen Fachzeitschrift *Multinational Monitor* zu den „Ten Worst Corporations of 2001" (in den USA) gezählt wird.

---

[46] Weitere Kritik erntete Bayer nach dem 11. September 2001. Als es zu mehreren Milzbrandanschlägen in den USA kam und große Mengen Antibiotika benötigt wurden, verlangte Bayer nach amerikanischer Ansicht Milliarden für die Produkte und galt somit als ein Unternehmen, das sich an und in der nationalen Krise bereichert. In diesem Zusammenhang wurde auch berichtet, dass Bayer kleinere Wettbewerber dafür bezahlte, keine günstigeren Antibiotika-Alternativen auf den amerikanischen Markt zu bringen.
Wenig förderlich für die Bayer-Reputation war auch die Forderung der amerikanischen Gesundheitsbehörde FDA (Food and Drug Administration; US Aufsichtsbehörde Zuständig für die Zulassung von insbesondere Lebensmitteln und Medikamenten), den Verkauf von Tierantibiotika (die identisch mit in der Humanmedizin eingesetzte Antibiotika sind) einzustellen. Die FDA argumentierte, es könnte zu Resistenzbildungen kommen, wenn Menschen über die Nahrung (Fleisch) die Antibiotika aufnehmen würden und diese Antibiotika in der Humanmedizin deshalb nicht mehr eingesetzt werden könnten.

Die aktuelle Auswahl des Multinational Monitor der 10 schlimmsten Unternehmen umfasst (vgl. Mokhiber/Weissman, 2002):

- *Andersen* war das Buchprüfungsunternehmen, das über Jahre den US-amerikanischen Energieriesen Enron geprüft und diesem unbedenkliche Testate ausgestellt hat. Enron ist in 2001 wegen umfangreicher finanzieller Unregelmä-ßigkeiten in Konkurs gegangenen und Andersen sah sich mit kritischen Fragen hinsichtlich der Absehbarkeit des Konkurses konfrontiert. Wegen einer umfang-reichen Vernichtung von Enron-Prüfakten („assembly line document destructi-on"; Mokhiber/Weissman, 2002, S. 9) und der dadurch begangenen Behinderung der Justiz wurde Andersen zu einer Strafe von USD 500.000 verur-teilt. Stärker als der finanzielle Schaden wog für Andersen der Schaden an der Reputation und der daraus resultierende eigene Konkurs (vgl. auch Grusd, 2002; Chaney, 2002).

- *British American Tobacco (BAT)*. BAT engagiert sich seit Jahren in selbst gewählten sozialen und vermeintlich gesellschaftsorientierten Projekten. Multi-national Monitor wirft BAT vor, in seinen Aktivitäten Rauchen nicht verhin-dern, sondern unterschwellig fördern zu wollen. So erklärt BAT in ihrem Programm zur Vermeidung von Rauchen bei Jugendlichen, Rauchen sei etwas für „Erwachsene", wodurch der Reiz des Rauchens bei Jugendlichen – so Multi-national Monitor – erhöht statt verringert würde. Des Weiteren wird BAT vor-geworfen, den Zusammenhang zwischen Rauchen und gesundheitlichen Folgen bis ins Jahr 1998 abgestritten zu haben und noch immer einen Zusammenhang zwischen Passivrauchen und der Gesundheit zu leugnen.

- *Caterpillar*. Der amerikanische Hersteller von Gebrauchs- und Transportfahr-zeugen liefert seine Produkte in Staaten, die diese in völkerrechtswidriger Weise einsetzen. So liefert Caterpillar Bulldozer nach Israel, die von den *Israeli Defen-se Forces* bspw. im Rahmen von Vergeltungsmaßnahmen zur Zerstörung von Wohnhäusern von Palästinensern in den Städten Jenin und Nablus (West Bank) eingesetzt werden. Bei diesen Maßnahmen kommen nachweislich Zivilisten ums Leben und die Lieferungen an Israel widersprechen nach Meinung von Kritikern Caterpillars unternehmenseigenen „code of conduct".

- *Citigroup.* Beim größten Bankhaus der USA kam es in verschiedenen Divisionen zu reputationschädigenden Ereignissen. In der Citigroup-Tochter *Salomon Smith Barney* hat ein Analyst, Jack Grubman, im Jahre 2001 die Aktien des Telekommunikationsunternehmens AT&T aufgewertet – ohne dass wirtschaftliche Indikatoren dies rechtfertigten – um sich dadurch einen persönlichen Vorteil zu verschaffen. Aufgrund irreführender und Vorteil nehmender Kreditvergabepraktiken bei der Tochter *CitiFinancial Credit Company* wurde Citigroup von der FTC zu USD 215 Mio. Strafe verurteilt.

- *DynCorp* ist ein international tätiges Unternehmen für Sicherheitsfragen, das militärische Dienstleistungen erbringt. Mokhiber/Weissman (2002, S. 14) beschreiben DynCorp als „Söldnerunternehmen". DynCorp ist etwa im Auftrag der US-amerikanischen Regierung mit dem Schutz des afghanischen Präsidenten Hamid Karzai beauftragt. Kritisiert wird DynCorp u .a. für Vergehen seiner Mitarbeiter in Bosnien (Handel mit Sexsklaven) oder seine Rolle bei der Streuung von Herbiziden in südamerikanischen Ländern im Kampf gegen den Drogenanbau (im Auftrag der USA), bei denen Menschen und legale Landwirtschaftsprodukte geschädigt werden.

- *M&M/Mars.* Als großer Hersteller von Schokoladenprodukten ist Mars auf dem Weltmarkt ein großer Nachfrager von Kakao. Die Elfenbeinküste ist einer der weltweit größten Kakaohersteller. Bei der Arbeit auf Kakaoplantagen in Elfenbeinküste kommen nachweislich Kinder – quasi als Sklaven – zum Einsatz, die häufig für diese Tätigkeit in anderen afrikanischen Ländern gekauft worden sind. Große Schokoladenhersteller werden von verschiedenen Organisationen wie dem *International Labor Rights Fund* aufgefordert, konsequenter auf die Einhaltung von Menschenrechten bei ihren afrikanischen Handelspartnern zu drängen sowie fünf Prozent ihres Kakaobedarfs von *Fair Trade*-Anbauern zu beziehen. Diese *Fair Trade*-Anbauer bekommen einen höheren Erzeugerpreis, verzichten auf Kinderarbeit und folgen höheren ökologischen Standards.

- *Procter & Gamble/Folgers.* Über sein Tochterunternehmen Folgers gehört Procter & Gamble zu den vier größten Kaffeeröstern und somit –nachfragern der Welt. Der Kaffeepreis auf dem Weltmarkt ist seit geraumer Zeit so niedrig, dass viele kleinere Kaffeebauern in der zweiten und dritten Welt nur noch Preise erzielen können, die unter den Produktionskosten liegen. Ähnlich wie im Fall der Kakaoproduktion wurden die großen Kaffeeröster aufgefordert, fünf Prozent ihres Kakaobedarfs von *Fair Trade*-Anbauern zu beziehen, damit die Kaffeebauer mit ihrer Arbeit ihren Unterhalt finanzieren können. Procter & Gamble lehnte es ab, Kaffeebohnen von *Fair Trade*-Anbauern zu beziehen.

-   *Schering Plough.* Dem Pharmaunternehmen wurde u. a. vorgeworfen, in seinen Medikamenten Inhaltsstoffe zu verwenden, die von der FDA nicht für den amerikanischen Markt zugelassen worden waren. Die FDA verhängte eine Strafe von USD 500 Mio. (vgl. auch Mullin, 2002). Des Weiteren haben Kontrollen in puertoricanischen Fabriken des Unternehmens, aus denen rund 90% der Medikamenteproduktion von Schering stammen, Verstöße in der Qualitätskontrolle ergeben. In der Folge willigte Schering ein, auf die Herstellung von 73 Produkten zu verzichten. Negative Produkt bezogene Berichte sind auch in Europa aufgetreten.

-   *Shell.* Wie auch andere multinationale Ölkonzerne versucht Shell durch sein finanzielles Engagement im Rahmen sozial-ökologischer Projekte als „sauberes" Unternehmen wahrgenommen zu werden, auch wenn seine Kerntätigkeit mit der Förderung und dem Vertrieb des weniger sauberen Öls und die Folgen seiner Nutzung zu tun hat. Im Mai 2000 hat Shell zu diesem Zweck eine mit USD 30 Mio. ausgestattete entsprechende Stiftung gegründet (vgl. Mokhiber/Weissman, 2002, S. 17). Trotz dieser Aktivitäten sind im Fall von Shell zahlreiche Fälle von Menschenrechtsverletzungen, Umweltverschmutzung und Missachtung der Arbeitssicherheit dokumentiert (vgl. auch Klein, 2001, S. 392ff.).

-   *Wyeth.* Das Pharmaunternehmen Wyeth bietet systematisch Präparate gegen Beschwerden an, die laut Kritikern nicht therapierbar sind bzw. keiner medikamentösen Therapie bedürfen, sondern für die Wyeth überhaupt erst einen Bedarf weckt. Beispielsweise vertreibt Wyeth ein Präparat gegen Schüchternheit. Schlimmer als die Nichtwirkung eines Präparats ist jedoch, wenn ein Medikament Gesundheitsschäden hervorruft. Dies war der Fall bei einer „Hormonersetzungstherapie" (eine Mischung aus Östrogenen und Progestin) von Wyeth. Das unter dem Markennamen *Prempro* verkaufte Produkt ist an Frauen gerichtet, die sich in den Wechseljahren befinden bzw. diese hinter sich haben. Unabhängige klinische Tests haben ergeben, dass die Behandlung postmenopausaler Frauen mit diesem Präparat das Risiko von Brustkrebs, Herzinfarkt und Lungenembolie erhöht (vgl. auch Allina, 2002) und somit die von Wyeth betonten Vorteile (z. B. verringertes Risiko von Knochenbrüchen) deutlich in den Schatten stellt.

Nach Betrachtung der in Tabelle 6 beschriebenen Reputationskrisen von Unternehmen und der Hintergründe, die die Auswahl der zehn schlimmsten Unternehmen durch den Multinational Monitor bestimmt haben, kann nun ein Systematisierungsversuch hinsichtlich der Ursachen und Handlungsmöglichkeiten der betroffenen Unternehmen unternommen werden. Die *Auslöser* der Reputationskrisen und die Möglichkeiten der *Beeinflussung* derselben kann in einem zweiachsigen Diagramm dargestellt werden (vgl. Abbildung 16). Es wird unmittelbar deutlich, dass die betroffenen Unternehmen den größten Gestaltungsspielraum dort gehabt hätten, wo die Reputationskrise durch eigene Handlungen (bzw. Unterlassungen) oder Unternehmensleistungen hervorgerufen worden ist.

Die Möglichkeiten der Beeinflussung durch das Unternehmen sinken je weiter der Auslöser der Reputationskrise von der eigentlichen Unternehmensleistung entfernt liegt. Im Fall von Caterpillar war es die unethische Verwendung von Bulldozern durch den Kunden, die zu einer reputationsrelevanten Kritik geführt hat. Als einzige Handlungsoption – zumindest im Sinne eines Reputationsschutzes – hätte die Aussetzung der Belieferung des Kunden zur Verfügung stehen müssen. Eine solche Entscheidung traf bspw. Pepsi mit seinem Rückzug vom burmesischen Markt. Caterpillar hingegen entschied sich anders.

Umgekehrt nehmen die Beeinflussungsmöglichkeiten durch das Unternehmen zu, wenn die Auslöser der Reputationskrise in den Handlungen oder Produkten des Unternehmens begründet liegen. So war es die Entscheidung von Schlitz, aus Kostengründen die Zusammensetzung und den Herstellungsprozesses des eigenen Bieres zu verändern. Ebenso entscheiden Unternehmen wie Shell und Dow Chemical über den Umfang und die Strenge der eigenen Sicherheitsmaßnahmen.

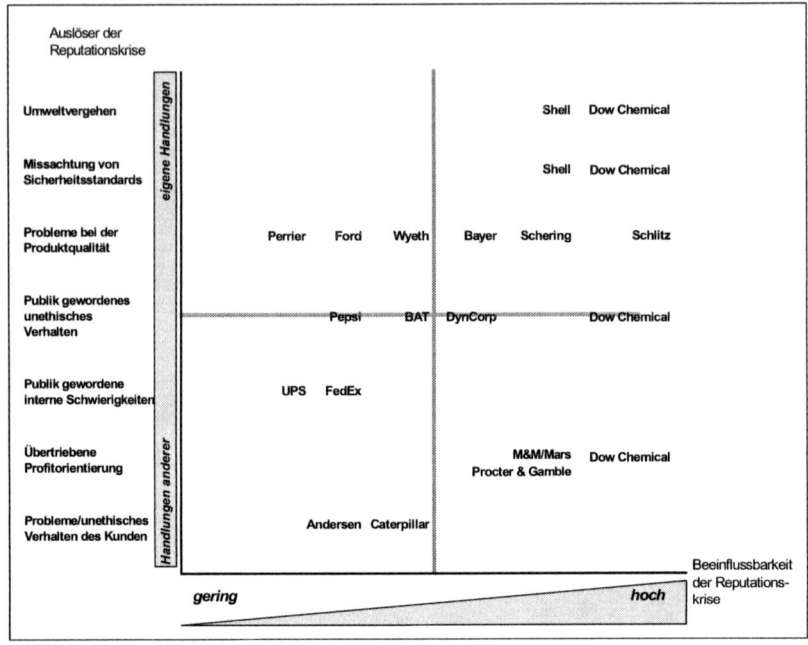

Abbildung 16: Auslöser und Beeinflussbarkeit von Reputationskrisen

Die Möglichkeiten, durch eigene Produkte verursachte Reputationskrisen abzuwenden sinken dann, wenn Produktmängel erst im Laufe der Verwendung bzw. der Zeit sichtbar werden. Beispiele hierfür sind Lipobay (Bayer) und der Ford Explorer. Beim Auftreten von Produktmängeln müssen Unternehmen jedoch unverzüglich und konsequent handeln, etwas was Bayer und Ford versäumten.

3.2 Ermittlung von Reputationsdimensionen und Reputationskonsequenzen

3.2.1 Vorüberlegungen

Wie bereits erwähnt existiert mit dem Reputation Quotient – RQ – ein international zumindest grundsätzlich anerkanntes Messinstrument zur Erfassung von Unternehmens-reputation. Bevor der RQ nun hierzulande in einem speziellen Branchenkontext eingesetzt werden kann, sind umfassende konzeptionelle Vorarbeiten zu leisten.

Nach einer Übersetzung und Rückübersetzung (Hui/Triandis, 1985) kann zum einen der RQ in Deutschland vermutlich relativ problemlos eingesetzt werden. Eine Bestätigung der sechs-dimensionalen Struktur spräche für die interkulturelle Generalisierbarkeit des Instruments. Mit Blick auf insbesondere die deutschsprachige Marketing- und Managementliteratur spricht bspw. einiges für die Bestätigung der Original-RQ-Dimension *Soziale Verantwortung und Umweltbewusstsein.*

Die *sozial-ethische* sowie *umwelt- und gesellschaftsorientierte* Ausrichtung von Unternehmen (zum Konzept des *gesellschaftsorientierten Marketing* vgl. Wiedmann, 1982; Raffée/Wiedmann/Abel, 1983; Wiedmann, 1988a) wird für eine wachsende Zahl von Verbrauchern zu einem wichtigen Kriterium bei der Auswahl eines Anbieters bzw. Produkts oder bei der Entscheidung, dieselben zu wechseln (vgl. z. B. Jones, 1997; Drumwright, 1994; Geisler et al. 2001; imug, 1997).

Ebenso wichtig wird das ethische Verhalten der zunehmend exponierten Manager (vgl. Jeurissen/van Luik, 1998, S. 995ff.). Dieser häufig als *Corporate Citizenship* bezeichneten Orientierung (vgl. z. B. Maignan et al., 1999; Waddock, 2001, Scholte, 2001) kommt vor allem deshalb eine hohe Bedeutung zu, weil sie angesichts zunehmend austauschbarer Leistungsangebote bzw. einer Homogenisierung von Produkten und Dienstleistungen ein für Konsumenten wichtiges Differenzierungs-merkmal darstellt.

Tatsächlich müsste der RQ jedoch hinsichtlich seiner Eignung für einen Einsatz in Deutschland überprüft werden. So gilt es zunächst die Äquivalenzfrage zu klären (vgl. z. B. Salzberger, 1998; van de Vijver/Poortinga, 1997; Riordan/Vandenberg, 1994; Nasif et al., 1991), d. h. ob durch die Verwendung des RQ hierzulande eine Messäqui-valenz gewährleistet werden kann (vgl. Sekaran, 1983; Hui/Triandis, 1985). Wenn ein Messinstrument für verschiedene Zielgruppen oder Kulturen zur Erfassung der gleichen psychologischen Variablen konstruiert wurde, dann ist zu überprüfen, inwiefern dieser Zweck erfüllt wird (vgl. Sharma/Weathers, 2003).

Bei der Verwendung eines Messinstruments außerhalb des Kulturraums für den es entwickelt wurde, ist häufig primäres Ziel, eine Konstruktäquivalenz herzustellen (vgl. Steenkamp/ter Hofstede, 2002, S. 198f.; Singh, 1995, S. 603f.; Min-tu/Calantone/Gassenheimer, 1994; Sekaran, 1993). Konstruktäquivalenz kann dann unterstellt werden, wenn ein Konstrukt für Probanden verschiedener Kulturgruppen die gleiche Bedeutung hat und sich z. B. in ähnlichen Einstellungen oder Verhalten ausdrückt.

Konstruktäquivalenz kann in drei wichtige Formen der Äquivalenz unterteilt werden:

1) *Funktionale Äquivalenz*: Die zu untersuchenden Phänomene müssen hinlängliche Ähnlichkeiten zwischen Ländern aufweisen. Im Falle der USA und Deutschland kann für Reputation eine solche Ähnlichkeit unterstellt werden. In beiden Ländern wird Reputation als etwas Positives angesehen und sie kann für unterschiedliche Entitäten (Individuum, Organisation etc.) gelten.

2) *Konzeptionelle Äquivalenz*: Diese Form der Äquivalenz ist im Zusammenhang mit der funktionalen Äquivalenz zu sehen. Sie stellt darauf ab, dass in verschiedenen Ländern soziale Phänomene eine unterschiedliche Bedeutung oder Konnotationen aufweisen können.

3) *Kategorische Äquivalenz*: Bei dieser Äquivalenzform geht es um die Frage, ob Konzepte, Ideen oder Verhaltensweisen in verschiedene Kulturen unterschiedlich eingeordnet bzw. bewertet werden. So ist der Alkoholkonsum in der Öffentlichkeit in weiten Teilen der USA verpönt und gilt als sozial inakzeptables Verhalten. In Europa und insbesondere in Deutschland ist dasselbe Verhalten nicht negativ konnotiert, da es eine Reihe von Anlässen gibt (Sportveranstaltungen, Volksfest etc.) in deren Rahmen Alkohol öffentlich konsumiert werden kann.

Die Konstruktäquivalenz konnte hinsichtlich des Messinstruments *RQ* anhand der in dem folgenden Abschnitt beschriebenen explorativen Untersuchung belegt werden.

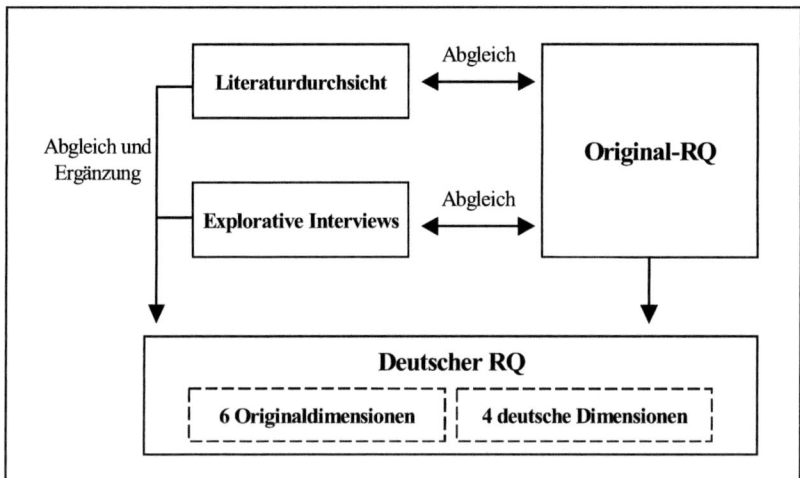

Abbildung 17: Ermittlung der deutschen RQ-Dimensionen

Neben den sechs Reputationsdimensionen des Original-RQ sollen in dieser Arbeit auch deutschlandspezifische Dimensionen ermittelt werden (vgl. Abbildung 17), wo beispielhaft von vier neuen, deutschen RQ-Dimensionen ausgegangen wird. Diese neuen Dimensionen stellen Facetten der Unternehmensreputation dar, die nach Meinung deutscher Stakeholder bzw. Konsumenten Unternehmensreputation konstituieren. Eine Durchsicht der Konsumentenverhaltens- und Managementliteratur liefert erste Hinweise auf solche Dimensionen. Ebenso wurden in einem zweiten Schritt explorativ weitere Dimensionen ermittelt und diese hinsichtlich ihrer Übereinstimmung mit den Literaturergebnissen bewertet.

3.2.2 Explorative Vorarbeiten

Probanden wurden danach gefragt, was ihrer Meinung nach die Reputation eines Unternehmens positiv oder negativ beeinflusst. Bei den Probanden handelte es sich einerseits um n = 30 Studierende – alle Teilnehmer einer vom Verfasser geleiteten empirischen Marktforschungsveranstaltung des Lehrstuhls für Marketing II am Fachbereich Wirtschaftswissenschaften der Universität Hannover – und andererseits um zufällig ausgewählte Personen (n = 18), die im Mai 2002 in der City von Hannover angesprochen wurden. Unabhängig von möglichen inhaltlichen Überschneidungen wurden die Antworten der Probanden gesammelt.

Die explorativen Interviews haben gezeigt, dass Unternehmensreputation in Beziehung zu kundenseitigen Erfahrungen mit Unternehmenshandlungen und -eigenschaften stehen, die über Zeit auf Kundenseite aufgebaut wurden. In der folgenden Tabelle sind exemplarisch die Antworten von drei Probanden dargestellt (in Anhang II finden sich diese Antworten ergänzt um die weiterer Probanden). Diese Antworten wurden, soweit möglich, den sechs Original-RQ-Dimensionen zugeordnet.

		EA	P&S	V&F	AZ	SVU	FL
Stefan, 24, Angestellter	Die eigene Darstellung nach außen, z. B. durch Werbung		(✓)				
	Die Art der vom Unternehmen erbrachten Leistungen (die Herstellung von AKW ist bspw. problematischer als das Angebot von Reisen und wirkt insofern auf die Reputation)			✓		✓	
	Die Qualität und Verlässlichkeit von Produkten und Services			✓			
	Kundenzufriedenheit						
	Das, was einem andere (Freunde u. Bekannte) über das jeweilige Unternehmen mitteilen						
	Presseberichte (z. B. über DaimlerChryslers Kursproblemen auf Grund der Absatzeinbrüche bei Chrysler)						✓
	Unternehmensgewinne/-verluste (Gewinn = pos. Reputation)						✓
	Seriosität/Fairness im Umgang mit Kunden (z. B. Versicherer, die Verträge mit ostdeutschen Kunden auf Grund „schlechter Risiken" kündigen)						
	Tradition	✓					
Jannine, 23, Studentin	Ökonomischer Erfolg						✓
	Respektabilität/Seriosität (z. B. unseriöse Werbung)						
	Sympathie des Unternehmens						
	Ökologieorientierung z. B. in Bezug auf den Herstellungsprozess oder die Verpackung			✓		✓	
	Wie sympathisch ist das Unternehmen in der Öffentlichkeit						
	Transparenz in Bezug auf den Herstellungsprozess und die finanzielle Situation		(✓)				(✓)

		EA	P&S	V&F	AZ	SVU	FL
	Innovativität in Bezug auf die Unternehmensstruktur (z. B. 'moderne' Managementtechnicken) und Produkte		✓	✓	✓		
Antonio,	Anhaltender Erfolg						✓
32, Channel Manager	Alter und Tradition des Unternehmens	✓					
	Qualität und Erscheinung des Management bzw. der Managementmitglieder				✓		(✓)
	Qualität (Qualifikation) der Angestellten (Fertigkeiten, Kompetenz, Respektabilität, professionnelle Einstellung)		✓		✓		
	Kundenorientierung						
	Soziales Commitment und Involvement (z. B. Spenden, Sponsoring)					✓	
	Werbung (Inhalt und Häufigkeit)						
	Erscheinung des Management bzw. der Managementmitglieder			✓			

EA = Emotionale Anziehungskraft; P&S = Produkte and Services; V&F = Vision und Führung; AZ = Arbeitsplatzzufriedenheit; SVU = Soziale Verantwortung und Umweltbewusstsein; FL = Finanzielle Leistung

Die Häkchen in Klammern besagen, dass eine Zuordnung zu einer oder mehrerer der Originaldimensionen nur ansatzweise möglich war.

Tabelle 7: Ausgesuchte Antworten in Bezug auf die RQ-Dimensionen

Wie aus der obigen Tabelle zu ersehen ist, können einige Antworten nicht direkt in Beziehung zu den Originaldimensionen des RQ gesetzt werden. Verschiedene Antworten weisen zudem auf die Existenz weiterer reputationsrelevanter Dimensionen hin, bei denen es sich um deutschlandspezifische Dimensionen handeln könnte (Walsh/Wiedmann, 2004).

Andere Antworten lassen sich wiederum zumindest implizit existierenden RQ-Dimensionen zuordnen. Zu erwähnen ist hier etwa die wiederholt genannte Tradition von Unternehmen, für die ein positiver Einfluss auf die Unternehmensreputation von Seiten der Probanden unterstellt wird (vgl. hierzu auch Alsop, 1999).

Die am Häufigsten genannten mit Unternehmensreputation assoziierten Eigenschaften waren: (Leistungs-)Verlässlichkeit, Leistungsqualität, Seriosität/Fairness, Ökonomischer Erfolg, Ökologieorientierung, Serviceorientierung, Transparenz, Soziales

Engagement.[47] Wie zu zeigen sein wird, stimmen diese Eigenschaften weitgehend mit jenen überein, die im Rahmen der Literaturdurchsicht ermittelt worden sind (vgl. Kapitel 3.2.3).

Weiterhin waren die Probanden aufgefordert, potenzielle monetäre und nicht-monetäre Konsequenzen einer positiven und negativen Unternehmensreputation zu nennen. Auch hier konnte teilweise ein Abgleich mit den in der relevanten Literatur genannten Konsequenzen vorgenommen werden. Nach Groenland (2002, S. 309f.) hat z. B. eine positive Unternehmensreputation insbesondere einen positiven Einfluss auf das Vertrauen der Stakeholder in das jeweilige Unternehmen (vgl. auch Schweizer/Wijnberg, 1999; Gaedke/Tootelian, 1988; Plötner, 1995, S. 44). Davies et al. (2002, S. 76; 176ff.) weisen einen positiven Einfluss von Unternehmensreputation auf Kundenzufriedenheit und Loyalität nach (vgl. auch Walsh/Dinnie/Wiedmann, 2006; Caruana/Ramasashan/Krentler, 2004).

In ihrem methodisch anspruchsvollen Beitrag konnten Smith/Barclay (1997) im Kontext von Verkaufsallianzen empirisch belegen, dass die Reputation von Mitgliedern einer Verkaufsallianz einen positiven Einfluss auf wichtige Größen der Zusammenarbeit bzw. Allianz ausübt. Reputation wirkte positiv auf den wahrgenommenen *Charakter* („Character"; z. B. Integrität, Verantwortungsbewusstsein, Verlässlichkeit, Direktheit des Partners), *Rollenkompetenz* („Role Competence"; z. B. Erfahrung, Wissen, Fähigkeiten) und *Urteilsfähigkeit* („Judgement"; beziehungsorientiertes Handeln hinsichtlich einer für beide Seiten lohnenden Fortführung der Allianz). In Allianzen kann dem Unternehmen mit einer starken und positiven Reputation folglich eine Schlüssel- und Führungsrolle zukommen, denn die anderen Partner der Allianz erkennen seine Qualitäten an.

Eine Kombination aus Literaturdurchsicht und explorativen Interviews ergab die folgenden *vier Reputationskonsequenzen*: (zu- oder abnehmende) Kundenzufriedenheit, (zu- oder abnehmende) Loyalität, (positive oder negative) Mundwerbung sowie (zu- oder abnehmendes) Vertrauen.

---

[47]   Vgl. Anhang II, wo die Antworten von sechs der zufällig ausgewählten Probanden aufgeführt sind.

Dass diese Konsequenzen auch untereinander Einflussbeziehungen aufweisen lässt sich nicht nur theoretisch begründen, sondern wurde im Kontext privater Stromkunden bereits empirisch belegt. So weisen etwa Wangenheim/Bayón/Weber (2002) anhand einer Befragung von 765 Kunden nach, dass Kunden die positive Mundwerbung empfangen, ein höheres Maß an Zufriedenheit aufweisen, sich stärker an das betreffende Unternehmen binden und selber stärker positive Mundwerbung betreiben. Ähnliche Befunde liegen auch aus dem Dienstleistungsmarketing vor. Anhand eines US-amerikanischen Sample weisen Hennig-Thurau/Gwinner/Gremler (2002, S. 238ff.) nach, dass Kundenzufriedenheit positiv auf Commitment, Mundwerbung und Loyalität des Kunden wirkt.

3.2.3 Neue RQ-Dimensionen: Ergebnisse einer Literaturdurchsicht

Neben der finanziellen bestimmt im zunehmenden Maße auch die *soziale* Leistungsfähigkeit eines Unternehmens die Wahrnehmung der Stakeholder (vgl. z. B. Fisher, 1996; Brown/Perry, 1994). Exemplarisch kann hier der *Unternehmenstest* (imug, 1997) genannt werden, mit dem Unternehmen hinsichtlich ihrer sozial-ökologischen Orientierung anhand objektivierter Kriterien wie die *Wahrnehmung von Verbraucher- oder Behinderteninteressen* sowie *Umweltmanagement* beurteilt werden können.

Gleichzeitig weist Fisher (1996, S. 90) darauf hin, dass es nicht immer leicht ist, die Kausalität zwischen einer guten Reputation und finanziellem Leistungsvermögen zu bestimmen: „Good name is to strong financial performance as chicken is to egg. It's not always clear which begets which, but it's awfully hard to have one without the other". Rose/Thomsen (2004) konnten anhand ihrer in Dänemark durchgeführten empirischen Studie einen signifikanten Einfluss von Unternehmensreputation auf Performance nicht bestätigen. Zwar weisen die Autoren einen Zusammenhang zwischen den zwei Größen nach, doch scheint Perfomance einen Einfluss auf die Unternehmensreputation auszuüben. Zu einem anderen Ergebnis kommen Martinez/Norman (2004), die am Beispiel von Fluggesellschaften einen positiven Reputation-Performance Zusammenhang nachweisen. Die Frage nach der Richtung der Kausalität ist sicherlich noch nicht hinlänglich geklärt (vgl. auch Roberts/Dowling 2002).

In wirtschaftlichen Austauschbeziehungen spielt die wahrgenommene *Fairness* eine wichtige Rolle, vor allem aus Sicht des vermeintlich schwächeren Partners. Bei der wahrgenommenen Fairness geht es um die Vergangenheit bezogene Bewertung der Aktionen eines Unternehmens und der Beziehung des Kunden zu diesem Unternehmen. Wie Herrmann et al. (2001, S. 238ff.) in einer instruktiven Literaturübersicht zeigen, hängt z. B. die vom Kunden wahrgenommene Preisfairness von verschiedenen Faktoren ab (vgl. zu Fairness auch Ramaswami/Singh, 2003, im Dienstleistungskontext auch Groth/Gilliland, 2001; Clemmer, 1993).

Dazu zählen etwa die vom Kunden empfundene Abhängigkeit von einem Unternehmen, die Produkt- und Preis bezogene Informationspolitik[48] des Unternehmens oder die kundenseitige Beurteilung des Preisgebarens des Unternehmens. Campbell (1999) weist den negativen Zusammenhang zwischen Unternehmensreputation und wahrgenommener Preisunfairness nach; d. h. Stakeholder trauen Unternehmen mit einer guten Reputation weniger zu, in Bezug auf die Preisgestaltung unfair zu agieren.

Lokale EVU wie Stadtwerke verfügen zwar über einen relativ hohen Bekanntheitsgrad im Stammarkt, doch genießen sie bei ihren Kunden vergleichsweise wenig *Sympathie* (vgl. Stern-Studie, 2001, S. 7), vermutlich weil viele Endverbraucher mit Stadtwerken noch immer häufig bürokratisch-verkrustete Organisationen verbinden. Es ist auch denkbar, dass viele Konsumenten die bisherige „Zwangs-Kundenschaft" (d. h. die fehlende Wahlmöglichkeit zwischen EVU) und die derzeit hohen Werbeausgaben von EVU kritisch sehen. Hohe Werbeausgaben werden z. T. als Vergeudung von Monopolgewinnen wahrgenommen – vor allem wenn die Preise für Enverbraucher nicht deutlich gesenkt werden. Interessanterweise wurde Sympathie von Probanden als wichtiges Merkmal bzw. Voraussetzung einer guten Reputation genannt.[49]

Mithin wird der *Glaubwürdigkeit* von Unternehmen eine hohe Bedeutung für kundenseitige Wahrnehmung derselben beigemessen (vgl. Goldsmith/Lafferty/Newell, 2000). Nach Herbig/Milewicz (1993) sowie Coulson-Thomas (1983, S. 9) sind die Glaubwürdigkeit und Reputation eines Unternehmens unzertrennbar miteinander verknüpft. Weiterhin ist Glaubwürdigkeit eng mit der *Transparenz* verbunden, die Stakeholder den Unternehmensaktivitäten zuattribuieren. Aus dem Konsumgüterbereich

---

[48]   Hierbei geht es vor allem um die Zugänglichkeit von Informationen, die Kunden zur Kaufentscheidungsvorbereitung nutzen (möchten).
[49]   Vgl. zur Operationalisierung von Sympathie Pelz/Scholl (1990).

ist bekannt, dass Konsumenten Informationen aus jenen Quellen (z. B. von Unternehmen) als besonders glaubwürdig warnehmen, die sie für vertrauenswürdig und kompetent halten, die sie mögen und denen sie ein hohes Prestige zubilligen (vgl. Loudon/Della Bitta, 1993, S. 460f.; Ratneshwar/Chaiken, 1991; Goldsmith, 2002).

Für externe Stakeholder ist zweifelsohne die finanzielle Leistungsfähigkeit eines Unternehmens aufgrund ihrer Objektivierbarkeit einfacher zu beurteilen als andere Attribute wie z. B. der Umgang mit den eigenen Mitarbeitern. Die Erhältlichkeit solcher Informationen ohne große Suchkosten stellt deshalb ein wichtiges Element der Unternehmensreputation dar. Nach Shapiro (1982) kann Unternehmensreputation als eine kundenseitige Qualitätserwartung angesehen werden. Diese Erwartung kann auf wiederholte persönliche Erfahrungen oder externen Informationen beruhen (vgl. auch Vogt, 1997).

In der Service-Marketing-Literatur wird nahezu durchweg die zentrale Rolle des Personals zur Erreichung von *Kundenorientierung* unterstrichen (vgl. z. B. Thurau, 2002; Hennig-Thurau/Thurau, 1999; Liljander, 2000). Auch in den explorativen Interviews unterstrichen Probanden mehrmals die Bedeutung des Personals für die Art und Weise wie ein Unternehmen in seinen Bemühungen, kundenorientiert aufzutreten, wahrgenommen wird. In der Reputationsliteratur wird ebenfalls auf „the pivotal role of staff in the corporate reputation management" hingewiesen (Gotsi/Wilson, 2001b, S. 99). Belegt ist zudem auch der positive Zusammenhang zwischen den Größen *Kundenorientierung* und *Kundenzufriedenheit* (vgl. Stock, 2001).

Für dienstleistungsorientierte Branchen spielt auch die ständige Erreichung von Kundenzufriedenheit[50] eine zentrale Rolle für den unternehmerischen Erfolg, da – anders als im Güterbereich – die Vermeidung von Variabilitäten in der Leistungserbringung ungleich schwieriger ist. Während im Güterbereich die Beibehaltung bzw. Steigerung der Produktqualität bei konstantem Faktoreinsatz i. d. R. unproblematisch

---

[50] Bei deutschen Energieversorgern und insbesondere bei Stromversorgungsunternehmen sind Schwankungen in der Kundenzufriedenheit festzustellen. So vermochten es Stromversorgungsunternehmen bspw. nicht, die recht passablen Kundenzufriedenheitswerte des Jahres 2000 auch im Jahre 2001 zu erreichen (vgl. Kundenmonitor Deutschland, 2001). Ähnlich ist die Situation in den USA, wo bspw. Ölunternehmen in Punkto Kundenzufriedenheit deutlich schlechter abschneiden als andere Dienstleistungsunternehmen wie Banken, Krankenhäuser oder Fluggesellschaften (vgl. Vence, 2002,

ist, hängt die Erstellung von Dienstleistungen von Faktoren ab, deren zeitstabile Erbringung weniger leicht zu gewährleisten ist (vgl. z. B. Thurau, 2002; Gutek/Cherry/Groth, 1999, S. 48f.).

Die durchgeführte Literaturdursicht und der Abgleich der dabei identifizierten potenziellen RQ-Dimensionen mit den in den explorativen Interviews ermittelten reputationsrelevanten Unternehmensmerkmalen führt zu den sechs Originaldimensionen – Emotionale Anziehungskraft, Produkte & Services, Vision & Führung, Finanzielle Leistung, Arbeitsplatzzufriedenheit und Soziale Verantwortung – sowie vier postulierten zusätzlichen RQ-Dimensionen: Fairness, Sympathie, Transparenz und Wahrgenommene Kundenorientierung.

Aus der Kombination der sechs existierenden Originaldimensionen und der vier neuen Dimensionen der Unternehmensreputation lässt sich das folgende vorläufig endgültige Konzeptualisierungsmodell von Unternehmensreputation entwickeln, das gleichzeitig die Grundlage für die anschließende empirische Studie darstellt. Wie aus Abbildung 18 zu ersehen ist, wird für das Konstrukt Unternehmensreputation zunächst eine zehndimensionale Struktur unterstellt.

S. 4).

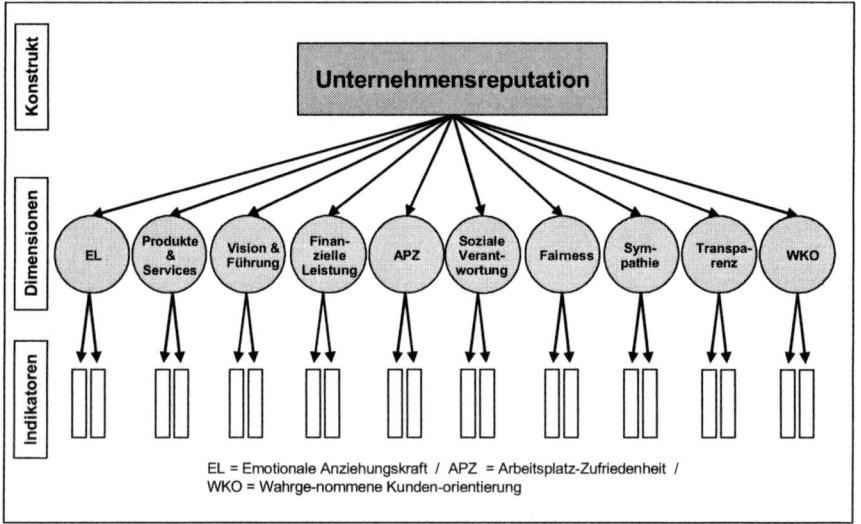

Abbildung 18: Vorläufige endgültige Konzeptualisierung des Konstrukts Unternehmensreputation

3.3 Methode der Untersuchung – Studie 1

Zur Ermittlung eines deutschen Reputationskonstrukts auf Basis des RQ und Validierung desselben, wurden zwei unabhängige empirische Untersuchungen durchgeführt (Studie 1 und Studie 2).

3.3.1 Datenerhebung und Stichprobe

Die Ermittlung der Dimensionen des Konstrukts Unternehmensreputation sowie deren empirische Überprüfung erfolgten im Rahmen einer vom Verfasser geleiteten empirischen Marktforschungsveranstaltung des Lehrstuhls für Marketing II am Fachbereich Wirtschaftswissenschaften der Universität Hannover. Die Befragung von 212 Konsumenten wurde in Gestalt persönlicher Interviews durchgeführt. Als Interviewer agierten Teilnehmer der Lehrveranstaltung, allesamt Studierende im Hauptstudium mit dem Vertiefungsfach Marketing.

Die Befragung fand zum einen in einem Kunden-Center des Energieunternehmens enercity (Stadtwerke Hannover AG) in der Hannoveraner Innenstadt und zum anderen im Rahmen von In-House-Interviews statt, wobei die Mehrzahl der Interviews im Kunden-Center durchgeführt wurde.

Mit derzeit ca. 2.800 Mitarbeitern und einem Umsatz von ca. 1 Mrd. (enercity, 2003) zählen die Stadtwerke Hannover zu den großen lokalen Energieversorgern in Deutschland. Neben Strom und Wasser gehört Gas zu den Haupteinnahmequellen von enercity[51] und eine Befragung von enercity-Kunden bietet sich daher an. Die Fokussierung auf eine Stakeholder-Gruppe, und hier insbesondere der Kunden, ist im Rahmen von empirischen Reputationsstudien nicht unüblich (vgl. z. B. Weiss et al., 1999; Siomkos/Malliaris, 1992). Des Weiteren ist die Fokussierung auf Kunden Ausdruck einer marktorientierten Unternehmensführung, die Kunden bzw. den zu bedienenden Markt als wichtigste Zielgröße begreift (vgl. Davies et al., 2002, S. 18f.; Wiedmann, 1993, S. 30ff.).

Die Stichprobe wurde in Anlehnung an Quotenvorgaben (vgl. Bereko-ven/Eckert/Ellenrieder, 1999, S. 55ff.; Aaker et al., 1995, S. 3772f.; Laatz, 1993) gezogen, wobei es den Interviewern bei den In-House-Befragungen oblag, Probanden auszuwählen. Bei der Auswahl hatten die Interviewer sich lediglich am demografischen Auswahlkriterum *Geschlecht* zu orientieren. Tabelle 8 liefert eine Beschreibung der gezogenen Stichprobe. Kunden von enercity wurden im Anschluss an ein Beratungsge-spräch von einem/r MitarbeiterIn gebeten, an der Befragung teilzunehmen. Als Anreiz zur Teilnahme an der Befragung bekamen die Teilnehmer je zwei Getränkegutscheine für das enercity Expo Cafe, das sich im selben Gebäude wie das Kunden-Center befindet.

Das Durchschnittsalter der Stichprobe beträgt 36,8 Jahre. Im Vergleich zur Gesamtbe-völkerung überrepräsentiert sind männliche Probanden, dies könnte durch den Themenkontext erklärbar sein. Für Frauen kann entweder noch immer ein geringeres Interesse an dem Thema Energie unterstellt werden oder es waren mehrheitlich die männlichen Haushaltsvorstände die überwiegend das Kunden-Center aufgrund technischer oder Abrechnung bezogener Fragen besuchten.

---

[51]   Im Jahre 2001 erwirtschaftete enercity in der Stromsparte Erlöse von 341 Mio. € und der Gassparte von knapp 306 Mio. € (Geschäftsbericht 2001 der Stadtwerke Hannover AG).

Merkmal	Ausprägung	Absolut und in %
Alter*	19-29	81 (39,5%)
	30-39	65 (31,7%)
	40-49	24 (11,7%)
	50-59	8 (3,9%)
	60+	27 (13,2%)
Geschlecht	männlich	123 (58%)
	weiblich	89 (42%)
Bildung	Keinen Abschluss	–
	Volks-/Hauptschule	33 (15,6%)
	Realschule	46 (21,7%)
	Abitur	66 (31,1%)
	Studium	58 (27,4%)
	keine Antwort	9 (4,2%)
Beruf	Angestellte/r	75 (35,4%)
	Arbeiter/In	22 (10,2%)
	Hausfrau/-mann	21 (9,9%)
	Student/In	50 (23,6%)
	Rentner/In	22 (10,4%)
	Selbständige/r	5 (2,4%)
	Beamte/r	2 (0,9%)
	Arbeitslos	9 (4,2%)
	keine Antwort	6 (2,8%)
Netto-Einkommen	<500 €	21 (9,9%)
	>500-1.000 €	71 (33,5%)
	1.000-1.500 €	32 (15,1%)
	1.500-2.000 €	26 (12,3%)
	2.000-2.500 €	16 (7,5%)
	>2.500 €	19 (9%)
	keine Antwort	27 (12,7%)

* n = 7 (3,3% von n = 212) Probanden haben keine Altersangabe gemacht.

Tabelle 8: Struktur der Stichprobe

3.3.2 Itemgenerierung

In Anlehnung an die theoretisch begründete Struktur des Konstrukts der Unternehmens-reputation (vgl. Abbildung 18), wurden Messskalen zur empirischen Erfassung der Originaldimensionen und der postulierten neuen Dimensionen entwickelt:

$RQ_{Original\ 1}$ Emotionale Anziehungskraft

$RQ_{Original\ 2}$ Produkte und Services

$RQ_{Original\ 3}$ Vision und Führung

$RQ_{Original\ 4}$ Finanzielle Leistungsfähigkeit

RQ~Original 5~ Arbeitsplatzzufriedenheit

RQ~Original 6~ Soziale Verantwortung und Umweltbewusstsein

RQ~Neu 1~ Fairness

RQ~Neu 2~ Sympathie

RQ~Neu 3~ Transparenz

RQ~Neu 4~ Wahrgenommene Kundenorientierung

Entsprechend dem explorativen Charakter dieser Arbeit und um das Konstrukt der Unternehmensreputation und seine Dimensionen möglichst genau zu repräsentieren, wurde vorab keine Obergrenze für die Itemzahl festgelegt. Basierend auf einer umfassenden Literaturauswertung und mehreren Gruppendiskussionen[52], konnten in einem ersten Schritt Items für die postulierten 4 neuen Dimensionen generiert werden. In Bezug auf die Originaldimensionen wurde geprüft, inwiefern zusätzliche Items zur Messung der jeweiligen Dimension herangezogen werden sollten.

Die Ausgangsitems wurden einem zweistufigen Pre-Test unterzogen. Der erste Pre-Test diente primär der Überprüfung und Verbesserung von Itemformulierungen[53], einer Reduzierung der Itemzahl sowie der Erreichung von Augenscheinvalidität („face validity"; vgl. Balderjahn, 2003, S. 131; Malhotra, 1993, S. 309; Hildebrandt, 1998, S. 89f.; Müller, 1999, S. 144f.; Lacity/Jansen, 1994). Augenscheinvalidität ist eine andere Bezeichnung für *Inhaltsvalidität*, die das Ausmaß, in welchem schon im Testinhalt das Merkmal zutage tritt, messen soll. Anders als bei anderen Validitätsarten ist die Bewertung der Augenscheinvalidität mittels statistischer Kennwerte nicht möglich, sondern hängt von Plausibilitätsüberlegungen ab.

Unzulängliche Items wurden eliminiert. Dabei handelte es sich um Items, die die jeweiligen Facetten von Unternehmensreputation nicht wirklich abbildeten oder die

---

[52] Die Gruppendiskussionen fanden im Rahmen von Expertengesprächen sowie einer Marktfor-schungsveranstaltung (im Sommersemester 20002) zwischen bzw. mit Teilnehmern der Veranstal-tung statt.

[53] Die Items wurden nicht nur (rück-)übersetzt, sondern inhaltlich auch auf das untersuchte Unternehmen bezogen; d. h. es wurde in den Items konkret von „Die Stadtwerke (...)" gesprochen.

Testpersonen beim Ausfüllen des vorläufigen Fragebogens unverständlich waren. Dieser Prozess führte zu vorerst 58 verbleibenden Items (von denen 33 zu den Originaldimensionen[54] gehörten und 25 zu den vier neuen Dimensionen), die anschließend einem zweiten Pre-Test unterzogen wurden.

Einige Items wurden von den Probanden als problematisch identifiziert, einige sogar als „irgendwie amerikanisch" bezeichnet. Diese Kritik führte zu der Reformulierung bzw. Eliminierung einiger Items. So wurde das Item „Die Stadtwerke stehen zu ihren Produkten und Dienstleistungen" der Originaldimension *Produkte & Services* umformuliert in „Die Stadtwerke vertreten ihre Produkte und Dienstleistungen mit Überzeugung". Ebenso wurde das Item „Die Stadtwerke haben eine exzellente Führung" der Originaldimension *Vision & Führung* umformuliert in „Die Stadtwerke haben eine kompetente Führungsmannschaft".

Zwei Items der Dimension *Produkte und Services* – „Die Stadtwerke entwickeln innovative Produkt- und Dienstleistungsangebote" sowie „Die Stadtwerke bieten hoch-qualitative innovative Produkte und Dienstleistungen an" – wurden von vielen Probanden als sehr ähnlich eingestuft, woraufhin das erste Item eliminiert wurde.

Ein Original-Item der Dimension *Emotionale Anziehungskraft* – „Ich habe ein gutes Gefühl in Bezug auf die Stadtwerke" – wurde von zahlreichen Probanden als zu vage und zu wenig Leistung bezogen wahrgenommen und eliminiert. Schließlich wurden die 6 + 4 Reputationsskalen und somit das Konstrukt der Unternehmensreputation mit insgesamt 46 (26 + 16) Indikatoren operationalisiert.

Für die postulierten nicht-monetären bzw. Verhalten bezogenen Konsequenzen von Unternehmensreputation sowie für die Moderatorvariable *Involvement* wurden ebenfalls Items formuliert, wobei einige Items bestehenden bzw. bereits validierten Instrumenten entliehen wurden. So wurden bspw. Items zur Erfassung von Involvement in Anlehnung an Jain/Srinivasan (1990) formuliert. Jain/Srinivasan (1990) haben in ihrer Studie verschiedene existierende Involvement-Skalen diskutiert und hinsichtlich ihrer Validität

---

[54] Die sechs Dimensionen des Original-RQ werden anhand von 20 Items operationalisiert (vgl. Fombrun et al., 2000, S. 253).

überprüft. Im Einzelnen wurden weitere Items zu den folgenden Themenbereichen im Fragebogen aufgenommen:

1. Loyalität (5 Items)

2. Vertrauen (7 Items)

3. Neigung zu Mundpropaganda (2 Items)

4. Kundenzufriedenheit (5 Items)

5. Involvement (Moderatorvariable, 3 Items)

Die verwendeten Items zu diesen Variablen befinden sich in den im Anhang gezeigten Fragebogen[55]. Der Grad der Zustimmung zu den Items wurde jeweils auf einer fünfstufigen Ratingskala (1: „stimme überhaupt nicht zu"; 5: „stimme vollkommen zu") ermittelt.

3.3.3 Überprüfung des erweiterten RQ

Ausgangspunkt der empirischen Untersuchung (Studie 1) war das folgende Modell, in dem die interessierenden zu operationalisierenden Konstrukte enthalten und in Beziehungen zueinander gesetzt sind (vgl. Abbildung 19).

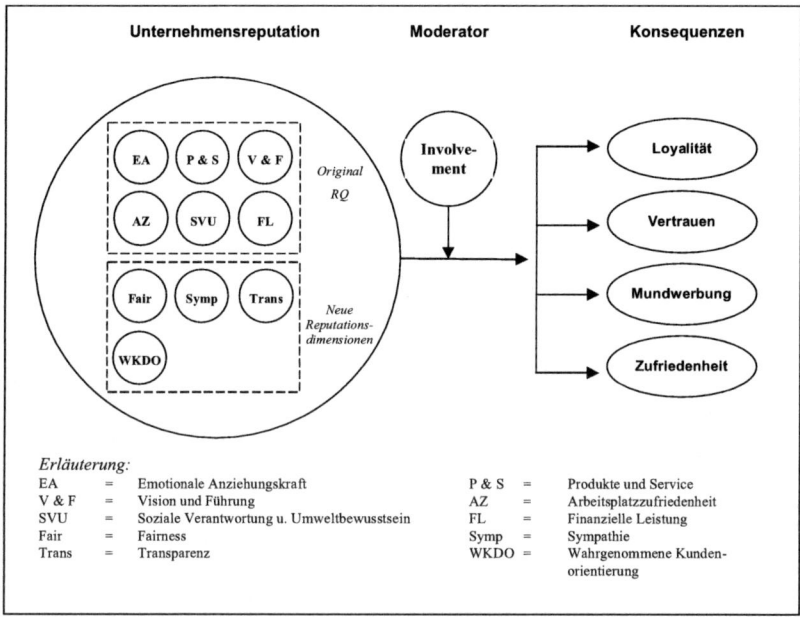

Abbildung 19: Messmodell der Unternehmensreputation und ihrer Konsequenzen

Bei der Validierung von ausländischen Messinstrumenten muss grundsätzlich davon ausgegangen werden, dass sich eine vollständige Bestätigung nicht erzielen lässt. In einem solchen Fall sind strukturbestätigende Verfahren um strukturentdeckende Verfahren zu ergänzen. In der folgenden Abbildung wird die grundsätzliche Vorgehensweise der quantitaiven Analyse skizziert.

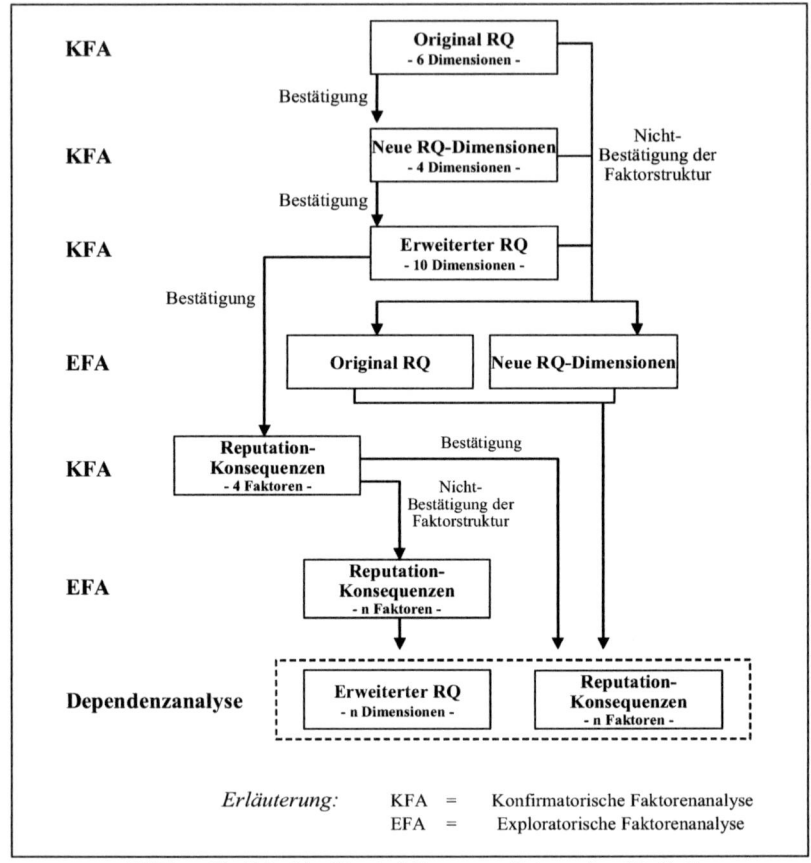

Abbildung 20: Ablauf der Konstrukt bezogenen Datenanalyse (Studie 1)

3.3.3.1 Konfirmatorische Überprüfung

3.3.3.1.1 Erste Modellüberprüfung

Entsprechend der in der einschlägigen Literatur empfohlenen Vorgehensweise zur Operationalisierung theoretischer Konstrukte (vgl. z. B. Browne/Cudeck, 1993; Homburg/Giering, 1998, S. 127ff.) wurde eine Kombination von Verfahren der sog. *ersten* und *zweiten Generation* eingesetzt.

Zur Überprüfung der sechs-faktoriellen Struktur des Original-RQ wurde zunächst eine konfirmatorische Faktorenanalyse (vgl. z. B. Kelloway, 1998; Homburg/Pflesser, 1999) unter Ausschluss der postulierten neuen (deutschlandspezifischen) vier Konstruktdimensionen durchgeführt. Es wurden alle nach den Pre-Tests verbliebenen Original-Indikatoren sowie die für die sechs Originaldimensionen zusätzlich formulierten Indikatoren berücksichtigt. Die Zuordnung der n = 26 Indikatoren erfolgte dabei entsprechend den Faktorladungen der explorativen Faktorenanalyse in der Untersuchung von Fombrun/Gardberg/Sever (2000). Zur Berechnung wurde das Programm LISREL 8.52 unter Verwendung des Maximum Likelihood-Algorithmus eingesetzt (vgl. Kelloway, 1998, S. 17ff.).

Eine Überprüfung der Original-RQ-Struktur weißt insgesamt sehr schwache Fitwerte auf (vgl. Abbildung 21). Darüber hinaus sind auch statistische Anomalien insofern festzustellen, als zwischen einigen latenten Variablen Korrelationen mit einem Wert > 1 auftreten (bei den Variablenpaaren EA/P&S und EA/FL). Die sechs Originaldimensionen weisen zudem durchgängig unbefriedigende bzw. schlechte Reliabilitätswerte auf (vgl. Tabelle 9). All dies deutet auf eine schlechte Modellanpassung hin.

	Mittelwert	Items	EA	P&S	V&F	AZ	SVU	FL
EA	3,36	2	*0,36*					
P&S	3,74	4	1,293*	*0,53*				
V&F	3,46	3	0,732	0,815	*0,55*			
AZ	3,19	5	0,857	0,807	0,825	*0,37*		
SVU	3,35	6	0,950	0,679	0,833	0,484	*0,49*	
FL	3,33	6	1,111*	0,835	0,785	0,903	0,692	*0,37*

* Korrelation > 1 stellt Anomalie dar.
Bei den *kursiv* dargestellten Werten in der Hauptdiagonalen handelt es sich um die jeweilige Reliabilität.

Tabelle 9: Korrelationskoeffizienten, Mittelwerte und Cronbach αs der Modellvariablen des Original-RQ (großes Modell)

Die in Abbildung 21 dargestellte Modellstruktur ließ sich ermitteln; eine akzeptable Modellanpassung konnte nicht erreicht werden. Dieses Ergebnis belegt, dass eine unveränderte Übertragung der ursprünglichen sechs-faktoriellen Struktur des RQ auf deutsche Stakeholder bzw. Konsumenten nicht ohne weiteres möglich ist. Folglich ließ sich auch die postulierte zehn-faktorielle Struktur des deutschen RQ nicht bestätigen;

auch hier waren die Fitwerte fast durchgängig unter den geforderten Schwellenwerten (vgl. Homburg/Baumgartner, 1995, S. 172; Homburg/Giering, 1996, S. 13; Browne/Cudeck, 1993; Hulland/Yin Ho/Shunyin, 1996).

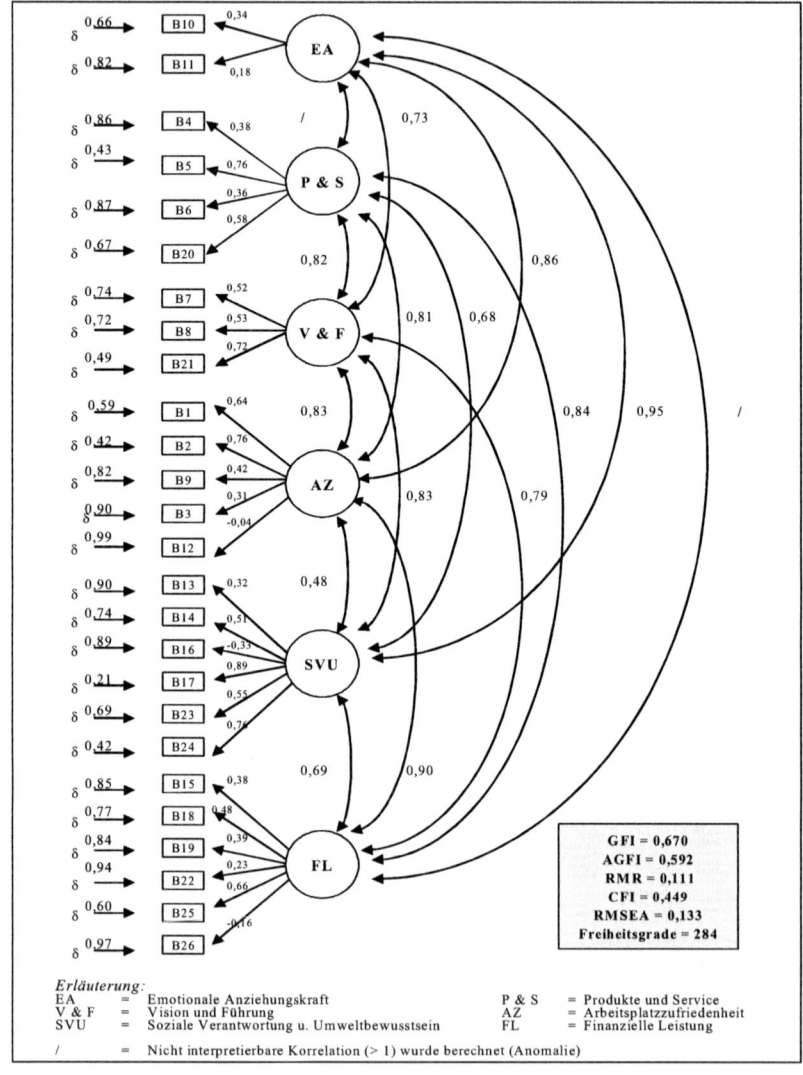

Abbildung 21: Konfirmatorische Faktorenanalyse der Struktur des Original-RQ

3.3.3.1.2 Zweite Modellüberprüfung

Zur Erreichung der Modellanpassung sowie Verbesserung der Fitwerte wurde eine zweite KFA (Maximum Likelihood-Algorithmus) unter Ausschluss der (n = 13) Indikatoren gerechnet, die in der ersten KFA sehr schwache Indikatorreliabilitäten aufwiesen. In dem modifizierten Modell wurden zwei Dimensionen – *Emotionale Anziehungskraft* und *Finanzielle Leistung* – mit lediglich einem Indikator gemessen, deren Varianz auf jeweils 1 fixiert wurde (vgl. Abbildung 22). Die Fitwerte haben sich im modifizierten RQ-Modell deutlich verbessert, ebenso wie die durchschnittlich erklärte Varianz und die Reliabiltät der Dimensionen (vgl. Tabelle 10 und 11).

Dennoch kann von einer guten Modellanpassung nicht gesprochen werden. Lediglich eine Dimension (*Soziale Verantwortung und Umweltbewusstsein* – SVU) erreichte den von Nunnally (1978, S. 245) geforderten Alpha-Wert von > 0,70. Balderjahn (2003, S. 132) stuft die Konstruktvalidität (erfasst durch den Cronbachschen Alpha) als „das anspruchsvollste Kriterium zur Überprüfung von Validität" ein. Auch bei Anwendung des weniger strengen Alpha-Werts von ≥ 0,6 (vgl. Robinson/Shaver/Wrightsman, 1991), weisen nur zwei Faktoren (AZ und SVU) eine überzeugende Reliabilität auf (vgl. Tabelle 10).

	Mittelwert	Items	EA	P&S	V&F	AZ	SVU	FL
EA	3,17	1						
P&S	3,98	2	0,716	*0,53*				
V&F	3,46	3	0,472	0,726	*0,56*			
AZ	3,35	2	0,352	0,702	0,786	*0,60*		
SVU	3,39	4	0,592	0,582	0,819	0,383	*0,70*	
FL	3,23	1	0,371	0,477	0,599	0,664	0,449	

Bei den *kursiv* dargestellten Werten in der Hauptdiagonalen handelt es sich um die jeweilige Reliabilität.

Tabelle 10: Korrelationskoeffizienten, Mittelwerte, Standardabweichung und Cronbach αs der Modellvariablen des kleinen Modells (modifizierter RQ)

Diese insgesamt wenig überzeugenden Ergebnisse wurden auch durch eine EFA – deren Ergebnis hier nicht im Detail dargelegt werden soll – bestätigt, die mit den verbliebenen 13 Indikatoren gerechnet wurde. Die errechnete zwei-faktorielle Lösung (KMO-Wert > 0,85; erklärte 44,7% der Varianz) vermochte keine Übereinstimmung mit der Modellstruktur der zweiten KFA aufzuweisen.

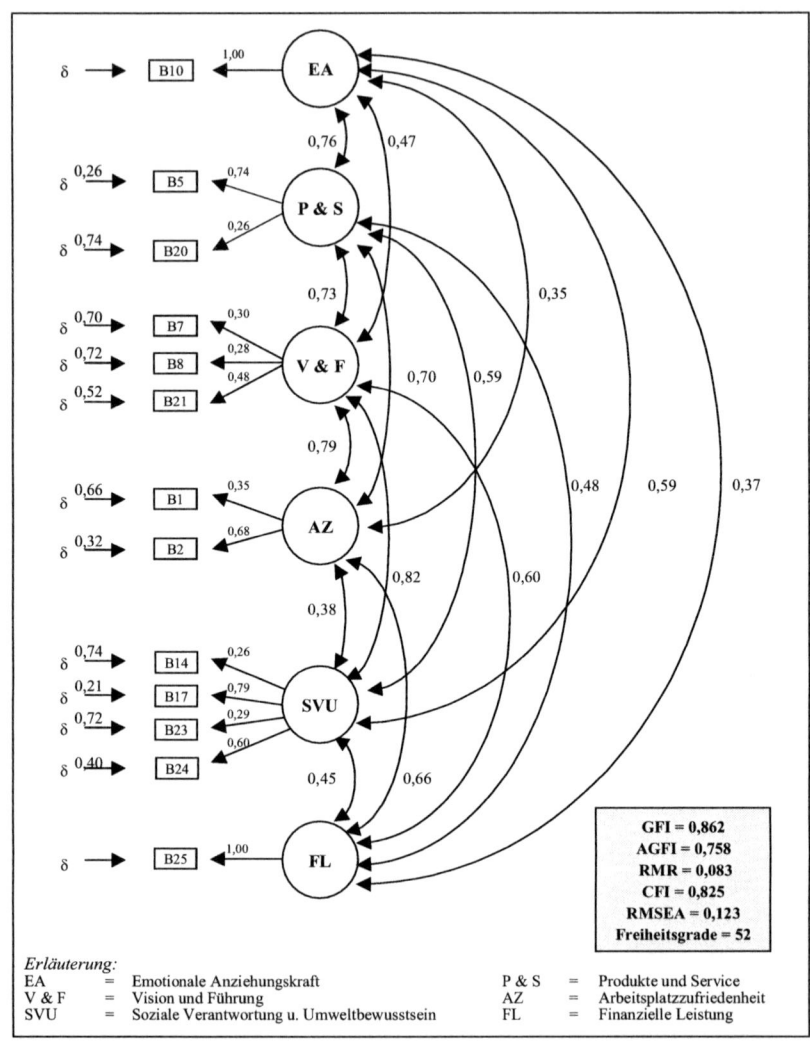

Abbildung 22: Konfirmatorische Faktorenanalyse der Struktur des modifizierten RQ

Konstrukt		Indikator-reliabilität	
		KFA 1	KFA 2
	Faktor 1: Emotionale Anziehungskraft	0,342	
B10	Man kann die Stadtwerke für ihre Produkte und Dienstleistungen bewundern und respektieren. [O]	0,178	1,000*
B11	Ich vertraue den Stadtwerken. [O]		-
	Faktor 2: Produkte & Services		
B4	Die Stadtwerke vertreten ihre Produkte und Dienstleistungen mit Überzeugung. [O]	0,144	-
B5	Die Stadtwerke bieten hoch-qualitative innovative Produkte und Dienstleistungen an. [O]	0,574	0,744
B6	Die Stadtwerke bieten Produkte und Dienstleistungen an, die ein gutes Preis-Leistungsverhältnis haben. [O]	0,128	-
V20	Die Stadtwerke gewährleisten Versorgungssicherheit.	0,335	0,258
	Faktor 3: Vision & Führung		
B7	Die Stadtwerke haben eine klare Zukunftsvision. [O]	0,265	0,299
B8	Die Stadtwerke erkennen und nutzten im Rahmen der Liberalisierung Marktchancen. [O] Die Stadtwerke erkennen und nutzten im Rahmen der Liberalisierung Marktchancen. [O]	0,281	0,278
B21	Die Stadtwerke haben eine kompetente Führungsmannschaft. [O]	0,511	0,477
	Faktor 4: Arbeitsplatzzufriedenheit		
B1	Die Stadtwerke vermitteln mir den Eindruck eines Unternehmens für das man gerne arbeiten würde. [O] Die Stadtwerke vermitteln mir den Eindruck eines Unternehmens für das man gerne arbeiten würde. [O]	0,404	0,345
B2	Die Stadtwerke erwecken den Eindruck eines Unternehmens mit kompetenten Mitarbeitern. [O]	0,582	0,684
B3	Die Unternehmensleitung der Stadtwerke berücksichtigt Arbeitnehmerinteressen.	0,094	-
B9	Die Stadtwerke bemühen sich um eine gute Mitarbeiterführung.	0,178	-
B12	Ich gehe davon aus, dass die Stadtwerke nicht den gesetzlich vorgeschriebenen Prozentsatz an Behinderten beschäftigen.	0,002	-
	Faktor 5: Soziale Verantwortung und Umweltbewusstsein		
B13	Die Stadtwerke unterstützen soziale und kulturelle Zwecke. [O]	0,101	-
B14	Die Stadtwerke handeln in Bezug auf die Umwelt verantwortungsbewusst. [O]	0,260	0,264
B16	Die Stadtwerke bemühen sich nicht, neue Arbeitsplätze zu schaffen.	0,110	-
B17	Die Stadtwerke sind sich ihrer gesellschaftlichen	0,789	0,786

Konstrukt		Indikator-reliabilität	
		KFA 1	KFA 2
	Verantwortung bewusst.		
B23	Für eine saubere Umwelt würden die Stadtwerke auf einen Teil ihres Gewinns verzichten.	0,306	0,294
B24	Die Stadtwerke nehmen Verbraucherrechte ernst.	0,574	0,60
	Faktor 6: Finanzielle Leistung		
B15	In die Stadtwerke zu investieren wäre ein geringes Risiko. [O]	0,142	
B18	Ich nehme an, dass die Stadtwerke Hannover profitabler sind als andere Stadtwerke. [O]	0,230	
B19	Die Stadtwerke wirken wie ein Unternehmen mit guten zukünftigen Wachstumsaussichten. [O]	0,153	
B22	Die Stadtwerke arbeiten profitabel. [O]	0,052	
B25	Die Stadtwerke gehen verantwortungsvoll mit ihren finanziellen Mitteln um.	0,441	1,000*
B26	Die Stadtwerke geben zuviel für Werbung aus.	0,026	
* = Festgesetzter Parameter; [O] = Original-Item			

Tabelle 11: Indikatorreliabilitäten und Faktorstruktur der ermittelten RQ-Modelle

3.3.3.2 Zwischenfazit der Operationalisierung

Als Zwischenfazit der Studie 1 kann festgestellt werden, dass die Replizierung des RQ in Deutschland nicht zu einer vergleichbaren Messskala führt. Die psychometrischen Eigenschaften (interne Konsistenz und Konstruktvalidität; vgl. z. B. Balderjahn, 2003, S. 132; Malhotra, 1993, S. 309f.; Kepper, 1996, S. 208f.; Yoon/Schmidt/Ilies, 2002) beider RQ-Modelle sind insgesamt unbefriedigend. Für dieses Ergebnis gibt es verschiedene Erklärungen:

- Zum einen können kulturelle Unterschiede in der Wahrnehmung der Bedeutung von Reputation vorliegen.

- Die Nichtbestätigung des Original-RQ kann auch im Untersuchungskontext begründet sein. Wie erwähnt handelt es sich bei Energie für private Endverbraucher i. d. R. um ein Low-Involvement-Gut, dem gegenüber man meist eine recht gleichgültige Einstellung hat. Es kann sein, dass diese gleichgültige Einstellung auf den RQ durchschlägt. Wenn Konsumenten zu Unternehmen befragt werden, die ihnen grundsätzlich nicht sehr wichtig sind, dann ist eine akzentuierte (positive oder negative) Reputation im Ergebnis unwahrscheinlich. Die tendenziell indifferente

Einstellung drückte sich etwa auch in den Mittelwerten der RQ-Dimensionen aus, die oft um den (mittleren) Wert 3 lagen (vgl. Tabelle 9 und 10).

- Weiterhin ist es so, dass auch innerhalb von Stakeholdergruppen unterschiedliche bzw. polare Einschätzungen eines Unternehmens vorliegen können. So kann es sein, dass einige der Probanden bereits über extrem positive oder negative Erfahrungen in Bezug auf das abgefragte Energieunternehmen verfügen – und ihr jeweiliges Antwortverhalten entsprechend geprägt war –, während andere bislang nur „normale" (d.h. weder besonders positive noch negative) Erfahrungen gemacht haben. Bei der Beurteilung von in Deutschland tätigen Unternehmen trat dieser Effekt in einer relativ neuen Studie deutlich auf: Einige Unternehmen wurden von fast ebenso so vielen Menschen negativ beurteilt wie auch positiv (vgl. Wiedmann, 2002, S. 352). Ein solches Phänomen führt hinsichtlich der Messung dazu, dass negative und positive Beurteilungen die Gesamtreputation nivellieren. Es ist deshalb darüber nachzudenken, ob in weiteren Arbeiten zur Validierung des RQ nicht eine Antwortoption „weiß nicht" eingefügt werden sollte.

- In der Regel können Stakeholder (hier Energiekunden) nicht zu allen Dimensionen des RQ kompetent antworten. Ein Kunde wird sich ein reputationsrelevantes Urteil über die Produkte, das Servicepersonal oder die Werbung eines Energieunternehmens zutrauen, kann aber häufig nur wenig über die Profitabilität oder die Führungsmannschaft eines Unternehmens sagen. Umgekehrt wird ein befragter Finanzanalyst eine kompetente Meinung in Bezug auf die Dimension *Finanzielle Leistung* haben, vielleicht aber wenig Kenntnis über die sozial-ökologische Orientierung oder die *Arbeitsplatzzufriedenheit* in einem Unternehmen.

3.3.3.3 Explorative Herangehensweise

3.3.3.3.1 Identifikation des RQ

Um eine Modellstruktur zu ermitteln, die dem „deutschen" RQ entspricht, wurde im folgenden Schritt mehrere explorative Faktorenanalysen (anhand von SPSS[56]) auf der Grundlage des ersten Datensatzes gerechnet. Entsprechend der Vorgehensweise von

Fombrun et al. (2000) wurde eine Hauptkomponentenanalyse mit anschließender Varimax-Rotation durchgeführt. Da die explorative Faktorenanalyse (EFA) nicht die „richtige" Anzahl der zu extrahierender Faktoren ermittelt (vgl. Überla, 1971, S. 136ff.; Hüttner/Schwarting, 1999), ist es dem Forscher überlassen, alternative Lösungen hinsichtlich ihrer Aussagekraft zu beurteilen.

Fombrun et al. (2000, S. 253) entwickelten den RQ in mehreren Schritten mit jeweils umfangreichen unterschiedlichen Samples. Das ursprünglich acht-dimensionale Messinstrument bestand nach der ersten Pilotstudie aus neun Dimensionen, bevor Unternehmensreputation nach der letzten Teststudie als sechs-dimensionales Konstrukt interpretiert wurde (vgl. Fombrun et al., 2000, S. 247ff.). Ein direkter Vergleich der hier durchgeführten EFA mit den Ergebnissen von Fombrun et al. (2000) gestaltet sich jedoch etwas schwierig, da von Fombrun et al. (2000) zentrale Ergebnisse der EFA nicht genannt werden.

Fombrun et al. (2000) testeten den RQ in der dritten Pilotstudie anhand von 2.730 Probanden. Das Ergebnis war der sechs-dimensionale RQ wie er in dieser Arbeit vorgestellt und diskutiert wurde. Der Cronbachsche Alpha für alle Items des Original-RQ lag bei 0,84 (vgl. Fombrun et al., 2000, S. 254), jedoch nennen Fombrun et al. nicht die Reliabilitätswerte und Eigenwerte für die sechs einzelnen Messskalen bzw. Faktoren, ebenso wenig wie den Varianzerklärungsanteil der sechs-faktoriellen Lösung.

Hier wurde eine EFA mit den nach den Pre-Tests verbliebenen Originalitems des RQ sowie den zusätzlich formulierten Items[57] gerechnet. Dabei wies ein KMO-Wert von unter 0,70 auf zum Teil schwache Korrelationen zwischen den Indikatoren in der Korrelationsmatrix hin. Bei genauer Betrachtung zeigte sich, dass vor allem der Indikator *B3* recht schwach mit allen anderen Indikatoren korrelierte. Unter Ausschluss von B3 wurde eine erneute EFA gerechnet, die zu einer acht-faktoriellen Lösung führte und insgesamt zufriedenstellende Korrelationen aufwies (KMO > 0,75). Der Varianzerklärungsanteil der acht-faktoriellen Lösung lag bei 66%.

---

[56]   Statistical Package for the Social Science (SPSS) in der Version 11.0.
[57]   Diese Items wurden im Anschluss an die qualitativen Vorarbeiten zur Ergänzung der Originalitems formuliert; d. h. die hinzugekommenen Items wurden einer der sechs Originaldimensionen des RQ zugeordnet.

Die Faktorladungen, Eigenwerte und Reliabilitäten der acht-faktoriellen Lösung sind in Tabelle 12 dargestellt. Ebenso wird dargestellt, welcher Originaldimension (vgl. Fombrun et al., 2000) jedes Item entstammt. Ebenfalls gezeigt wird, inwiefern die ermittlten Item-Faktorzuordnungen mit denen von Fombrun et al. (2000) übereinstimmen.

Vier der acht Faktoren weisen schwache α-Werte auf (< 0.60), wobei der Wert von Faktor 8 extrem schwach ist. Lediglich auf einen Faktor (*Finanzielle Leistung*) laden auschließlich Items des Originalfaktors, bei den anderen sieben Faktoren ergeben sich neue Itembündel. Die Faktoren 7 und 8 vereinigen inhaltlich derart heterogene Itemls, dass davon Abstand genommen wurde, diese Faktoren zu betiteln.

		Faktorladungen (der EFA); Eigenwerte und Cronbach Alphas	Fombrun et al. (2000)
	Faktor 1: Gesellschafts- und Umweltverantwortung	$\gamma^* = 5,96$ $\alpha^{**} = 0,78$	
B14	Die Stadtwerke handeln in Bezug auf die Umwelt verantwortungsbewusst. [O]	0,744	SVU
B10	Man kann die Stadtwerke für ihre Produkte und Dienstleistungen bewundern und respektieren. [O]	0,700	EA
B24	Die Stadtwerke nehmen Verbraucherrechte ernst.	0,543	*Neues Item*
B17	Die Stadtwerke sind sich ihrer gesellschaftlichen Verantwortung bewusst.	0,538	*Neues Item*
B5	Die Stadtwerke bieten hoch-qualitative innovative Produkte und Dienstleistungen an. [O]	0,535	Produkte & Services
	Faktor 2: Mitarbeiter- und Führungskompetenz	$\gamma = 1,91$ $\alpha = 0,74$	
B2	Die Stadtwerke erwecken den Eindruck eines Unternehmens mit kompetenten Mitarbeitern. [O]	0,694	AZ
B1	Die Stadtwerke vermitteln mir den Eindruck eines Unternehmens für das man gerne arbeiten würde. [O]	0,665	AZ
B5	Die Stadtwerke bieten hoch-qualitative innovative Produkte und Dienstleistungen an. [O]	0,568	Produkte & Services
B21	Die Stadtwerke haben eine kompetente Führungsmannschaft. [O]	0,561	Vision & Führung
B25	Die Stadtwerke gehen verantwortungsvoll mit ihren finanziellen Mitteln um.	0,496	*Neues Item*
	Faktor 3: Vertrauen	$\gamma = 1,85$ $\alpha = 0,62$	
B15	In die Stadtwerke zu investieren wäre ein geringes Risiko. [O]	0,785	Finanzielle Leistung
B20	Die Stadtwerke gewährleisten Versorgungssicherheit.	0,662	*Neues Item*
B11	Ich vertraue den Stadtwerken. [O]	0,524	EA

		Faktorladungen (der EFA); Eigenwerte und Cronbach Alphas	Fombrun et al. (2000)
	Faktor 4: Finanzielle Leistung	$\gamma = 1,43$ $\alpha = 0,58$	
B22	Die Stadtwerke arbeiten profitabel. [O]	0,807	Finanzielle Leistung
B18	Ich nehme an, dass die Stadtwerke Hannover profitabler sind als andere Stadtwerke. [O]	0,614	Finanzielle Leistung
B19	Die Stadtwerke wirken wie ein Unternehmen mit guten Wachstumsaussichten. [O]	0,587	Finanzielle Leistung
	Faktor 5: Mangelnde Mitarbeiterorientierung	$\gamma = 1,35$ $\alpha = 0,56$	
B12	Ich gehe davon aus, dass die Stadtwerke nicht den gesetzlich vorgeschriebenen Prozentsatz an Behinderten beschäftigen.	0,790	*Neues Item*
B16	Die Stadtwerke bemühen sich nicht, neue Arbeitsplätze zu schaffen.	0,649	*Neues Item*
B26	Die Stadtwerke geben zuviel für Werbung aus.	0,583	*Neues Item*
	Faktor 6: Visionär	$\gamma = 1,28$ $\alpha = 0,60$	
B13	Die Stadtwerke unterstützen soziale und kulturelle Zwecke. [O]	0,736	SVU
B8	Die Stadtwerke erkennen und nutzten im Rahmen der Liberalisierung Marktchancen. [O]	0,704	Vision & Führung
B7	Die Stadtwerke haben eine klare Zukunftsvision. [O]	0,431	Vision & Führung
	Faktor 7:	$\gamma = 1,11$ $\alpha = 0,55$	
B4	Die Stadtwerke vertreten ihre Produkte und Dienstleistungen mit Überzeugung. [O]	0,807	Produkte & Services
B18	Ich nehme an, dass die Stadtwerke Hannover profitabler sind als andere Stadtwerke. [O]	0,413	Finanzielle Leistung
B1	Die Stadtwerke vermitteln mir den Eindruck eines Unternehmens für das man gerne arbeiten würde. [O]	0,406	AZ
	Faktor 8:	$\gamma = 1,02$	
B9	Die Unternehmensleitung der Stadtwerke berücksichtigt Arbeitnehmerinteressen.	0,720	*Neues Item*
B6	Die Stadtwerke bieten Produkte und Dienstleistungen an, die ein gutes Preis-Leistungsverhältnis haben. [O]	-0,489	Produkte & Services

*γ = Eigenwert; **α = Cronbachsche Alpha; *** SVU = Soziale Verantwortung und Umweltbewusstsein; **** EA = Emotionale Anziehungskraft; ***** AZ = Arbeitsplatzzufriedenheit
[O] = Original-Item

Tabelle 12: Faktorladungen, Eigenwerte und Reliabilitäten des acht-faktoriellen RQ-Modells

Neben einigen Doppelladungen (Items B1, B5; B18) fällt auf, dass die sechs Originaldimensionen nicht reproduziert werden konnten.

3.3.3.3.2 Identifikation neuer RQ-Dimensionen

In der Phase der qualitativen Vorarbeit wurden im Rahmen explorativer Interviews vier Reputationsdimensionen ermittelt, die nicht im Original-RQ enthalten waren. Diese vier Dimensionen – die im Vorfeld als *Fairness, Sympathie, Transparenz* und *Wahrgenommene Kundenorientierung* bezeichnet wurden – sollten zunächst explorativ ermittelt werden. Dazu wurde eine EFA mit den Items der *neuen* (qualitativ ermittelten) RQ-Dimensionen durchgeführt. Diese führte zu einer drei-faktoriellen (KMO-Wert = 0,88) statt der erwarteten vier-faktoriellen Lösung (vgl. Tabelle 13). Der Anteil der erklärten Varianz lag bei 64,37%. Von diesen drei Faktoren weisen die Faktoren 1 und 2 sehr gute α-Werte auf.

		Faktorladungen (der EFA); Eigenwerte und Cronbach Alphas	Mittelwerte
	Faktor 1: Konsensorientierte Kundenorientierung	$\gamma^* = 7,36$ $\alpha^{**} = 0,93$	
B31	Für die Stadtwerke sind auch „kleine" Privatkunden ernsthafte Geschäftspartner.	0,808	3,62
B36	Die Mitarbeiter der Stadtwerke legen Wert auf einen höflichen Umgang mit Kunden.	0,774	3,75
B30	Die Mitarbeiter der Stadtwerke zeigen Interesse an den Bedürfnissen ihrer Kunden.	0,750	3,66
B42	Die Mitarbeiter der Stadtwerke bleiben auch in schwierigen Situationen ruhig und höflich.	0,732	3,52
B41	Die Stadtwerke gehen fair mit ihren Geschäftspartnern um.	0,696	3,21
B27	Die Stadtwerke gehen fair mit ihren Kunden um.	0,677	3,58
B32	Die Stadtwerke sind mir sympathisch.	0,665	3,57
B28	Ich bin gerne Kunde/In der Stadtwerke.	0,643	3,67
B33	Die Stadtwerke sind ein bürgernahes Unternehmen.	0,584	3,69
B40	*Die Stadtwerke interessieren sich nicht für die Wünsche ihrer Kunden.*	*-0,458*	*2,32*
			$^{***}\bar{x} = 3,59$
	Faktor 2: Fairness / Sympathie	$\gamma = 1,56$ $\alpha = 0,85$	
B39	Die von den Stadtwerken erhobenen Preise sind zu hoch.	-0,790	3,10
B37	Die Preisgestaltung der Stadtwerke ist verständlich	0,678	3,20

		Faktorladungen (der EFA); Eigenwerte und Cronbach Alphas	Mittelwerte
	und gut nachvollziehbar.		
B27	Die Stadtwerke gehen fair mit ihren Kunden um.	0,570	3,58
B33	Die Stadtwerke sind ein bürgernahes Unternehmen.	0,547	3,69
B32	Die Stadtwerke sind mir sympathisch	0,530	3,57
B28	Ich bin gerne Kunde/in der Stadtwerke.	0,421	3,71
B34	*Ich freue mich, wenn es den Stadtwerken wirtschaftlich gut geht.*	*0,432*	*3,77*
			$\bar{x} = 3,48$
	Faktor 3: Transparenz	*γ = 1,34* *α = 0,65*	
B35	Es ist kein Problem, etwas über die gesamten wirtschaftlichen Aktivitäten der Stadtwerke zu erfahren.	0,805	3,27
B29	Als interessierte(r) Kunde/In kann man relativ leicht an Informationen zu den Stadtwerken kommen.	0,648	4,07
B38	*Die Stadtwerke haben kein Interesse an den Meinungen ihrer Kunden.*	*-0,562*	*2,28*
B40	*Die Stadtwerke interessieren sich nicht für die Wünsche ihrer Kunden.*	*-0,404*	*2,32*
			$\bar{x} = 3,67$

*γ = Eigenwert; **α = Cronbachsche Alpha; *** $\bar{x}$ = Faktormittelwert; Items in *kursiv* sind nicht in die Berechnung der Faktorreliabilität und Faktormittelwerte eingegangen.

Tabelle 13: Faktorladungen, Eigenwerte, Reliabilitäten und Mittelwerte der neuen RQ-Dimensionen

3.3.3.4 Identifikation des vollständigen deutschen RQ: EFA mit Items der Original- und neuen Dimensionen

Die zwei durchgeführten EFA – auf Grundlage der Items zur Operationalisierung der Originaldimensionen sowie potenziell neuer RQ-Dimensionen – lieferten jeweils sechs und drei interpretierbare Faktoren, die im Folgenden zusammengeführt und gemeinsam analysiert werden sollen.

3.3.3.4.1 Explorative Analyse

Mit den Items der sechs Originaldimensionen wurde eine EFA gerechnet, die in einer acht-faktoriellen Lösung resultierte (vgl. Kapitel 3.3.3.3.1). Nachdem weiterhin drei zusätzliche RQ-Dimensionen explorativ ermittelt werden konnten, erfolgt nun eine „große" EFA. In diese EFA gingen alle verbliebenen Items zur Erfassung der alten und neuen RQ-Dimensionen ein. Items, die in den vorherigen Schritten nicht zur Berechnung des Cronbach Alpha eines der ermittelten Faktoren herangezogen worden sind, wurden nicht berücksichtigt.

Das Ergebnis dieser EFA war eine neun-faktorielle Lösung mit einem KMO-Wert von 0,81. Der Varianzerklärungsanteil der neun-faktoriellen Lösung lag bei 68,3%. Die extrahierten Faktoren ließen sich insgesamt gut interpretieren und lediglich zwei Faktoren (Nr. 6 und 9) wiesen relativ schwache Reliabilitätserte auf (vgl. Tabelle 14).

		Faktorladungen (der EFA); Eigenwerte und Cronbach Alphas	Fombrun et al. (2000)
	Faktor 1: Konsensorientierte Kundenorientierung	$\gamma^* = 9,63$ $\alpha^{**} = 0,92$	
B31	Für die Stadtwerke sind auch „kleine" Privatkunden ernsthafte Geschäftspartner.	0,802	*Neues Item*
B36	Die Mitarbeiter der Stadtwerke legen Wert auf einen höflichen Umgang mit Kunden.	0,780	*Neues Item*
B30	Die Mitarbeiter der Stadtwerke zeigen Interesse an den Bedürfnissen ihrer Kunden.	0,747	*Neues Item*
B42	Die Mitarbeiter der Stadtwerke bleiben auch in schwierigen Situationen ruhig und höflich.	0,743	*Neues Item*
B41	Die Stadtwerke gehen fair mit ihren Geschäftspartnern um.	0,712	*Neues Item*
B27	Die Stadtwerke gehen fair mit ihren Kunden um.	0,667	*Neues Item*
B32	Die Stadtwerke sind mir sympathisch.	0,607	*Neues Item*
B28	Ich bin gerne Kunde/In der Stadtwerke.	0,604	*Neues Item*
B33	Die Stadtwerke sind ein bürgernahes Unternehmen.	0,579	*Neues Item*
B24	Die Stadtwerke nehmen Verbraucherrechte ernst.	0,570	*Neues Item*
	Faktor 2: Fairness	$\gamma = 2,62$ $\alpha = 0,87$	
B39	Die von den Stadtwerken erhobenen Preise sind zu hoch.	-0,742	*Neues Item*
B11	Ich vertraue den Stadtwerken. [O]	0,626	*Neues Item*
B20	Die Stadtwerke gewährleisten Versorgungssicherheit.	0,619	*Neues Item*

		Faktorladungen (der EFA); Eigenwerte und Cronbach Alphas	Fombrun et al. (2000)
B37	Die Preisgestaltung der Stadtwerke ist verständlich und gut nachvollziehbar.	0,557	*Neues Item*
B27	Die Stadtwerke gehen fair mit ihren Kunden um.	0,514	*Neues Item*
B32	Die Stadtwerke sind mir sympathisch.	0,497	*Neues Item*
B28	Ich bin gerne Kunde/In der Stadtwerke.	0,486	*Neues Item*
B33	Die Stadtwerke sind ein bürgernahes Unternehmen.	0,441	*Neues Item*
	Faktor 3: Mitarbeiter- und Führungskompetenz	$\gamma = 1,98$ $\alpha = 0,71$	
B1	Die Stadtwerke vermitteln mir den Eindruck eines Unternehmens für das man gerne arbeiten würde. [O]	0,778	AZ
B21	Die Stadtwerke haben eine kompetente Führungsmannschaft. [O]	0,571	Vision & Führung
B5	Die Stadtwerke bieten hoch-qualitative innovative Produkte und Dienstleistungen an. [O]	0,567	Produkte & Services
B2	Die Stadtwerke erwecken den Eindruck eines Unternehmens mit kompetenten Mitarbeitern. [O]	0,526	AZ
	Faktor 4: Produktverantwortung	$\gamma = 1,84$ $\alpha = 0,71$	
B10	Man kann die Stadtwerke für ihre Produkte und Dienstleistungen bewundern und respektieren. [O]	0,729	EA
B14	Die Stadtwerke handeln in Bezug auf die Umwelt verantwortungsbewusst. [O]	0,720	SVU
B5	Die Stadtwerke bieten hoch-qualitative innovative Produkte und Dienstleistungen an. [O]	0,473	Produkte & Services
	Faktor 5: Finanzielle Leistung	$\gamma = 1,50$ $\alpha = 0,60$	
B22	Die Stadtwerke arbeiten profitabel. [O]	0,764	Finanzielle Leistung
B18	Ich nehme an, dass die Stadtwerke Hannover profitabler sind als andere Stadtwerke. [O]	0,624	Finanzielle Leistung
B17	*Die Stadtwerke sind sich ihrer gesellschaftlichen Verantwortung bewusst.*	*0,488*	*Neues Item*
B19	*Die Stadtwerke wirken wie ein Unternehmen mit guten zukünftigen Wachstumsaussichten. [O]*	*0,426*	*Finanzielle Leistung*
	Faktor 6: Mangelnde Mitarbeiterorientierung	$\gamma = 1,47$ $\alpha = 0,56$	
B12	Ich gehe davon aus, dass die Stadtwerke nicht den gesetzlich vorgeschriebenen Prozentsatz an Behinderten beschäftigen.	0,802	*Neues Item*
B16	Die Stadtwerke bemühen sich nicht, neue Arbeitsplätze zu schaffen.	0,648	*Neues Item*

		Faktorladungen (der EFA); Eigenwerte und Cronbach Alphas	Fombrun et al. (2000)
B26	Die Stadtwerke geben zuviel für Werbung aus.	0,527	*Neues Item*
	Faktor 7: Visionär	$\gamma = 1,25$ $\alpha = 0,65$	
B8	Die Stadtwerke erkennen und nutzten im Rahmen der Liberalisierung Marktchancen. [O]	0,786	Vision & Führung
B13	Die Stadtwerke unterstützen soziale und kulturelle Zwecke. [O]	0,618	SVU
B7	Die Stadtwerke haben eine klare Zukunftsvision. [O]	0,489	Vision & Führung
	Faktor 8: Finanzielles Verantwortungsbewusstsein	$\gamma = 1,21$ $\alpha = 0,65$	
B15	In die Stadtwerke zu investieren wäre ein geringes Risiko. [O]	0,755	Finanzielle Leistung
B25	Die Stadtwerke gehen verantwortungsvoll mit ihren finanziellen Mitteln um.	0,547	*Neues Item*
B13	Die Stadtwerke unterstützen soziale und kulturelle Zwecke. [O]	0,438	SVU
B2	Die Stadtwerke erwecken den Eindruck eines Unternehmens mit kompetenten Mitarbeitern. [O]	0,422	AZ
	Faktor 9: Transparenz	$\gamma = 1,07$ $\alpha = 0,57$	
B35	Es ist kein Problem, etwas über die gesamten wirtschaftlichen Aktivitäten der Stadtwerke zu erfahren.	0,773	*Neues Item*
B29	Als interessierte(r) Kunde/In kann man relativ leicht an Informationen zu den Stadtwerken kommen.	0,489	*Neues Item*
B26	*Die Stadtwerke geben zuviel für Werbung aus.*	*0,471*	*Neues Item*

*γ = Eigenwert; **α = Cronbachsche Alpha; Items in *kursiv* sind nicht in die Berechnung der Faktorreliabilität eingegangen; *** SVU = Soziale Verantwortung und Umweltbewusstsein; **** EA = Emotionale Anziehungskraft; ***** AZ = Arbeitsplatzzufriedenheit; ; [O] = Original-Item

Tabelle 14: Faktorladungen, Eigenwerte und Reliabilitäten der neun-faktoriellen Lösung des deutschen RQ

Die identifizierten neun Dimensionen (Faktoren) der Unternehmensreputation können wie folgt beschrieben werden.

Faktor 1: Konsensorientierte Kundenorientierung. Stakeholder bzw. Konsumenten, die bei diesem Charakteristikum hohe Faktorwerte erzielen, gehen davon aus, dass das Unternehmen auch „kleine" Kunden und ihre Wünsche Ernst nimmt sowie partner-schaftlich mit Geschäftspartnern umgeht. Diese Konsumenten fühlen sich als Kunden gut beim Unternehmen aufgehoben und bringen diesem Sympathie und Vertrauen entgegen. Auf diesen Faktor laden ausschließlich neue Items.

Faktor 2: Fairness. Konsumenten, die bei diesem Faktor hohe Werte erzielen, nehmen das Unternehmen und dessen wirtschaftliches Gebaren als fair wahr. Die wahrgenommene Fairness ist auch Ausdruck der Erwartung der Interaktionspartner an das Commitment des Partners und an dessen Ernsthaftigkeit (vgl. Gassenheimer/Houston/Davis, 1998 sowie die dort aufgeführte Literatur). Die empfundene Abhängigkeit von Konsumenten, die einem Unternehmen ein hohes Maß an Fairness zuschreiben, fällt i. d. R. gering aus. Mit Ausnahme eines Items (B11) laden ausschließlich neue Items auf diesen Faktor.

Faktor 3: Mitarbeiter- und Führungskompetenz. Konsumenten, die bei diesem Faktor hohe Werte erzielen, nehmen das Unternehmen als kompetent wahr. Diese Kompetenz findet ihren Ausdruck in einer wahrgenommenen hohen Leistungs- und Mitarbeiterqualität (vgl. z. B. Plötner, 1995, S. 44). Dieser Faktor setzt sich aus Original-Items zusammen, die bei Fombrun et al. (2000) auf die Faktoren *Arbeitsplatzzufriedenheit*, *Vision & Führung* und *Produkte & Services* laden.

Faktor 4: Produktverantwortung. Konsumenten, die bei diesem Faktor hohe Werte erzielen, gehen davon aus, dass das Unternehmen mit seinen Produkten ein hohes Leistungsniveau erreicht, ohne dabei z. B. auch ökologische Aspekte zu vernachlässigen.

Faktor 5: Finanzielle Leistung/Profitabilität. Da die gleichen Items wie bei Fombrun et al. (2000) auf diesen Faktor luden (zwei der vier Originalitems), wurde zunächst auch dieselbe Bezeichnung (*Finanzielle Leistung*) verwandt. Gleichwohl scheint mit Blick auf die Items die Faktorbezeichung *Profitabilität* geeigneter. Konsumenten, die bei diesem Faktor hohe Werte erzielen, unterstellen dem Unternehmen eine hohe Profitabilität.

Faktor 6: Mangelnde Mitarbeiterorientierung. Dieser Faktor setzt sich vollständig aus neuen Items zusammen, d. h. aus Items, die im Original-RQ von Fombrun et al. (2000) noch nicht enthalten waren. Konsumenten, die bei diesem Faktor hohe Werte erzielen, gehen davon aus, dass Mitarbeiterinteressen nicht im Mittelpunkt der Unternehmensleitung stehen.

Faktor 7: Visionär. Auf diesen Faktor laden ausschließlich Items des Original-RQ und zwar der Dimensionen *Vision & Führung* und *Soziale Verantwortung und Umweltbewusstsein.* Konsumenten, die bei diesem Faktor hohe Werte erzielen, trauen der Unternehmensleitung zu, eine Vorstellung von der Zukunft des Unternehmens zu haben sowie die Sicherung der Unternehmensexistenz zu bewerkstelligen.

Faktor 8: Finanzielles Verantwortungsbewusstsein. Konsumenten, die bei diesem Faktor hohe Werte erzielen, nehmen an, dass das Unternehmen in verantwortlicher Weise mit den Unternehmensressourcen umgeht und eine Investition in das Unternehmen deshalb durchaus vorstellbar für sie ist.

Faktor 9: Transparenz. Konsumenten, die bei diesem Faktor hohe Werte erzielen, glauben, dass das Unternehmen nichts zu verbergen versucht und seine Aktivitäten offen kommuniziert. Auch schätzen solche Konsumenten die Möglichkeit, für sie relevante Unternehmen bezogene Informationen zu bekommen, als gut ein.

3.3.3.4.2 Konfirmatorische und erneute explorative Analyse

Für die explorativ ermittelte neun-faktorielle Lösung wurde eine konfirmatorische Faktorenanalyse durchgeführt. Für die neun-faktorielle Lösung war eine Identifizierung des Modells nicht möglich. Die Ergebnisse der ersten KFA waren sehr schlecht, sowohl die globalen wie auch die lokalen Gütemaße unterschritten nahezu alle (bis auf den RMR-Wert) die geforderten Schwellenwerte (vgl. Tabelle 15).

Globale Gütemaße	*KFA 1 (mit 32 Variablen)*	*KFA 2 (mit 26 Variablen)*
GFI	0,697	0,659
AGFI	0,626	0,562
RMR	0,092	0,089
RMSEA	0,106	0,140
CFI	0,662	0,623
Lokale Gütemaße		
Indikatorreliabilitäten (R^2)	13 von 32 Items mit $R^2 < 0,4$	6 von 26 Items mit $R^2 < 0,4$
Durchschnittlich erfasste Varianz (DEV)	7 Faktoren mit DEV < 0,5	4 Faktor mit DEV < 0,5

Tabelle 15: Globale und lokale Gütemaße der konfirmatorischen Faktorenanalyse für zwei Modelle

In Anbetracht der schlechten Ergebnisse der KFA 1 wurde eine weitere KFA (KFA 2) gerechnet, wobei jene Indikatoren ausgeschlossen wurden, die sehr schwache Reliabilitäten (< 0,25) aufwiesen. Dies führte u. a. dazu, dass der Faktor *Transparenz* in der zweiten KFA nicht mit einbezogen wurde. Auch das Ergebnis der KFA 2 war unbefriedigend, wichtige globale Gütemaße verschlechterten sich deutlich (vgl. Tabelle 15 und 16 sowie Abbildung 23 und 24).

		Indikator-reliabilität	
		KFA 1	**KFA 2**
	Faktor 1: Konsensorientierte Kundenorientierung		
B31	Für die Stadtwerke sind auch „kleine" Privatkunden ernsthafte Geschäftspartner.	0,474	0,531
B36	Die Mitarbeiter der Stadtwerke legen Wert auf einen höflichen Umgang mit Kunden.	0,535	0,593
B30	Die Mitarbeiter der Stadtwerke zeigen Interesse an den Bedürfnissen ihrer Kunden.	0,691	0,745
B42	Die Mitarbeiter der Stadtwerke bleiben auch in schwierigen Situationen ruhig und höflich.	0,373	0,416
B41	Die Stadtwerke gehen fair mit ihren Geschäftspartnern um.	0,454	0,517
B32	Die Stadtwerke sind mir sympathisch.	0,581	0,637
B28	Ich bin gerne Kunde/In der Stadtwerke.	0,649	0,706
B33	Die Stadtwerke sind ein bürgernahes Unternehmen.	0,461	0,506
B24	Die Stadtwerke nehmen Verbraucherrechte ernst.	0,461	0,508
	Faktor 2: Fairness		
B39	Die von den Stadtwerken erhobenen Preise sind zu hoch.	0,228	
B11	Ich vertraue den Stadtwerken. [O]	0,464	0,463
B20	Die Stadtwerke gewährleisten Versorgungssicherheit.	0,278	0,274
B37	Die Preisgestaltung der Stadtwerke ist verständlich und gut nachvollziehbar.	0,209	0,211
B27	Die Stadtwerke gehen fair mit ihren Kunden um.	0,749	0,822
	Faktor 3: Mitarbeiter- und Führungskompetenz		
B1	Die Stadtwerke vermitteln mir den Eindruck eines Unternehmens für das man gerne arbeiten würde. [O]	0,286	0,338
B21	Die Stadtwerke haben eine kompetente Führungsmannschaft. [O]	0,381	0,445
B2	Die Stadtwerke erwecken den Eindruck eines Unternehmens mit kompetenten Mitarbeitern. [O]	0,541	0,546
	Faktor 4: Produktverantwortung		
B10	Man kann die Stadtwerke für ihre Produkte und Dienstleistungen bewundern und respektieren. [O]	0,587	0,652

		Indikator-reliabilität	
		KFA 1	**KFA 2**
B14	Die Stadtwerke handeln in Bezug auf die Umwelt verantwortungsbewusst. [O]	0,311	0,334
B5	Die Stadtwerke bieten hoch-qualitative innovative Produkte und Dienstleistungen an. [O]	0,520	0,577
	Faktor 5: Finanzielle Leistung		
B22	Die Stadtwerke arbeiten profitabel. [O]	0,418	0,521
B18	Ich nehme an, dass die Stadtwerke Hannover profitabler sind als andere Stadtwerke. [O]	0,444	0,431
	Faktor 6: Mangelnde Mitarbeiterorientierung		
B12	Ich gehe davon aus, dass die Stadtwerke nicht den gesetzlich vorgeschriebenen Prozentsatz an Behinderten beschäftigen.	0,153	1,000*
B16	Die Stadtwerke bemühen sich nicht, neue Arbeitsplätze zu schaffen.	0,598	
B26	Die Stadtwerke geben zuviel für Werbung aus.	0,195	
	Faktor 7: Visionär		
B8	Die Stadtwerke erkennen und nutzten im Rahmen der Liberalisierung Marktchancen. [O]	0,401	0,536
B13	Die Stadtwerke unterstützen soziale und kulturelle Zwecke. [O]	0,308	0,308
B7	Die Stadtwerke haben eine klare Zukunftsvision. [O]	0,298	0,283
	Faktor 8: Finanzielles Verantwortungsbewusstsein		
B15	In die Stadtwerke zu investieren wäre ein geringes Risiko. [O]	0,146	
B25	Die Stadtwerke gehen verantwortungsvoll mit ihren finanziellen Mitteln um.	0,500	1,000*
	Faktor 9: Transparenz		
B35	Es ist kein Problem, etwas über die gesamten wirtschaftlichen Aktivitäten der Stadtwerke zu erfahren.	0,166	
B29	Als interessierte(r) Kunde/In kann man relativ leicht an Informationen zu den Stadtwerken kommen.	0,753	
* = Festgesetzter Parameter; ; [O] = Original-Item			

Tabelle 16: Indikatoren und Faktorstruktur des modifizierten RQ

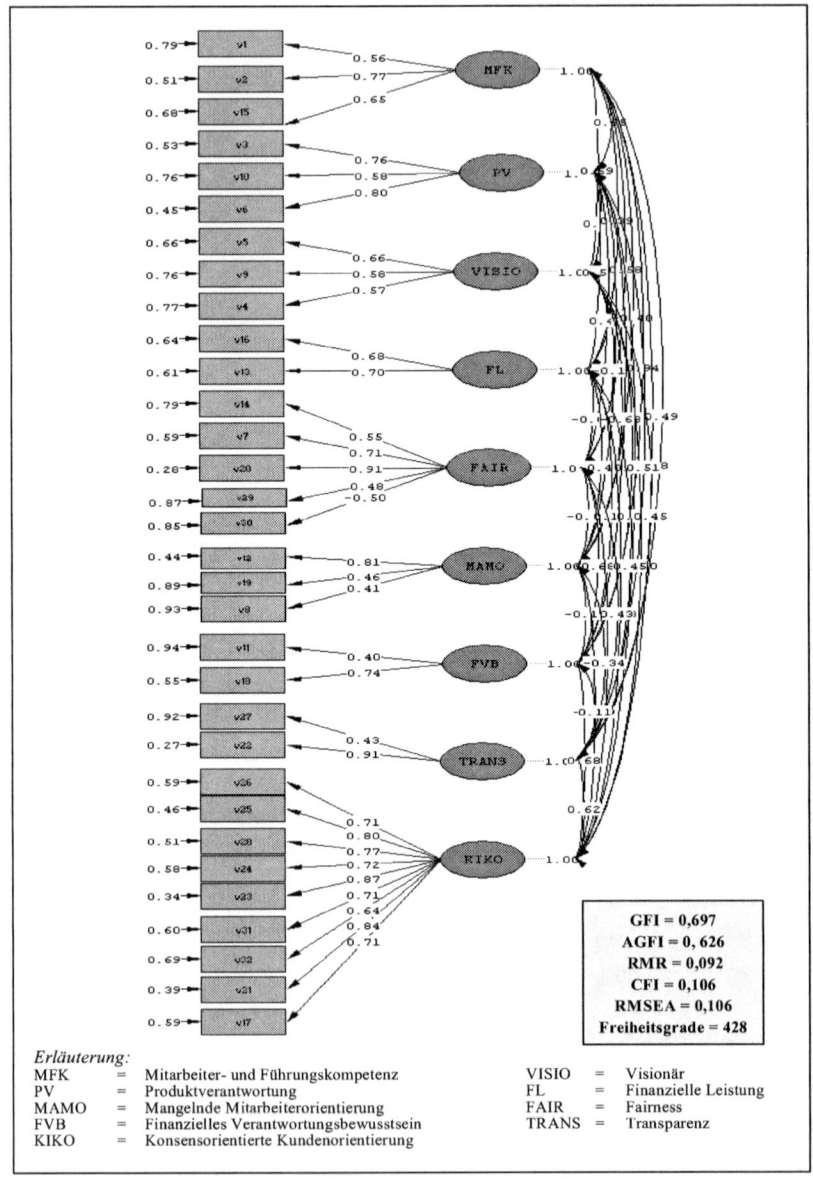

Erläuterung:

MFK	=	Mitarbeiter- und Führungskompetenz	VISIO	=	Visionär
PV	=	Produktverantwortung	FL	=	Finanzielle Leistung
MAMO	=	Mangelnde Mitarbeiterorientierung	FAIR	=	Fairness
FVB	=	Finanzielles Verantwortungsbewusstsein	TRANS	=	Transparenz
KIKO	=	Konsensorientierte Kundenorientierung			

Abbildung 23: Konfirmatorische Faktorenanalyse der Struktur des deutschen RQ (KFA 1 – großes Modell)

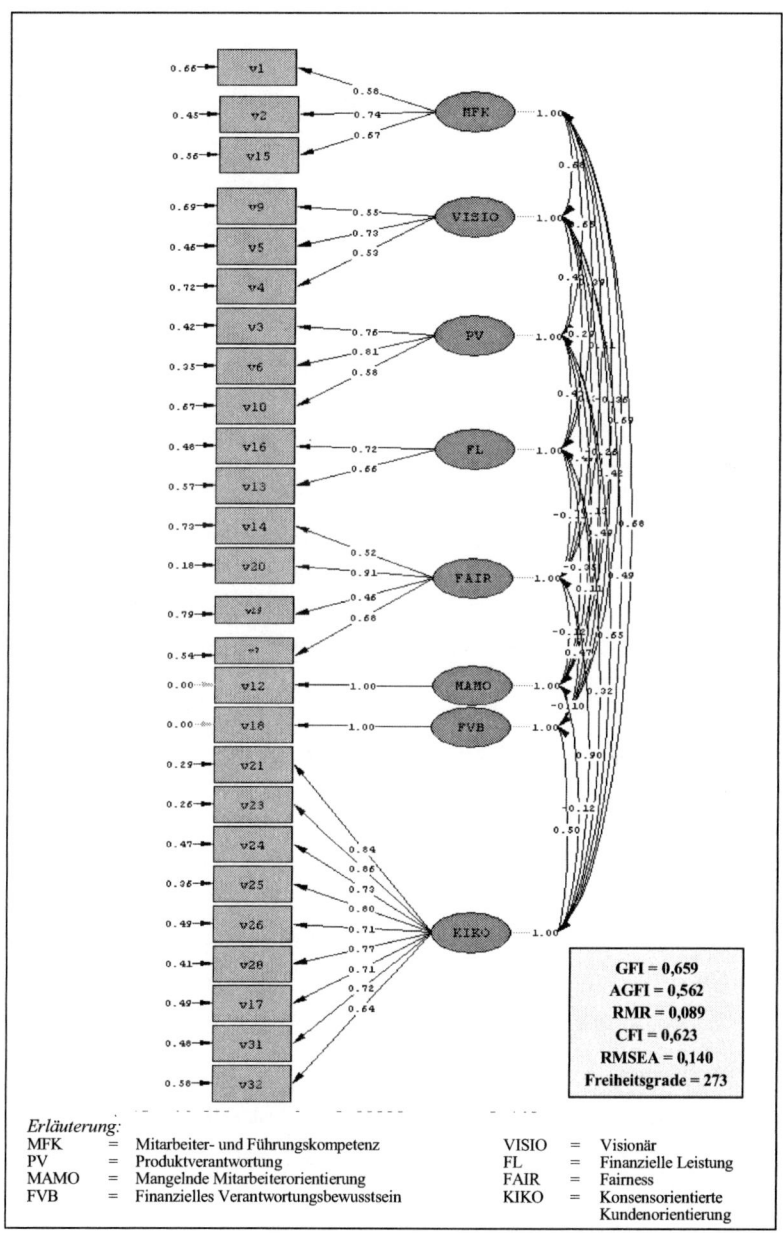

Abbildung 24: Konfirmatorische Faktorenanalyse der Struktur des deutschen RQ (KFA 2 – kleines Modell)

Da auch die KFA 2 unbefriedigende Ergebnisse lieferte wurde wiederum eine explorative Vorgehensweise gewählt. Mit den in der KFA 2 verbliebenen Items wurde unter Verwendung der Hauptkomponentenmethode und Anwendung der Varimax-Rotation eine EFA gerechnet, die eine fünf-faktorielle Lösung produzierte. Der KMO-Wert betrtägt 0,84 und der Varianzerklärungsanteil der fünf Faktoren liegt bei 67%. Soweit möglich, wurden die identifizierten Faktoren analog zu den bisher ermittelten RQ-Faktoren bezeichnet (vgl. Kapitel 3.3.3.4.1). Das Ergebnis der EFA ist in Tabelle 17 zusammengefasst.

Ein Item (*B29*) hatte eine Faktorladung unter dem definierten Schwellenwert von 0,40 und ging in die Analyse nicht ein. Für vier der fünf Faktoren wurde der Cronbachsche Alpha berechnet, die bis auf den für Faktor 5 überaus befriedigend waren.

Die ersten vier Faktoren können sinnvoll interpretiert werden; dies spiegelte sich auch in den durchweg guten Reliabilitätswerten. Unter Berücksichtigung der Problematik von Single-Item-Messungen bei komplexen Konstrukten und den damit verbundenen Schwächen (vgl. Jacoby, 1978, S. 93), wurden für den Faktor 5 kein Titel formuliert und das darauf ladende Item nicht weiter berücksichtigt. Die vier Faktoren können wie folgt beschrieben werden:

Faktor 1: Redliche Kundenorientierung. Kunden, die bei diesem Faktor hohe Faktorwerte erzielen, gehen davon aus, dass ihr Stadtwerk „kleine" Kunden und ihre Wünsche Ernst nimmt sowie partnerschaftlich bzw. „anständig" mit Geschäftspartnern umgeht. Diese Kunden fühlen sich bei ihrem Stadtwerk gut aufgehoben und bringen diesem Sympathie und Vertrauen entgegen. Weiterhin nehmen Kunden, die bei diesem Faktor hohe Werte erzielen, ihr Stadtwerk und dessen wirtschaftliches Gebaren als fair wahr. Die wahrgenommene Fairness ist auch Ausdruck der Erwartung der Kunden, dass für das Stadtwerk Verlässlichkeit und Ernsthaftigkeit wichtige Eigenschaften sind.

Faktor 2: Guter Arbeitgeber. Dieser Faktor bringt eine Einschätzung der Kunden zum Ausdruck, wonach Mitarbeiterinteressen einen hohen Stellenwert bei dem Stadtwerk einnehmen. Weiterhin wird den Mitarbeitern eine hohe fachliche Kompetenz zugeschrieben. Diese Kompetenz findet ihren Ausdruck in einer von Kunden wahrgenommenen hohen Leistungs- und Mitarbeiterqualität.

Faktor 3: Verlässliches und wirtschaftlich gesundes Unternehmen. Kunden, die bei diesem Faktor hohe Werte erzielen, nehmen das Stadtwerk als kompetent und solide wahr. Diese Kunden unterstellen eine hohe Profitabilität. Weiterhin gehen die Kunden davon aus, dass das Unternehmen in verantwortlicher Weise mit den Unternehmensressourcen umgehen und eine Investition in das Unternehmen deshalb durchaus vorstellbar für sie ist.

Faktor 4: Sozial-ökologische Orientierung. Dieser Faktor misst die allgemeine Einschätzung der Kunden, inwieweit sich das Unternehmen gesellschaftsorientiert verhält. Dazu zählt ein sozial-kulturelles ebenso wie ein ökologisches Engagement.

		Faktorreliabilität und -ladungen
	Faktor 1: Redliche Kundenorientierung	$\alpha = 0.93$
B27	Die Stadtwerke gehen fair mit ihren Kunden um.	0,735
B31	Für die Stadtwerke sind auch „kleine" Privatkunden ernsthafte Geschäftspartner.	0,726
B30	Die Mitarbeiter der Stadtwerke zeigen Interesse an den Bedürfnissen ihrer Kunden.	0,721
B42	Die Mitarbeiter der Stadtwerke legen Wert auf einen höflichen Umgang mit Kunden.	0,714
B32	Die Stadtwerke sind mir sympathisch.	0,696
B33	Die Stadtwerke sind ein bürgernahes Unternehmen.	0,646
B42	Die Mitarbeiter der Stadtwerke bleiben auch in schwierigen Situationen ruhig und höflich.	0,646
B24	Die Stadtwerke nehmen Verbraucherrechte ernst.	0,644
B38	Die Stadtwerke haben ein kein Interesse an den Meinungen ihrer Kunden.	-0,612
B34	Ich freue mich, wenn es den Stadtwerken wirtschaftlich gut geht.	0,563
	Faktor 2: Guter Arbeitgeber	$\alpha = 0.89$
B1	Die Stadtwerke vermitteln mir den Eindruck eines Unternehmens, für das man gerne arbeiten würde.	0,679
B7	Ich gehe davon aus, dass die Stadtwerke eine klare Zukunftsvision haben.	0,633
B2	Die Stadtwerke erwecken den Eindruck eines Unternehmens mit kompetenten Mitarbeitern.	0,621
B9	Ich gehe davon aus, dass die Stadtwerke sich um eine gute Mitarbeiterführung bemühen.	0,619
B8	Ich gehe davon aus, dass die Stadtwerke Marktchancen erkennen und nutzen.	0,596
B5	Die Stadtwerke bieten hoch-qualitative, innovative Produkte und Dienstleistungen an.	0,546
B21	Ich nehme an, dass die Stadtwerke eine kompetente Führungsmannschaft haben.	0,499

	Faktor 3: Verlässliches und wirtschaftlich gesundes Unternehmen	$\alpha = 0.88$
B18	Ich nehme an, dass die Stadtwerke Nienburg profitabler sind als andere Stadtwerke.	0,738
B19	Die Stadtwerke wirken wie ein Unternehmen mit guten Wachstumsaussichten.	0,595
B15	In die Stadtwerke zu investieren wäre ein geringes Risiko.	0,550
B25	Die Stadtwerke gehen verantwortungsvoll mit ihren finanziellen Mitteln um.	0,498
B6	Die Stadtwerke bieten Produkte und Dienstleistungen an, die ein gutes Preis-Leistungsverhältnis haben.	0,446
B8	Ich gehe davon aus, dass die Stadtwerke Marktchancen erkennen und nutzen.	0,448
B16	Die Stadtwerke bemühen sich, neue Arbeitsplätze zu schaffen.	0,444
B17	Die Stadtwerke sind sich ihrer gesellschaftlichen Verantwortung bewusst.	0,440
B7	Ich gehe davon aus, dass die Stadtwerke eine klare Zukunftsvision haben.	0,422
	Faktor 4: Sozial-ökologische Orientierung	$\alpha = 0.72$
B12	Ich gehe davon aus, dass die Stadtwerke nicht den gesetzlich vorgeschriebenen Prozentsatz an Behinderten beschäftigen.	-0,794
B13	Die Stadtwerke unterstützen soziale und kulturelle Zwecke.	0,639
B16	Die Stadtwerke bemühen sich, neue Arbeitsplätze zu schaffen.	0,537
B14	Die Stadtwerke handeln in Bezug auf die Umwelt verantwortungsbewusst.	0,464
	Faktor 5: -	
B4	Die Stadtwerke vertreten ihre Produkte und Dienstleistungen mit Überzeugung.	0,693
B10	Man kann die Stadtwerke für ihre Produkte und Dienstleistungen respektieren.	0,547

Tabelle 17: Faktorreliabilitäten und -ladungen der Exploratorischen Faktorenanalyse mit den verbliebenen Items

Eine anschließende KFA – die hier nicht im Detail diskutiert werden soll – bestätigte die vier Faktoren, d. h. es lagen gute lokale und globale Gütemaße vor.

Für die Items, die zur Bildung der verbliebenen vier Reputation-Faktoren herangezogen worden sind (abzüglich der Items mit schwachem Erklärungsbeitrag), wurde der Cronbachsche Alpha berechnet. Der α-Wert aller Items lag bei 0,92 und zeigt damit an, dass die Items zur Bildung eines *Gesamt-Reputationswerts* aggregiert werden können (vgl. zu dieser Vorgehensweise Fombrun et al., 2000, S. 254).

3.3.3.5 Ermittlung der Reputation-Konsequenzen und der Moderatorvariablen

Nachdem Reputationsdimensionen ermittelt worden sind, soll es im Folgenden darum gehen, die postulierten Konsequenzen (-Konstrukte) zu identifizieren. Diese Konsequenzen werden dann im Rahmen einer Dependenzanalyse in Beziehung zum RQ-Konstrukt gesetzt.

Zur Überprüfung der vier Konsequenzen – Loyalität, Vertrauen, Kundenzufriedenheit und Mundwerbung – wurde eine KFA mit den Items die zur Erfassung der (qualitativ ermittelten) *Konsequenzen* von Unternehmensreputation formuliert wurden, unter Verwendung des Maximum Likelihood-Algorithmus durchgeführt (vgl. Kelloway, 1998, S. 17ff.). Eine Modellidentifikation, welche die zentrale notwendige Bedingung für die Berechnung und Beurteilung von Fit-Indizes als auch für die inhaltliche Interpretation der Modellparameter darstellt, war nicht vollständig möglich.

Obgleich einige globale Gütemaße durchaus positiv waren, zeigten eine Reihe von lokalen Gütemaße Werte unterhalb der in der Literatur geforderten Schwellenwerte an (vgl. Abbildung 25). Folglich musste zur endgültigen Ermittlung der Reputationskonsequenzen ebenfalls auf eine explorative Vorgehensweise zurückgegriffen werden.

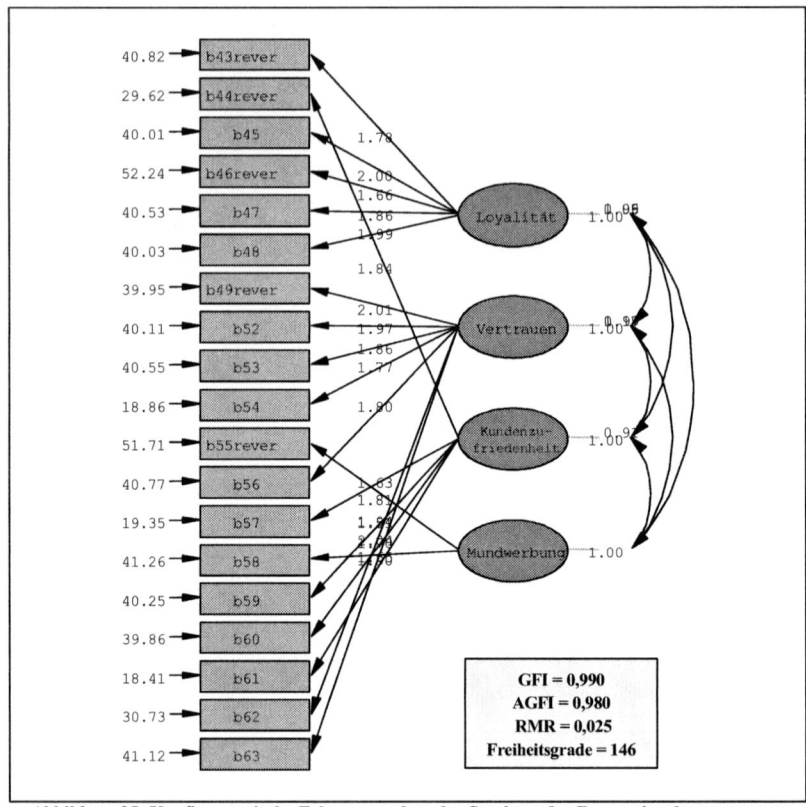

Abbildung 25: Konfirmatorische Faktorenanalyse der Struktur der Reputationskonsequenzen (Studie 1)

Eine EFA mit den Items die zur Erfassung von *Konsequenzen* von Unternehmensreputation formuliert wurden, führten zu einer fünf-faktoriellen Lösung (KMO-Wert = 0,82), die einen Varianzerklärungsanteil von 70,38% aufwies. Diese Werte sind durchaus zufriedenstellend. Lediglich ein Indikator, *B61*, wies Faktorladungen unterhalb des gewählten Schwellenwertes 0,40[58] auf und wurde somit nicht weiter berücksichtigt. Bis auf eine Ausnahme (Faktor 5) weisen alle Faktoren gute α-Werte auf.

---

[58]   Bei 0,40 handelt es sich um einen relativ strengen Schwellenwert. In empirischen Studien liest man häufiger, dass Items berücksichtigt werden, die Faktorladungen von mindestens 0,30 aufweisen.

Die fehlende Reliabilität von Faktor 5 ist ein Indiz dafür, dass er Items auf sich vereinigt, die nicht das gleiche theoretische Konstrukt messen und sich deshalb nicht sinnvoll interpretieren lassen. Aus diesem Grund wurde davon Abstand genommen, eine Faktorbezeichnung für Faktor 5 zu finden.

	Indikatoren	Faktorladungen (der EFA); Eigenwerte und Cronbach Alphas	Mittelwerte
	Faktor 1: Kundenzufriedenheit/Vertrauen	$\gamma^* = 7{,}07$ $\alpha^{**} = 0{,}89$	
B56	Im Allgemeinen vertraue ich den Leistungen der Stadtwerke.	0,805	3,86
B49	Ich bin von den Stadtwerken schon oft enttäuscht worden.	-0,769	3,02
B44	Ich habe mich schon oft über die Stadtwerke geärgert.	-0,767	2,44
B43	Wenn es problemlos möglich wäre, würde ich einen anderen Energielieferanten wählen.	-0,753	2,74
B52	Im Allgemeinen vertraue ich den Beratern der Stadtwerke, die mir Produkte verkaufen.	0,657	3,47
B55	Die Stadtwerke als Energielieferanten würde ich *nicht* an Freunde oder Bekannte weiterempfehlen.	-0,626	2,24
B59	Ich bin mit den Leistungen sehr zufrieden, die die Stadtwerke für uns/mich erbringen.	0,617	3,65
B48	*Ich kann mir vorstellen, langfristig Kunde/In der Stadtwerke zu bleiben.*	*0,608*	*3,23*
B58	*Sollte ich danach gefragt werden, so könnte ich auf die Produkte und Dienstleistungen bezogen empfehlen, Kunde/In der Stadtwerke zu werden.*	*0,548*	*3,49*
B57	*Die Stadtwerke erfüllen stets meine Erwartungen.*	*0,542*	*3,57*
	Faktor 2: Loyalität	$\gamma = 1{,}74$ $\alpha = 0{,}67$	
B60	Auftretende Probleme lösen die Stadtwerke schnell und kompetent.	0,814	3,51
B46	Ich würde in Erwägung ziehen, auch anderer Produkte und Dienstleistungen von den Stadtwerken in Anspruch zu nehmen (z. B. eine Energieberatung).	0,597	3,17
B58	Sollte ich danach gefragt werden, so könnte ich auf die Produkte und Dienstleistungen bezogen empfehlen, Kunde/In der Stadtwerke zu werden.	0,571	3,49
B48	Ich kann mir vorstellen, langfristig Kunde/In der Stadtwerke zu bleiben.	0,517	3,23
B57	Die Stadtwerke erfüllen stets meine Erwartungen.	0,495	3,57
B53	*Die Stadtwerke sind ein seriöses Unternehmen.*	*0,488*	*3,99*
B59	*Ich bin mit den Leistungen sehr zufrieden, die die Stadtwerke für uns/mich erbringen.*	*0,455*	*3,65*

	Indikatoren	Faktorladungen (der EFA); Eigenwerte und Cronbach Alphas	Mittel-werte
	Faktor 3: Wahrgenommene Partnerschaftlichkeit	$\gamma = 1,61$ $\alpha = 0,80$	
B45	Auch bei etwas günstigeren Preisen anderer Unternehmen würde ich meinen Energielieferanten nicht wechseln.	0,821	2,67
B53	Die Stadtwerke sind ein seriöses Unternehmen.	0,591	3,99
B57	Die Stadtwerke erfüllen stets meine Erwartungen.	0,425	3,57
	Faktor 4: Zuversicht	$\gamma = 1,23$ $\alpha = 0,71$	
B54	Die Stadtwerke wird es auch in vielen Jahren noch geben.	0,732	4,10
B62	Die Stadtwerke gehen vertrauensvoll mit Kundendaten um.	0,709	3,69
	Faktor 5: -	$\gamma = 1,02$ $\alpha = 0,20$	
B47	Von wem ich meine Energie beziehe, ist mir letztendlich egal.	0,770	3,16
B63	Bei den Stadtwerken weiß man *nicht* genau, ob die Energiepreise angemessen sind.	0,720	3,25
B55	Die Stadtwerke als Energielieferanten würde ich *nicht* an Freunde oder Bekannte weiterempfehlen.	0,412	2,24

*γ = Eigenwert; **α = Cronbachsche Alpha; Indikatoren in *kursiv* wurden bei der Berechnung des Cronbachschen Alpha nicht berücksichtigt.

Tabelle 18: Faktorladungen, Eigenwerte, Reliabilitäten und Mittelwerte der Reputation-Konsequenzen

Lediglich ein Faktor – *Loylität* – entspricht einer der zuvor postulierten Konsequenzen-Faktoren. Bei den drei weiteren Konsequenzen handelt es sich um grundsätzlich neue Faktoren. Mit Blick auf die ermittelten Faktoren wird deutlich, dass einige Items doppelladen. Auch ist die Zuordnung der Items nicht so eindeutig wie im Vorfeld unterstellt. So laden etwa auf den ersten Faktor Items, die zur Messung der Konsequenzen *Loyalität* sowie *Mundwerbung* formuliert worden waren.

Es können somit folgende Konsequenzen von Unternehmensreputation identifiziert werden:

Faktor 1: Kundenzufriedenheit/Vertrauen. Dieser Faktor vereinigt Items der postulierten Konsequenzen *Kundenzufriedenheit* und *Vertrauen*, die nicht einzeln bzw. trennscharf reproduziert werden konnten. Probanden, die bei diesem Faktor hohe Faktorwerte erzielen, äußern eine vertrauensbasierte Zufriedenheit mit ihrem

Energieversorger. Auf diesen Faktor laden ebenfalls Items der postulierten Konsequenz *Mundwerbung*. Dies ist Ausdruck der kundenseitigen Bereitschaft, ihre Zufriedenheit und ihr Vertrauen zum Wohle des EVU einzusetzen.

Faktor 2: Loyalität. Konsumenten, die bei diesem Faktor hohe Werte erzielen, können sich vorstellen, längerfristig Kunde ihres EVU zu bleiben. Diese Einschätzung beruht vor allem auf der Zufriedenheit mit den erbrachten Leistungen und die wahrgenommene Kundenorientierung. Das Item mit der höchsten Ladung auf diesen Faktor ist „Auftretende Probleme lösen die Stadtwerke schnell und kompetent."

Faktor 3: Wahrgenommene Partnerschaftlichkeit. Konsumenten, die bei diesem Faktor hohe Werte erzielen, empfinden ihre Geschäftsbeziehung mit dem EVU als positiv. Das Item „Auch bei etwas günstigeren Preisen anderer Unternehmen würde ich meinen Energielieferanten nicht wechseln" hatte die höchste Ladung von den drei Items (0,821). Zwei Items laden auf diesen Faktor, von denen vorher angenommen wurde, sie würden auf die postulierten Faktoren *Vertrauen* und *Kundenzufriedenheit* laden.

Faktor 4: Zuversicht. Probanden, die bei diesem Faktor hohe Skalenwerte erzielen, empfinden eine Grundzuversicht in die Zukunftsfähigkeit und in die Seriosität ihres EVU.

Wie erwähnt lässt sich der fünfte Faktor nicht sinnvoll interpretieren (höchstens als *Indolenz*); darauf weist auch ein extrem schlechter Alpha-Wert hin. Bei der im nächsten Abschnitt durchgeführten Dependenzanalyse wurde dieser Faktor deshalb nicht berücksichtigt.

Eine EFA mit den Items die zur Erfassung von Energie bezogenem *Involvement* (Moderatorvariable) eingesetzt wurden, führten zu einer ein-faktoriellen Lösung. Der KMO-Wert war mit 0,63 lediglich befriedigend, der Varianzerklärungsanteil lag bei 57,6%. Die anhand einer KFA berechnete durchschnittlich erfasste Varianz lag knapp über dem empfohlenen Schwellenwert von $\geq 0,50$ (vgl. Homburg/Giering, 1998, S. 130).

	Indikatoren	Faktorladungen (EFA); Eigenwerte und Cronbach Alpha	DEV; Indikatorreli- abilität (KFA)	Mittel- werte
	Faktor Involvement	$\gamma^* = 1,74$ $\alpha^{**} = 0,63$	$DEV^{***} = 0,70$	
B50	Ich bin stets bemüht, einen Überblick über den Energieverbrauch in meinem Haushalt zu behalten.	0,874	0,74	3,60
B51	Energie bezogene Fragestellungen finde ich wichtig.	0,729	0,35	4,20
B64	Die Wahl des Energielieferanten ist sehr wichtig.	0,652	0,44	3,81

*γ = Eigenwert; **α = Cronbachsche Alpha; ***DEV = durchschnittlich erklärte Varianz

Tabelle 19: Indikatoren und Gütekriterien der Moderatorvariablen Involvement

3.3.3.6 Dependenzanalyse

Zur Ermittlung des Einflusses der Unternehmensreputation (unabhängige Variable/Regressor) auf die interessierenden abhängigen Variablen (Regressanden) wurden einzelne Regressionsanalysen (vgl. z. B. Albers/Skiera, 1999) durchgeührt.[59]

Sowohl die unabhängige *Unternehmensreputation*-Variable wie auch die abhängigen Variablen *Kundenzufriedenheit/Vertrauen, Loyalität, Wahrgenommene Partnerschaftlichkeit* sowie *Zuversicht* waren quasi-metrisch skaliert (vgl. Berekoven et al., 1996, S. 70ff.). Die Items die auf diese Variablen luden wurden zu einer Variablen aggregiert. Zunächst wurde eine Regressionsanalyse mit allen 212 Fällen gerechnet (vgl. Tabelle 20). Anschließend erfolgten Regressionsanalysen unter Berücksichtigung der Moderatorvariablen *Involvement*. Zu diesem Zweck wurde die Stichprobe in Involvement-Gruppen unterteilt und die *High-* und *Low-*Involvement-Gruppe hinsichtlich der Wirkung von Unternehmensreputation miteinander verglichen. Dabei wurde den Empfehlungen von Baron/Kenny (1986) zur Ermittlung von Moderatoreffekten gefolgt.

---

[59] Eine multiple Regressionsanalyse kam nicht in Betracht, da mit *Unternehmensreputation* nur eine unabhängige Variable vorlag.

Bei der Untersuchung des Zusammenhangs zwischen Unternehmensreputation und *Kundenzufriedenheit/Vertrauen* konnten knapp 63% der Gessamtstreuung erkärt werden (R^2 = 0,625); d. h. die/das von den befragten Personen geäußerte *Kundenzufrieden-heit/Vertrauen* in Bezug auf ihren Energieversorger kann zu 63% auf dessen Reputation zurückgeführt werden. Im Falle von *Loyalität* betrug das Bestimmtheitsmaß 0,510, während es für *Wahrgenommene Partnerschaftlichkeit* und *Zuversicht* mit R^2 = 0,250 sowie R^2 = 0,040 deutlich darunter lag.

Wie aus den Beta-Werten (standardisierter Regressionskoeffizient *β*) in Tabelle 20 weiterhin hervorgeht, werden die abhängigen Variablen in unterschiedlicher Stärke von der Unternehmensreputation beeinflusst. Die Unternehmensreputation hat den stärksten Einfluss auf *Kundenzufriedenheit/Vertrauen* und *Loyalität*, einen mittleren Einfluss auf *Wahrgenommene Partnerschaftlichkeit*, und kaum einen Einfluss auf *Zuversicht*.

Aus Unternehmenssicht ist sicherlich der starke postive Einfluss von Reputation auf *Kundenzufriedenheit/Vertrauen* sowie *Loyalität* ohnehin wichtiger, denn zufriedene und gebundene Kunden (wie in diesem Fall) bedeuten zukünftige Einnahmen. Darüber hinaus sind es auch gerade *Kundenzufriedenheit* und *Loyalität* für die in der einschlägi-gen Literatur ein positiver Zusammenhang unterstellt wird und zum Teil auch empirisch belegt werden konnte (vgl. z. B. Halstead/Page, 1992; Biong, 1993; Fornell et al., 1996).

Ebenfalls relevant ist, dass Unternehmensreputation über Kundenzufriedenheit auch indirekt auf Loyalität wirken kann. Zahlreiche Arbeiten aus dem Konsumgüter- und Dienstleistungsbereich belegen die positive Beziehung zwischen Kundenzufriedenheit und Loyalität (vgl. z. B. Hennig-Thurau et al., 2002).

Der schwache Beta-Wert im Fall von *Zuversicht* weist darauf hin, dass Stakeholder eine gute Reputation in einem wettbewerbsintensiven Umfeld keineswegs mehr als hinlängliche Zukunftssicherung ansehen.

Abhängige Variable (Konseq.) / Einflussgröße	Kundenzufrie-denheit/ Vertrauen		Loyalität		Wahrgenom-mene Partnerschaft-lichkeit		Zuversicht	
	Parame-ter	t-Wert	Parame-ter	t-Wert	Parame-ter	t-Wert	Parame-ter	t-Wert
Konstante	-0,772	-1,962 ***	-0,094	-0,683 ***	1,409	5,719*	3,093	10,543*
Unternehmensreputation	1,248	11,398*	0,919	14,560*	0,560	8,271*	0,220	2,727**
R^2	0,625		0,505		0,248		0,035	
β	0,790		0,710		0,498		0,186	

* p ≤ 0,01; ** p ≤ 0,05; *** p ≤ 0,1

Tabelle 20: Ergebnisse der Dependenzanalyse

Anschließend wurde innerhalb der Stichprobe zwei Gruppen identifiziert: Jene Probanden, die ein hohes Involvement hinsichtlich Energie bezogener Fragestellungen aufwiesen und solche, die ein niedriges Involvement aufwiesen. Mit Hilfe der drei Items der verwendeten Involvement-Skala (vgl. Tabelle 19) wurden für jeden Probanden Summenwerte berechnet und die Probanden anschließend entsprechend der erzielten Summenwerte in drei Involvement-Gruppen (low, middle, high) zugewiesen. Nach Betrachtung der Verteilung der Daten wurden die Schwellenwerte festgelegt. Zur *Low*-Gruppe zählten Probanden mit einem Summenwert ≤ 2,8, zur *High*-Gruppe jene mit einem Summenwert ≥ 4,0.

Die *High Involvement-Gruppe* war mit n = 115 deutlich größer als die *Low Involve-ment-Gruppe* (n = 40). Die mittlere Gruppe wurde im Rahmen der Moderatoranalyse nicht weiter berücksichtigt.

Die in Abbildung 26 genannten Beta-Werte zeigen, dass das Involvement keinen nennswerten Erklärungbeitrag zur Stärke der untersuchten Beziehungen leisten kann. Die Beta-Werte waren für alle vier untersuchten Beziehungen ähnlich groß, wenngleich die *Kundenzufriedenheit* und *Wahrgenommene Partnerschaftlichkeit* bei der *Low Involvement-Gruppe* stärker von Unternehmensreputation beeinflusst wird als bei der der *High Involvement-Gruppe*. Auch bei der abhängigen Variablen *Zuversicht* zeigte sich kein nennenswerter Unterschied zwischen den Gruppen, auch wenn hier einer hätte erwartet werden können.

Bei der *High* Involvement-Gruppe hätte angenommen werden können, dass *Zuversicht* schwächer von der Unternehmensreputation beeinflusst wird als bei der *Low* Involvement-Gruppe. Hoch involvierte Kunden – die mit den Entwicklungen im Energiemarkt eher vertraut sind – hätten die Wettbewerbssituation und Zukunftsaussichten ihres EVU realistischer einschätzen können als niedrig involvierte Kunden und weniger zuversichtlich in Bezug auf die wirtschaftliche Zukunft des EVU sein können. Offenbar sind auch niedrig-involvierte Kunden über diese Entwicklungen zumindest rudimentär informiert, weshalb sie die geringe Zuversicht mit den hoch involvierten Kunden teilen.

In beiden Involvement-Fällen hat Unternehmensreputation einen signifikant positiven Einfluss auf Loyalität. Dieser durchaus plausible Zusammenhang wird etwa auch von Walker Information (1998, S. 2) belegt.

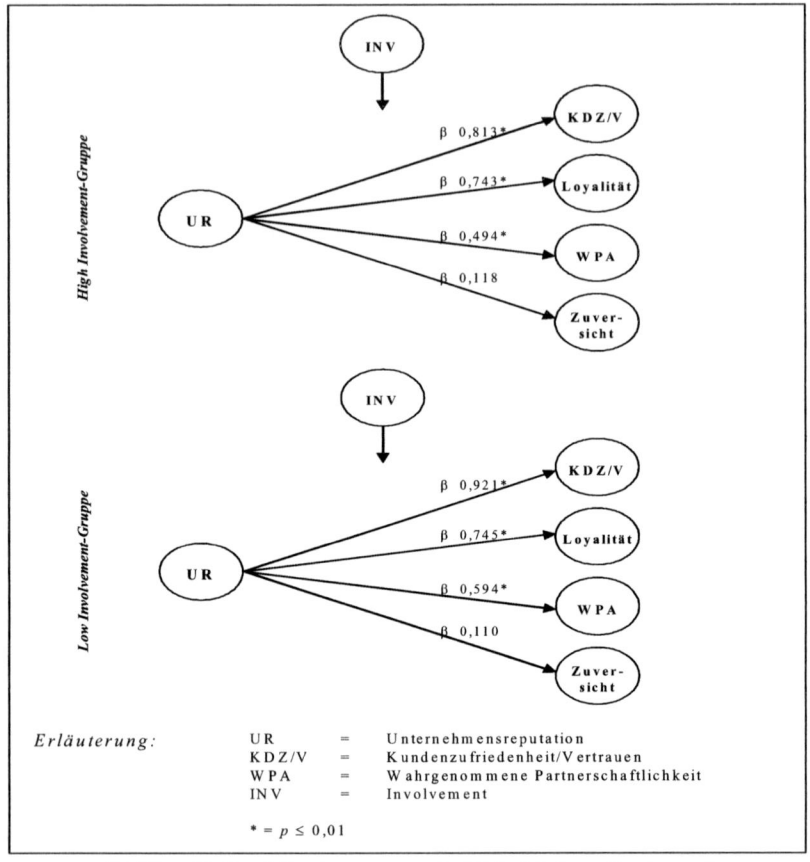

Abbildung 26: Reputationskonsequenzen in Abhängigkeit vom Involvement

In beiden Involvement-Fällen hat Unternehmensreputation einen signifikant positiven Einfluss auf Loyalität. Dieser durchaus plausible Zusammenhang wird etwa auch von Walker Information (1998, S. 2) belegt.

Die folgende Tabelle fasst die Ergebnisse der Dependenzanalyse differenziert nach Involvement noch einmal zusammen.

Untersuchte Beziehung	Bestimmt-heitsmaß $[R^2]$	B $[beta]$	Ergebnis
High-Involvement Gruppe			
Der Einfluss von Unternehmensreputation auf *Kundenzufriedenheit/Vertrauen*	0,660	0,813	stark, signifikant positiv
Der Einfluss von Unternehmensreputation auf *Loyalität*	0,552	0,743	stark, signifikant positiv
Der Einfluss von Unternehmensreputation auf die *wahrgenommene Partnerschaftlichkeit*	0,244	0,494	mittel, signifikant positiv
Der Einfluss von Unternehmensreputation auf die *Zuversicht*	0,014	0,118	schwach, signifikant positiv
Low-Involvement Gruppe			
Der Einfluss von Unternehmensreputation auf *Kundenzufriedenheit/Vertrauen*	0,848	0,921	stark, signifikant positiv
Der Einfluss von Unternehmensreputation auf *Loyalität*	0,555	0,745	stark, signifikant positiv
Der Einfluss von Unternehmensreputation auf die *wahrgenommene Partnerschaftlichkeit*	0,353	0,594	mittel – relativ stark, signifikant positiv
Der Einfluss von Unternehmensreputation auf die *Zuversicht*	0,012	0,110	schwach, signifikant positiv

Tabelle 21: Zusammenfassendes Ergebnis der Dependenzanalyse

3.3.4 Die Identifikation von Reputation-Kundentypen

Aufbauend auf der vier-faktoriellen Lösung des „deutschen RQ" (vgl. Tabelle 17) geht es in diesem Abschnitt darum, unter Einsatz der Clusteranalyse distinkte Reputation-Kundentypen zu ermitteln, die im Rahmen von unternehmerischen Reputation bezogenen Marktsegmentierungsaktivitäten Verwendung finden können. So leuchtet es etwa unmittelbar ein, dass mit Stakeholdern die ein primäres Interesse am Faktor *Verlässliches und wirtschaftlich gesundes Unternehmen* oder dem Shareholder Value (vgl. z. B. Rappaport, 1998) eines EVU aufweisen, inhaltlich anders und unter Verwendung anderer Kanäle kommuniziert werden muss, als mit Stakeholdern für die die *Sozial-ökologische Orientierung* in Bezug auf unternehmerische Aktivitäten und Transaktionen von besonderer Bedeutung ist.

In der Marketingpraxis und –forschung stellt die hierarchische Clusteranalyse ein etabliertes und leistungsfähiges Verfahren zur Identifikation von Kundensegmenten dar (vgl. z. B. Churchill, 1991; Backhaus et al., 2000, S. 328ff.; Aaker/Kumar/Day, 1995, S.

610ff.). Im Rahmen dieser Studie wurden als Clustervariablen jene Indikatoren gewählt, die zur Operationalisierung der vier ermittelten RQ-Dimensionen (Faktoren) bei der exploratorischen Faktorenanalyse herangezogen wurden (vgl. Tabelle 17).

Im Rahmen der EFA errechnete Faktorwerte für alle Probanden hinsichtlich der vier RQ-Dimensionen/Faktoren stellen die Inputvariablen der Clusteranalyse dar. Bei Faktorwerten handelt es sich um Abweichungen vom Durchschnittswert 0. Folglich deuten Werte > (<) 0 auf eine über- (unter-) durchschnittliche Beurteilung eines Merkmals durch die Probanden hin. Als Distanzmaß wurde die quadrierte Euklid-Distanz und als Fusionierungsalgorithmus das Ward-Kriterium gewählt (vgl. z. B. Büschken/Thaden, 1999, S. 358).

Ebenso wie die EFA liefert die (hierarchische) Clusteranalyse keine eindeutige Lösung im Hinblick auf die „richtige" Clusterzahl. Vielmehr ist es Aufgabe des Anwenders, anhand der vorliegenden Daten eine aussagekräftige Entscheidung zu treffen. Ein verbreitetes Verfahren stellt in diesem Zusammenhang das sog. *Elbow-Kriterium* dar, bei dem in einem zweiachsigen Streudiagramm die Veränderung der Fehlerquadratsumme im Verlauf des Fusionierungsprozesses gegen die Anzahl der verbleibenden Cluster abgetragen wird (vgl. z. B. Büschken/Thaden, 1999, S. 360). Abbildung 27 zeigt den Anstieg der Fehlerquadratsumme für den untersuchten Datensatz.

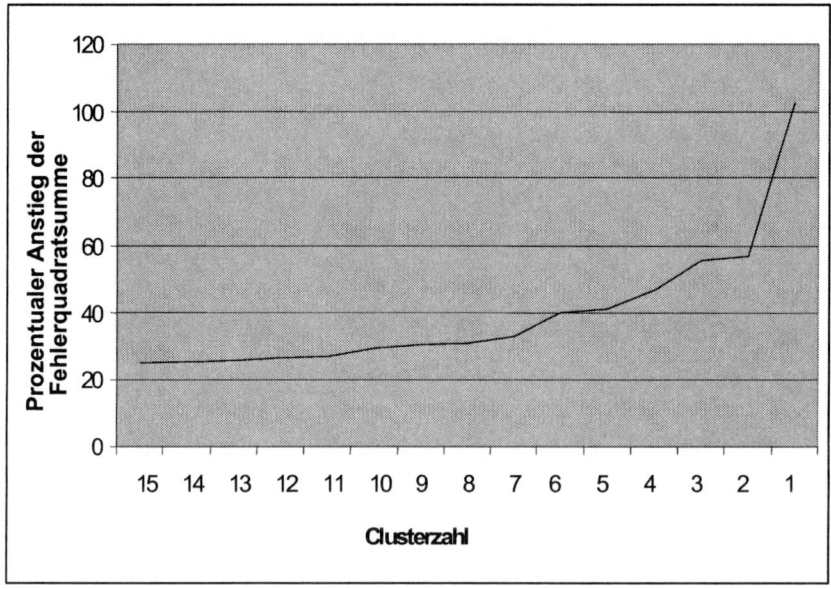

Abbildung 27: Anstieg der Fehlerquadratsumme

Wie aus Abbildung 27 zu ersehen ist, existieren deutliche Schwellenwerte bei zwei, vier und bei sechs Clustern. Um die Geeignetheit der drei Lösungsalternativen beurteilen zu können, wurden multiple Diskriminanzanalysen für jede der drei Clusterlösungen durchgeführt (vgl. z. B. Decker/Temme, 1999). Die Ergebnisse bestätigen die Güte der ermittelten Lösungen in allen drei Fällen, zeigen aber zugleich eine leichte Überlegenheit der Vier-Cluster-Lösung, die eine etwas höhere „Trefferquote" im Vergleich zur Zwei-Cluster-Lösung sowie zur Sechs-Cluster-Lösung aufweist.

Nach Betrachtung der Heterogenitätsmaße wurde deshalb eine Vier-Cluster-Lösung favorisiert. Die anschließende *K*-Means-Analyse (unter Verwendung der euklidischen Distanz als Distanzmaß) resultierte in den in Tabelle 22 dargestellten Clusterzentren der vier Reputationsfaktoren für alle vier Reputation-Kundentypen und nennt die jeweilige Segmentgröße.

	Cluster			
	Cluster 1: *Relativ uninteressierte Kunden* (n = 74)	Cluster 2: *Profitorientierte Kunden* (n = 29)	Cluster 3: *Gerechte Visionäre* (n = 67)	Cluster 4: *Leistungsniveau Orientierte* (n = 42)
Redliche Kundenorientierung	-,16356	-,15527	-,20914	,72110
Guter Arbeitgeber	,23342	,29403	-,15547	-,33818
Sozial-ökologische Orientierung	-,13105	-,40018	,01095	,29718
Verlässliches u. wirtschaft. gesundes Unternehmen	,04082	,51494	,16683	-,23030
Geschlecht (1 = männlich; 2 = weiblich)	1	1	2	1
Bildung*	4	3	4	4
Beruf**	1	6	4	3
Einkommen***	3	3	2	9

*1 = keinen Abschluss; 2 = Haupt-/Volksschule; 3 = Realschule; 4 = Abitur/Hochschulreife; 5 = Abgeschlossenes Studium

**1 = Angestellte(r); 2 = Arbeiter\In; 3 = Hausfrau/-mann; 4 = Student\In; 5 = nicht mehr berufstätig – in Rente/Pension; 6 = arbeitslos/derzeit nicht berufstätig; 7 = Selbständige(r)/Freiberufler\In; 8 = Beamte(r)

***1 = < € 499; 2 = € 500 - € 1.000; 3 = € 1.001 - € 1.499; 4 = € 1.500 - € 1.999; 5 = € 2.000 - € 2.499; 6 = > € 2.500; 9 = „keine Antwort"

Tabelle 22: Charakterisierung der Reputation-Kundentypen

Die vier Reputation-Kundensegmente werden im Folgenden knapp charakterisiert.

Cluster 1 repräsentiert an den unternehmerischen Aktivitäten des EVU *relativ uninteressierte Kunden*, für die vor allem zwei der identifizierten Reputationsfaktoren vis-a-vis den anderen Clustern von vergleichsweise geringer Bedeutung sind. Dieses Cluster vereinigt die meisten Probanden (n = 74) auf sich. Zusammen mit dem zweiten Cluster verfügt dieses Cluster über das durchschnittlich höchste Einkommen.

Interessant ist, dass den Mitgliedern des **zweiten Clusters** der Faktor *Verlässliches und wirtschaftlich gesundes Unternehmen* überdurchschnittlich wichtig ist, während eher „weiche" Reputationsdimensionen wie *Kundenorientierung* eine nur nachgelagerte Rolle spielen. Dieses Cluster *Guter Arbeitgeber* zeichnet sich zudem dadurch aus, dass es hinsichtlich des Faktors *Mitarbeiterorientierte Führungskompetenz* deutlich überdurchschnittlich ausgeprägte Werte besitzt. Kunden dieses Clusters sind vis-a-vis den anderen Clustern häufiger arbeitslos bzw. nicht erwerbstätig, verfügen dabei interessanterweise jedoch nicht über das geringste Durchschnittseinkommen.

Dem zweitgrößten und eher weiblichen **Cluster 3** ist *Redliche Kundenorientierung* weniger wichtig als den anderen drei Clustern. Gleichzeitig ist Kunden dieses Clusters die Einschätzung ihres EVU als *Guter Arbeitgeber* am Zweitwichtigsten von allen vier Clustern. Dieses Cluster verfügt über das durchschnittlich geringste Einkommen. Kunden dieses Clusters scheint es wichtig zu sein, dass ihr EVU zukünftige Herausforderungen meistert ohne Abstriche beim gerechten Umgang mit Geschäftspartnern oder der Leistungsqualität zu machen oder vom wirtschaftlich soliden Kurs abzukommen. Mitglieder dieses Segments können deshalb als *gerechte Visionäre* bezeichnet werden.

Cluster 4 zeichnet sich dadurch aus, dass es vis-a-vis den anderen drei Clustern hinsichtlich zwei der vier Faktoren überdurchschnittlich ausgeprägte Werte (*Redliche Kundenorientierung*; *Sozial-ökologische Orientierung*) und hinsichtlich zwei der vier Faktoren unterdurchschnittlich ausgeprägte Werte (*Guter Arbeitgeber, Verlässlichkeit und wirtschaftlich gesundes Unternehmen*) besitzt. Bei diesem Segment herrscht somit die größte Diskrepanz hinsichtlich der Beurteilung der Wichtigkeit der vier Reputationsdimensionen. Diesem Kundensegment sind offensichtlich jene Reputationsdimensionen am Wichtigsten, die Kunden unmittelbar betreffen und die für nachprüfbar gehalten werden, während die Überpüfung der Reputationsdimensionen mit den unterdurchschnittlich ausgeprägten Werten für „durchschnittliche" Stakeholder bzw. Kunden mit erheblichen Suchkosten verbunden ist. Kunden dieses Clusters werden als *Leistungsniveau Orientierte* bezeichnet.

3.3.5 Konstruktvalidierung – Studie 2

Bei der Entwicklung und Überprüfung von Messinstrumenten wird häufig eine zweite Datenerhebung gefordert (vgl. z. B. Backhaus et al., 2000, S. 494; Homburg/Giering, 1998, S. 131, 143ff.; Churchill, 1979). Konkret soll das in Studie 1 ermittelte vierfaktorielle Messmodell mit neuen Daten überprüft werden. Die neue Stichprobe kann sich entweder aus Kunden von EVU zusammensetzen (d. h. gleiche Zielgruppe) oder man kann versuchen, das interessierende Konstrukt aus der Sicht anderer Stakeholder zu beleuchten (vgl. Homburg/Giering, 1998, S. 131). In der vorliegenden Studie fiel die Entscheidung zugunsten der Zielgruppe *Kunden* aus.

Theoretisch kann sich an eine zweite Datenerhebung eine weitere anschließen. Erst wenn keine weitere Modifikation der untersuchten Konstrukte hinsichtlich ihrer

Dimensionalität erfolgt, ist der Prozess der quantitativen Analyse formal abgeschlossen. Dass eine solche Vorgehensweise aus forschungsökonomischer Perspektive nur schwer durchzuhalten ist, liegt auf der Hand.

3.3.5.1 Datenerhebung und Stichprobe

Die zweite Datenerhebung fand in Form einer schriftlichen Befragung statt. Es wurden im Rahmen einer weiteren Studie insgesamt 2.000 Kunden eines norddeutschen Stadtwerks mittlerer Größe angeschrieben und zur Teilnahme bzw. zur Beantwortung des mitgesandten Fragebogens aufgefordert. Beim Fragebogen handelte es sich um eine überarbeite Version des in der ersten Untersuchung eingesetzten Fragebogens. Auf Grundlage der gemachten Erfahrungen hinsichtlich Verständlichkeit und Adäquanz des eingesetzten Fragenkatalogs wurde in der zweiten Untersuchung ein leicht abgewandelter Fragebogen eingesetzt.

Die Kundenadressen wurden vom kooperierenden Stadtwerk bereitgestellt. Zur Förderung der Rücklaufquote wurden unter den teilnehmenden Befragten verschiedene Preise verlost.[60] Insgesamt 519 Fragebögen wurden von den Befragten innerhalb der festgelegten Frist von 14 Tagen ausgefüllt und zurückgesandt, womit die Rücklaufquote mit mehr als 25% erfreulich hoch war. Die meisten kamen dabei von männlichen Kunden (366 vs. 153) mit mittlerem Bildungsabschluss. Anhang IV liefert eine vollständige Beschreibung der zweiten Stichprobe

Zur Überprüfung des eingesetzten Messinstrumentariums wurde zunächst die Reliabilität im Sinne einer Test-Retest-Reliabilität (Wiederholungszuverlässigkeit; vgl. z. B. Aaker/Day, 1990, S. 753) zwischen den Ergebnissen von Studie 1 und Studie 2 berechnet. Während beim Test-Retest (oder dem Paralleltest) ein Fragebogen ein und derselben Stichprobe zu zwei verschiedenen Zeitpunkten vorgelegt wird, wurde im vorliegenden Fall derselbe Fragebogen zwei voneinander unabhängigen Stichproben gegeben. Für die Antworten beider Stichproben zur Beantwortung wurden Rangkorrelationen berechnet. Es ergab sich eine hohe Korrelation ($r > 0.65$) zwischen den Messwerten der zwei Untersuchungen.

---

[60]   Dazu zählten u. a. Fahrräder und Karten für ein Musical.

3.3.5.2 Explorative und konfirmatorische Datenanylse

Mit den neuen Daten wurde zunächst versucht, die in Studie 1 explorativ ermittelte Faktorstruktur des Reputationskonstrukts (6 Faktoren) zu bestätigen. Dazu wurden die 26 Items aus Tabelle 17 herangezogen und mit ihnen eine KFA gerechnet. Die KFA führte zu befriedigenden Ergebnissen, sowohl die lokalen wie auch die globalen Fitwerte lagen mehrheitlich über den in der Literatur geforderten Schwellenwerten. Dennoch waren einige Indikatorreliabilitäten nur mittelmäßig stark, so dass schließlich nur ein getrimmtes Modell bestätigt werden konnte.

Die Tatsache, dass mit den Daten aus Studie 2 die in Studie 1 ermittelte vier-faktorielle Struktur des Reputationskonstrukts bestätigt werden konnte, kann als Indiz dafür gewertet werden, dass die tatsächliche Struktur des deutschen RQ gefunden worden ist. Die Strukturbestätigung würde grundsätzlich auch eine nochmalige Durchführung der in Studie 1 durchgeführten Folgeanalysen (Dependenzanalyse, Clusteranalyse) gestatten.

Daraufhin wurden die 26 Items der vier-faktoriellen Lösung aus Studie 1 einer EFA unterzogen, die nach Elimination von drei schwachen Items die vier trennscharfen und reliablen Faktoren aus Studie 1 bestätigen konnte: 1) *Redliche Kundenorientierung*, 2) *Guter Arbeitgeber*, 3) *Verlässliches und wirtschaftlich gesundes Unternehmen*, 4) *Sozial-ökologische Orientierung*. Die gefundenen vier Reputationsfaktoren und die dazugehörigen Faktorladungen sind in der folgenden Tabelle dargestellt.

		Faktorreliabilität und -ladungen
	Faktor 1: Redliche Kundenorientierung	*α = 0.93*
B27	Die Stadtwerke gehen fair mit ihren Kunden um.	0,735
B31	Für die Stadtwerke sind auch „kleine" Privatkunden ernsthafte Geschäftspartner.	0,726
B30	Die Mitarbeiter der Stadtwerke zeigen Interesse an den Bedürfnissen ihrer Kunden.	0,721
B33	Die Stadtwerke sind ein bürgernahes Unternehmen.	0,646
B42	Die Mitarbeiter der Stadtwerke bleiben auch in schwierigen Situationen ruhig und höflich.	0,646
B24	Die Stadtwerke nehmen Verbraucherrechte ernst.	0,644
B38	Die Stadtwerke haben ein kein Interesse an den Meinungen ihrer Kunden.	-0,612
	Faktor 2: Guter Arbeitgeber	*α = 0.89*
B1	Die Stadtwerke vermitteln mir den Eindruck eines Unternehmens, für das man gerne arbeiten würde.	0,679
B7	Ich gehe davon aus, dass die Stadtwerke eine klare Zukunftsvision haben.	0,633
B2	Die Stadtwerke erwecken den Eindruck eines Unternehmens mit kompetenten Mitarbeitern.	0,621
B9	Ich gehe davon aus, dass die Stadtwerke sich um eine gute Mitarbeiterführung bemühen.	0,619
B21	Ich nehme an, dass die Stadtwerke eine kompetente Führungsmannschaft haben.	0,499
	Faktor 3: Verlässliches und wirtschaftlich gesundes Unternehmen	*α = 0.88*
B18	Ich nehme an, dass die Stadtwerke Nienburg profitabler sind als andere Stadtwerke.	0,738
B19	Die Stadtwerke wirken wie ein Unternehmen mit guten Wachstumsaussichten.	0,595
B15	In die Stadtwerke zu investieren wäre ein geringes Risiko.	0,550
B25	Die Stadtwerke gehen verantwortungsvoll mit ihren finanziellen Mitteln um.	0,498
B8	Ich gehe davon aus, dass die Stadtwerke Marktchancen erkennen und nutzen.	0,448
B17	Die Stadtwerke sind sich ihrer gesellschaftlichen Verantwortung bewusst.	0,440
B7	Ich gehe davon aus, dass die Stadtwerke eine klare Zukunftsvision haben.	0,422
	Faktor 4: Sozial-ökologische Orientierung	*α = 0.72*
B12	Ich gehe davon aus, dass die Stadtwerke nicht den gesetzlich vorgeschriebenen Prozentsatz an Behinderten beschäftigen.	-0,794
B13	Die Stadtwerke unterstützen soziale und kulturelle Zwecke.	0,639
B16	Die Stadtwerke bemühen sich, neue Arbeitsplätze zu schaffen.	0,537
B14	Die Stadtwerke handeln in Bezug auf die Umwelt verantwortungsbewusst.	0,464

Tabelle 23: Faktorladungen und Reliabilitäten der endgültigen Reputationdimensionen

In einem nächsten Schritt wurde eine KFA für die vier postulierten Reputationskonsequenzen durchgeführt, die zu guten Ergebnissen führte (vgl. Abbildung 28). Die vier Faktoren ließen sich ohne weiteres und trennschärfer identifizieren als in Studie 1.

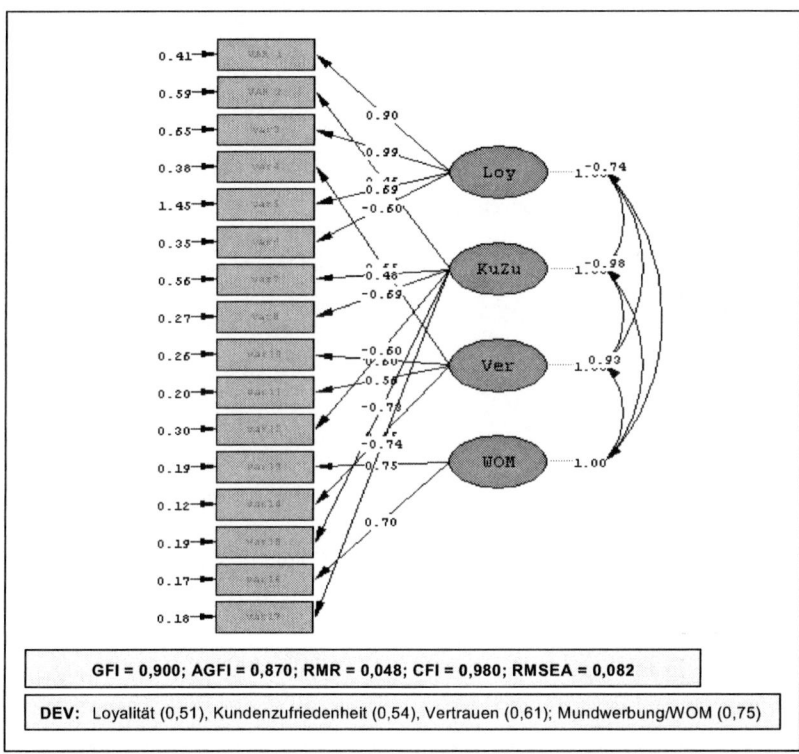

GFI = 0,900; AGFI = 0,870; RMR = 0,048; CFI = 0,980; RMSEA = 0,082

DEV: Loyalität (0,51), Kundenzufriedenheit (0,54), Vertrauen (0,61); Mundwerbung/WOM (0,75)

Abbildung 28: Konfirmatorische Faktorenanalyse der Struktur der Reputationskonsequenzen (Studie 2)

Schließlich erfolgte zur Ermittlung der nomologischen Validität der Messskala die Spezifizierung eines Strukturmodells. Nomologische Validität wird als gegeben angesehen, wenn eine beobachtete Beziehung zwischen Messungen verschiedener Konstrukte (zwischen denen ein konzeptueller Zusammenhang vermutet wird) festgestellt wird. Eine solche Messung ermöglicht somit, das Konstrukt (hier kundenbezogenen Unternehmensreputation) in einen übergeordneten theoretischen Rahmen einzubinden. Eine Überprüfung des Gesamtmodells – in dem die vier ermittelten Reputationsdimensionen als exogene Variablen und die vier Konsequenzen-

Faktoren als endogene Variablen spezifiziert worden sind – ergab zufrieden stellende lokale und globale Fitwerte. Diese Gütewerte konnte noch weiter verbessert werden, indem einige schwache Items eliminiert worden sind (vgl. Abbildung 29).

Von den 20 Items zur Erfassung der Unternehmensreputation wiesen 19 eine Indikatorreliabilität (R^2) von > 0,40 auf. Auch die DEV der unabhängigen und abhängigen Variablen war nahezu durchgängig gut. Lediglich zwei Reputationsfaktoren lagen unter dem geforderten Schwellenwert von 0,50 (vgl. z. B. Fornell/Larcker, 1981). Die KFA offenbart auch eine recht hohe Korrelation zwischen den exogenen Variablen, was ein Indiz für eine hohe Konvergenzvalidität ist.

Eine Betrachtung der einzelnen Pfade zeigt, dass die Reputationsfaktoren *Redliche Kundenorientierung* und *Guter Arbeitgeber* zu den dominierenden gehören. Mit einem Pfadkoeffizienten von 0,640 hat *Redliche Kundenorientierung* von allen vier Reputationsdimensionen den stärksten Einfluss auf die endogene Variable *Kundenzufriedenheit*, gefolgt von *Guter Arbeitgeber* (0,155). Der Faktor *Verlässliches und wirtschaftlich gesundes Unternehmen* (0,068) hat einen nicht signifikanten und *Sozial-ökologische Orientierung* (-0,031) einen negativen Einfluss auf *Kundenzufriedenheit* (vgl. Abbildung 29). Es lässt sich also etwa sagen, dass je stärker die vom Kunden wahrgenommene Kundenorientierung, desto größer wird die Zufriedenheit mit dem EVU sein.

Redliche Kundenorientierung hat ebenfalls von allen vier Reputationsdimensionen den stärksten Einfluss auf die endogene Variable *Loyalität* (0,360), gefolgt von *Verlässliches und wirtschaftlich gesundes Unternehmen* (0,283), *Sozial-ökologische Orientierung* (-0,112) und *Guter Arbeitgeber* (0,070). Im Fall der von Kunden wahrgenommenen sozial-ökologischen Orientierung zeigt sich, dass je stärker diese Orientierung wahrgenommen wird, desto weniger loyal sind Kunden. Eine Erklärung für diesen negativen Zusammenhang könnte die Annahme von Kunden sein, dass ihr EVU Geld für sozial-ökologische Zwecke verschwende, statt es für die preisgünstige Erbringung seiner Kernleistungen einzusetzen. Es ist auch denkbar, dass in wirtschaftlich schwierigen Zeiten der Wunsch nach sozialer und ökologischer Orientierung durch andere Erwartungen und Themen überlagert wird (z. B. günstige Energiepreise, besseren Service).

Auch hinsichtlich der abhängigen Variablen *Vertrauen* weist *Redliche Kundenorientierung* einen starken signifikanten Einfluss auf (0,530). Den zweitstärksten Einfluss hat hier *Guter Arbeitgeber* (0,251), dann *Verlässliches und wirtschaftlich gesundes Unternehmen* (0,051) und schließlich *Sozial-ökologische Orientierung* (-0,022).

Auf die endogene Variable *Mundwerbung* wirken sowohl *Redliche Kundenorientierung* (0,492) wie auch *Guter Arbeitgeber* (0,256) in signifikanter Weise. Der Einfluss von *Verlässliches und wirtschaftlich gesundes Unternehmen* (0,067) und *Sozial-ökologische Orientierung* (-0,010) ist indes schwach und nicht signifikant.

Die kausalanalytische Untersuchung verdeutlicht die Vorzüge einer differenzierten Betrachtung hinsichtlich einzelner Reputationsdimensionen. Zwar messen die in Studie 2 ermittelten vier Dimensionen jeweils Teilaspekte der Gesamtreputation eines EVU, doch wirken diese unterschiedlich stark und teilweise in entgegen gesetzter Richtung.

Übereinstimmend mit der Dependenzanalyse (Studie 1) zeigt ich ein starker signifikanter Einfluss auf Kundenzufriedenheit und Loyalität, auch wenn hierbei Unterschiede zwischen den Reputationsdimensionen existieren. Solche Unterschiede bieten einem Reputation-Management bspw. Ansatzpunkte für eine themen- und zielgruppenspezifische Kommunikation.

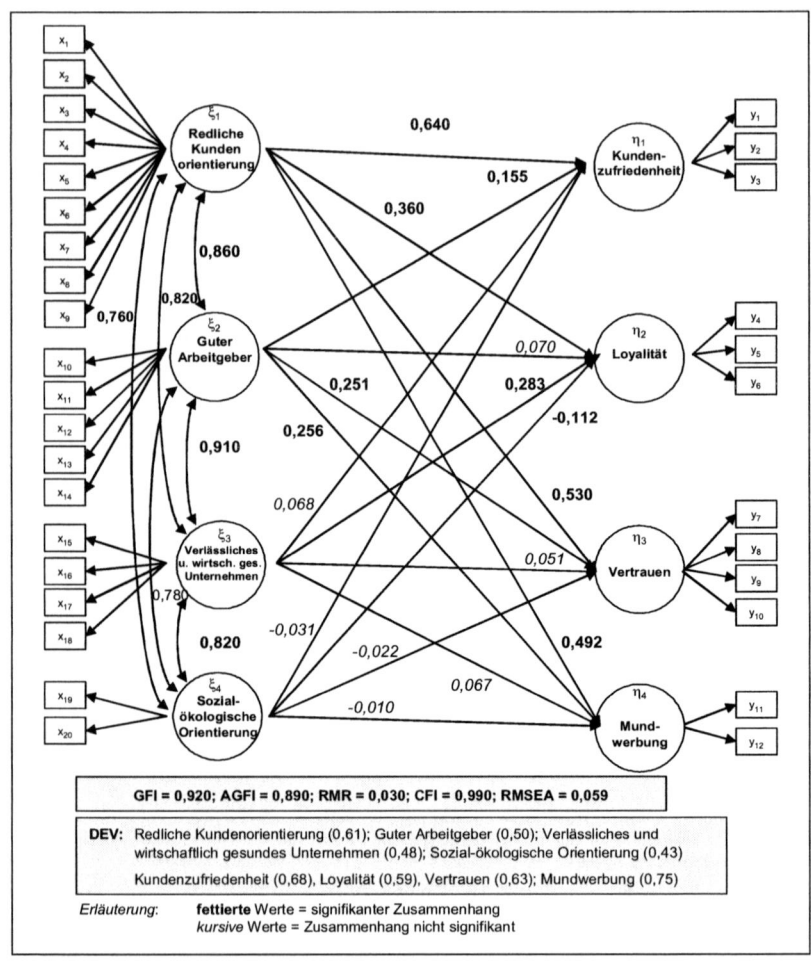

Abbildung 29: Kausalanalytisches Modell zur Erfassung von Unternehmensreputation und ihrer

Konsequenzen

4 Ergebnisbasierte Gestaltungsansätze

In den folgenden Abschnitten wird das Ziel verfolgt, die im vorherigen Kapitel dargestellten Untersuchungsergebnisse zu Aufgaben der Marketingforschung und – praxis in Beziehung zu setzten. Dazu erfolgt zunächst eine kompakte Diskussion der Untersuchungsergebnisse die darauf abzielt, die Bedeutung der Unternehmensreputation für wichtige abhängige Größen bzw. Konsequenzen hervorzuheben (4.1). Anschließend wird erörtert (4.2), wie die identifizierten Reputationssegmente von Unternehmen genutzt werden können. Abschnitt 4.3 dient der Diskussion der Notwendigkeit, Unternehmensreputation in Forschung und Praxis valide zu messen. Schließlich wird der Versuch unternommen, mithilfe der eigenen aber auch unter Rekurs auf existierende reputationsrelevante Forschungsergebnisse ein Reputation-Managementsystem zu entwerfen und in Grundzügen zu erläutern (4.4).

4.1 Ergebnisdiskussion: Konsequenzen der Unternehmensreputation

Die Ergebnisse der empirischen Untersuchung haben gezeigt, dass Unternehmensreputation einen positiven und zum Teil starken Einfluss auf relevante Konstrukte ausübt. Diese Ergebnisse sind im Einzelnen für die Ausgestaltung des unternehmerischen Marketing Mix, und hier insbesondere der Kommunikationspolitik, von EVU von Bedeutung und sollen hier deshalb Problem bezogen diskutiert werden.

Die nachgewiesenen Einflüsse waren für beide Involvement-Gruppen hinsichtlich ihrer Stärke identisch. Insofern kann die Reputation eines EVU als relativ unempfindlich gegenüber dem Kundeninteresse an Energie bezogenen Fragestellungen eingestuft werden.

Der stark positive Einfluss von Unternehmensreputation auf *Kundenzufrieden-heit/Vertrauen* überrascht nicht, da die unsicherheitsreduzierende Wirkung von Reputation durch die einschlägige Literatur belegt wird (vgl. Hayek, 1948). Klee (2000, S. 309) spricht in diesem Zusammenhang vom „Informationssurrogat" der Reputation. Ebenso lässt sich der Einfluss von Unternehmensreputation auf *Loyalität* durch die Reduzierung des Transaktionsrisikos begründen. Es erscheint plausibel, dass vor allem für Kunden, die feste Geschäftsbeziehungen zu ihrem EVU pflegen möchten, eine stark positive Reputation des EVU eine geeignete Möglichkeit zur Erleichterung dieser

Bindungsentscheidung darstellt. Es wird auch regelmäßig postuliert, dass eine gute Unternehmensreputation sich positiv auf die Nachfrage nach den Leistungen eines Unternehmens auswirkt (vgl. Coulson-Thomas, 1983, S. 9).

Die Tatsache, dass eine positive Unternehmensreputation einen starken Einfluss auf Kundenzufriedenheit und Loyalität hat, ist vermutlich vor allem für kleinere und mittlere EVU ein positives Ergebnis. Interessant ist dieses Ergebnis auch, weil loyale Kunden als weniger preissensitiv gelten als nicht loyale (vgl. Krishnamurthi/Raj, 1991). Dies verschafft kleinen EVU mit guter Unternehmensreputation und in Zeiten eines vor allem durch große EVU initiierten intensiven Preiswettbewerbs einen wichtigen Handlungsspielraum.

Der mittlere bis starke Einfluss von Unternehmensreputation auf die *wahrgenommene Partnerschaftlichkeit* deutet darauf hin, dass die kundenseitig wahrgenommene Qualität der Geschäftsbeziehung mit ihrem EVU relativ unempfindlich gegenüber der (guten) Reputation des EVU ist. Anders ausgedrückt, die auf persönliche Interaktionserfahrungen mit einem EVU basierende Beurteilung scheint stärker zu wiegen als die kollektive Meinung anderer über dasselbe EVU.

Weiterhin konnte kein nennenswerter Einfluss von Unternehmensreputation auf die *Zuversicht* nachgewiesen werden; d. h. die kundenseitige Grundzuversicht in die Zukunftsfähigkeit und Seriosität ihres EVU wird nicht bzw. nur kaum durch die Reputation, sondern durch andere Größen beeinflusst.

4.2   Ergebnisdiskussion: Nutzung von Reputation-Segmenten

Unter Einsatz der Clusteranalyse wurden vier Reputation-Kundensegmente identifiziert, die zum Teil deutliche Unterschiede hinsichtlich der Beurteilung einzelner Reputationsdimensionen aufweisen. Für die Ausgestaltung insbesondere der Marketingkommunikation von Unternehmen – und hier insbesondere von EVU – kann die Kenntnis der Existenz der Reputation-Segmente eine nützliche Ergänzung traditioneller Marktsegmentierungsstrategien darstellen. Beispielsweise könnten bisher übliche Segmentierungskriterien – etwa anhand der Kriterien *Umsatz*, *Demografika* oder *Region* – um die Beurteilung der Unternehmensreputation ergänzt werden. Dadurch würde eine Reputation bezogene Feinsegmentierung ermöglicht.

Die Relevanz der vier identifizierten Reputation-Segmente variiert naturgemäß mit der Positionierung eines EVU/Unternehmens und dessen Leistungsprogramm. So stellt z. B. das dritte Cluster (*gerechte Visionäre*) für Ressourcen schonende Energien wie Windenergie, bei denen der Aspekt der Nachhaltigkeit und Überlebens- und Zukunftsfähigkeit im Vordergrund steht, eine geeignete Zielgruppe dar.

Vor dem Hintergrund schrumpfender Budgets und eines wachsenden Kostenbewusstseins sollten die eher *uninteressierten Kunden* des ersten und größten Clusters nur behutsam in den Fokus von Maßnahmen der Marketingkommunikation gerückt werden. Das für sie typische mangelnde Interesse an den Aktivitäten des Unternehmens könnte dazu führen, dass sie reaktant auf direkte Kommunikationsmaßnahmen reagieren, da diese ihrem Desinteresse zuwider laufen. Die geeignete und zugleich schwierigste Bearbeitungsmaßnahme hinsichtlich dieses Segments ist die Sicherstellung eines hohen Leistungsniveaus bei allen Routineleistungen.

Im Sinne eines strukturverändernden Marketing könnte eine alternative Herangehensweise zur Bearbeitung dieses Segments sein, das Interesse am Unternehmen und deren (Energie-) Produkten zu wecken. Da es sich um einen liberalisierten Markt handelt, muss das Interesse und Involvement auf Seiten der Kunden häufig erst geschaffen werden. Geschieht und gelingt dies, dann können Mitglieder dieses Segments zu interessierten Kunden werden und somit empfänglicher für Marketing-Maßnahmen.

Im Sinne eines Struktur verändernden Marketing – und ausgestattet mit den notwendigen Marketing-Ressourcen – könnte ein EVU versuchen, das Interesse bzw. Involvement seiner und potenzieller Kunden, die diesem ersten Cluster angehören, an dem Produkt *Energie* zu wecken. Über das entwickelte Involvement ließen sich dann Potenziale des Cross- und Up-Selling erschließen und die Kundenbindung erhöhen (vgl. Wiedmann/Buxel, 2005).

Das zweite Cluster *profitorientierter Kunden* ist geeigneter Empfänger von „Performance-Zahlen" des Unternehmens. Ähnlich wie Fachjournalisten oder Aktionäre könnte dieses Segment regelmäßig über Bilanzzahlen und Gewinnerwartungen informiert werden. Realisiert werden könnte dies relativ unproblematisch durch den Aufbau einer Datenbank bzw. durch Maßnahmen des Data-Mining sowie Customer-Profiling (vgl. Buxel, 2001; Wiedmann/Buxel/Walsh, 2002). Diese Stakeholder könnten bspw. zu

Aktionärsjahreshauptversammlungen eingeladen werden, auch wenn sie keine Anteile am EVU halten.

Den *Leistungsniveau Orientierten* Kunden aus Cluster 4 sind solche Unternehmen bezogenen Informationen zukommen zu lassen, die sich auf die nach außen manifestierende Leistungsfähigkeit des Unternehmens beziehen. Konkret könnten Verbesserungen im Leistungserstellungsprozess (z. B. schnellere Beschwerdebearbeitung) oder in der Kundenorientierung (z. B. übersichtlichere Rechnungen, freundliche Energieberater) aktiv kommuniziert werden.

4.3 Die valide Messung von Unternehmensreputation – eine Herausforderung für die wissenschaftliche und praxisorientierte betriebswirtschaftliche Forschung

Diese Arbeit geht von der Prämisse aus, dass Unternehmen ihre Reputation und deren Entwicklung zunehmend gezielt im Sinne der Unternehmensziele steuern müssen und nicht als zufälliges Resultat von Entwicklungen im unternehmerischen Umfeld anzusehen haben. Eine proaktive und gezielte Steuerung bedarf jedoch der Fähigkeit, die unternehmenseigene Reputation verlässlich zu messen. Von den vorliegenden Messansätzen – die insgesamt als recht heterogen angesehen werden können – gilt der Reputation Quotient von Fombrun/Gardberg/Sever (2000) in konzeptioneller und methodischer Hinsicht als bislang vielversprechendster.

Mit Blick auf die hiesige Betriebswirtschaftslehre war bislang jedoch eine fehlende Replikation des RQ in und für Deutschland zu konstatieren. Die im Rahmen der vorliegenden Arbeit durchgeführten empirischen Überprüfungen des RQ bestätigten die grundsätzliche Eignung des RQ zur Messung von Unternehmensreputation, belegten aber gleichzeitig die Notwendigkeit einer deutschlandspezifischen inhaltlichen und konzeptionellen Anpassung. Basierend auf dem Original-RQ konnte in Studie 1 eine eigenständige Messkonzeption zur Erfassung von Unternehmensreputation entwickelt werden, die vor allem in Studie 2 in Beziehung zu Konsequenzen der Reputation gesetzt werden konnte.

Die vorliegenden Untersuchungen haben zahlreiche konzeptionelle und empirische Erkenntnisse zum Reputationskonstrukt sowie zu dessen Konsequenzen generiert. Jedoch weist nahezu jede empirische Untersuchung Spezifika auf, die geeignete

Anknüpfungspunkte für weiterführende und vertiefende Untersuchungen bieten. So auch im vorliegenden Fall.

- *Branche.* Die im Rahmen der vorliegenden Arbeit durchgeführten Untersuchungen bezogen sich jeweils auf ein deutsches EVU. Wie ausführlich dargelegt, befindet sich der Energiesektor – ebenso wie dessen Akteure – derzeit in einem Transformationsprozess, der erhöhte Anforderungen an eine marktorientierte Unternehmensführung stellt. Die Bedeutung von Unternehmensreputaion kann deshalb in anderen Branchen höher oder geringer ausfallen, ebenso wie die Reputionskonsequenzen.

  Weiterhin kann – wie Walker Information (1998, S. 2) in diesem Zusammenhang ermittelt haben – die Bedeutung von Reputation bzw. einzelnen Reputationsdimensionen zwischen Branchen variieren: „while Economic Value is the most important driver of reputation for a manufacturer, Societal Value plays a bigger role in corporate reputation for a retailer." Ebenso würden Stakeholder, und hier insbesondere Kunden, vermutlich die (neue) Reputationsdimension „Verlässlichkeit und wirtschaftlich gesundes Unternehmen" bei einem Finanzdienstleister höher einschätzen als die Dimension „Guter Arbeitgeber". Bei einem Nahrungsmittelhersteller dürften Kunden vor allem die Dimension „Sozial-ökologische Orientierung" als wichtig einstufen.

  Schließlich verdient auch Beachtung, dass die hier vorgenommene Konzeptualisierung von Unternehmensreputation zum Teil auf qualitativen Interviews beruht, bei denen der Branchenkontext vorgegeben war. Es ist deshalb denkbar, dass Unternehmensreputation in anderen Branchen völlig anders konzeptualisiert werden muss. In der Transportbranche würden vermutlich Aspekte wie *Flottengröße*, *Sicherheit* und *Pünktlichkeit* die Reputation eines Unternehmens prägen.

- *Sample.* Die in dieser Arbeit verwendeten Stichproben beschränkten sich auf Kunden von EVU. Diese Entscheidung basierte primär auf Plausibilitätsüberlegungen. Kunden können als zentrale Stakeholdergruppe angesehen werden. Des Weiteren entsprechen sie dem hier vertretenen sozialwissenschaftlichen Basiskonzept der Betriebswirtschaftslehre. Die Entscheidung, Kunden zu befragen, war zum Teil aber auch forschungsökonomisch bedingt. Mit 212 Fällen war die Stichprobe der ersten Studie – in der Unternehmensreputation schließlich als vierdimensionales

Konstrukt konzeptualisiert wurde – für die durchgeführten multivariaten Analysen zwar ausreichend groß, doch müsste die Fallzahl in zukünftigen Studien, in denen die Konstruktentwicklung erfolgt und komplexe Ursache-Wirkungszusammenhänge untersucht werden, größer ausfallen. Die Bestimmung der „richtigen" bzw. repräsentativen Stichprobengröße ist selbst unter Marktforschungsexperten umstritten (vgl. Lippe/Kladroda, 2002). Neben komplexen und häufig wenig praxistauglichen Formeln existieren auch relativ verlässliche Richtgrößen.

So schlägt etwa Sudman (1976) eine Daumenregel vor, nach der Untergruppen (die z. B. anhand des Kriteriums *Geschlecht* oder *Alter* gebildet werden) zwischen 20 und 50 Fälle enthalten sollten, um sinnvolle Analysen durchführen zu können. Unter Anwendung von Sudmans Empfehlung wäre es bspw. problematisch gewesen, in der vorliegenden ersten Studie eine separate Analyse mit den sechs Einkommensgruppen zu rechnen und sinnvoll interpretierbare Ergebnisse zu erhalten. Eine andere Richtgröße stammt von Hair et al. (1995, S. 373). Diese Autoren empfehlen ein Fall-Item-Verhälnis von 10:1 (vgl. auch Nunnally, 1967, S. 257). Anders ausgedrückt: Für jedes Item im Fragebogen werden 10 Probanden benötigt. Unter Anwendung der Empfehlung von Hair et al. hätte die Stichprobe von Studie 1 über 600 betragen müssen. In dieser Hinsicht stellte die Stichprobe von Studie 2 eine Verbesserung dar.

- *Samplezusammensetzung.* In den zwei durchgeführten Untersuchungen wurden existierende Kunden von EVU befragt. Wie bei der Beschreibung des Untersuchungsdesigns erläutert, ist die Verwendung von nur einer Stakeholder-Gruppe im Rahmen von Reputationsstudien nicht unüblich (vgl. z. B. Weiss et al., 1999; Siomkos/Malliaris, 1992). Im Verständnis von Fombrun et al. (2000) ist Unternehmensreputation jedoch nicht nur bei Kunden, sondern idealerweise bei verschiedenen Stakeholdern zu messen. Eine Erfüllung dieser Forderung ist in zukünftigen Studien zu begrüßen, auch wenn dieses deutlich höhere Kosten mit sich brächte.

- *Samplemerkmale.* Wie bereits erwähnt, wurden in beiden Studien existierende Kunden eines EVU befragt - Kunden, die bislang einen Wechsel ihres Energielieferanten *nicht* vollzogen haben (außer im Falle eines überregionalen Umzugs). Die

Motivation, der Informationsgrad und die Einstellungen dieser Kunden dürften sich von wechselerfahrenen Energiekunden (insbesondere Stromkunden) unterscheiden. Der Entscheidungsprozess, an dessen Ende der Konsument sich für einen neuen Anbieter entscheidet oder gegen einen Wechsel, bedarf einer genaueren Untersuchung damit Unternehmen erfolgreich in liberalisierten Märkten agieren können (vgl. Wiedmann/Walsh, 2002). Anders als bei anderen Liberalisierungsprojekten – wie z. B. bei Strom oder Telekommunikation – stellt sich die Liberalisierung der Gasmärkte insbesondere technisch schwieriger dar und führt zu Verzögerungen.

Aus den genannten Spezifika bzw. Limitationen der zwei empirischen Studien ergibt sich die Forderung nach Replikationsstudien, die das vorliegende Messinstrument in anderen Branchen (und ggf. Ländern) und unter Verwendung einer größeren und aus verschiedenen Stakeholdergruppen zusammengesetzten Stichprobe testen. Denkbar ist alternativ die hier gewählte Vorgehensweise, den Original-RQ in einer definierten Branchen zu testen, wobei der RQ wahlweise um neue, qualitativ ermittelte, Reputationsdimensionen ergänzt oder erweitert werden kann.

4.4 Gestaltungsansätze für die Unternehmenspraxis – Bausteine zur Entwicklung eines Reputation-Management

„Because reputation relates to long-term commercial performance, involves many of the line functions of an organization and addresses issues that are not at the core of a business, reputation is a strategic matter and not something that can, any longer, be delegated or relegated to any existing functional area" (Davies et al., 2002, S. xii-xiii).

Dieses Zitat von Davies et al. unterstreicht die Auffassung, dass das Management von Unternehmensreputation nicht zusätzlich von existierenden Unternehmenseinheiten – quasi nebenbei – geleistet werden kann und sollte, sondern im gesamten Unternehmen zu verankern und Ebenen übergreifend von allen Mitarbeitern zu leben ist.

Im Folgenden soll der Versuch unternommen werden, die bereits skizzierten Untersuchungsergebnisse in einen für Unternehmen relevanten Handlungskontext einzubetten. Konkret wird ein Repuation-Management vorgestellt, das sukzessive in Anlehnung an Wiedmanns (1981, S. 219; 1994, S. 14) Modell marktorientierter Unternehmensplanung (vgl. Abbildung 30) entwickelt wird. Dabei wird schwerpunktmäßig auf die drei grundlegenden Ebenen[61] einer marktorientierten Unternehmensführung eingegangen:

- Das *Normative Management* erfüllt eine Gestaltungsfunktion. Es befasst sich mit der Festlegung der Management-Philosophie, in der definiert wird, nach welchen Einstellungen, Überzeugungen und Werthaltungen ein Unternehmen im Umfeld der Gesellschaft und Wirtschaft zu führen ist (vgl. auch Bleicher, 1991, S. 52f.; Hahn, 1999, S. 32ff.).

- Das *Strategische Management* leitet sich aus dem normativen Management ab und stellt auf den zielorientierten Aufbau, die Pflege und Ausbeutung von Unternehmenspotenzialen ab. Im Mittelpunkt des strategischen Management steht die basale Konzeption von Managementsystemen und -strukturen und die Aufgabe, richtend auf Unternehmensaktivitäten einzuwirken (vgl. Bleicher, 1991, S. 54f.).

- Das *Operative Management* betrifft die Organisation und Lenkung der laufenden (operativen) Unternehmensaktivitäten. Die einzelnen Managementebenen stehen grundsätzlich in einem wechselseitigen Abhängigkeitsverhältnis zueinander, denn neben den Auswirkungen normativer und strategischer Vorgaben auf den operativen Bereich kann eine unvorhergesehene Veränderung im Rahmen der Realisation auf der Ebene des Tagesgeschäfts auch auf die Strategien und Grundhaltungen des Unternehmens zurückwirken. Auch auf dieser Managementebene finden sich Aufgaben der Planung und Kontrolle. Den Mittelpunkt des operativen Management bilden die Geschäftsprozesse, deren wirksame Anbindung an die zuvor erarbeiteten strategischen Pläne über Erfolg oder Scheitern der Reputationsstrategie entscheidet.

Mit variierendem Tiefegrad werden alle drei Ebenen hinsichtlich ihrer Relevanz für ein Reputation-Management ausgeleuchtet. Diese Auseinandersetzung mit allen drei Ebenen ist notwendig, weil ein Reputation-Management im unternehmerischen Zielsystem verankert sein und in allen Managementbereichen betrieben werden sollte

---

[61] Diese drei Management-Ebenen stellen lediglich eine funktionale Unterscheidung dar. In der Unternehmenspraxis kann ein Manager sowohl normative wie auch strategische Funktionen wahrnehmen sowie an der operativen Umsetzung beteiligt sein. Insofern besitzt das vorgestellte Reptatution-Managementsystem primär Rahmencharakter.

(vgl. Fombrun/Wiedmann, 2001a, S. 3; Davies et al., 2002, S. 6f.). Im Folgenden soll ein so verstandenes Reputation-Management skizziert werden.

Aufgrund des relativen Neuigkeitsgrades des Themengebietes und mangels vergleichender Arbeiten kann freilich nicht jeder im Folgenden angerissene Aspekt des Reputation-Management erschöpfend diskutiert werden. So ist Davies et al. (2002, S. 51) in diesem Zusammenhang sicherlich zuzustimmen: „Reputation Management is still in its infancy as a business discipline."

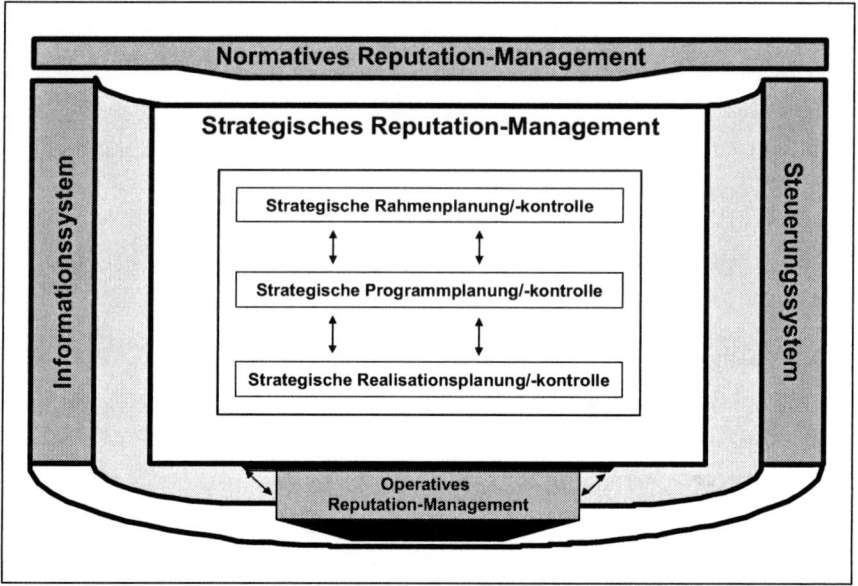

Abbildung 30: Kernelemente eines Reputation-Management

Nach einer Diskussion der Relevanz von Unternehmensreputation für das normative Management liegt im Folgenden ein Schwerpunkt auf strategischen Gestaltungsansätzen. Gleichzeitig lässt die grundlegende Konzeption der vorliegenden Arbeit – vor allem die konzeptionelle Auseinandersetzung mit Unternehmensreputation – eine detaillierte Betrachtung der operativen Ebene nur in Grundzügen zweckmäßig erscheinen. Eine Ausnahme bildet hier freilich die bereits diskutierte Kommunikationspolitik.

4.4.1 Implementierung von Unternehmensreputation im Normativen Management

4.4.1.1 Unternehmensphilosophie und Normatives Reputation-Management

Zu den Aufgaben- und Gestaltungsbereichen des normativen Management zählen neben basalen Wertfragen des unternehmerischen Handelns auch die Festlegung von bspw. der unternehmerischen Vision, der Unternehmenspolitik sowie die Gestaltung der Unternehmenskultur (vgl. z. B. Ulrich/Fluri, 1995, S. 21; Bleicher, 1991, S. 73ff.; Wiedmann, 1996b; S. 10ff.; Simon, 2001).

Es kann argumentiert werden, dass sich die grundlegendsten Aufgaben für ein Reputation-Management auf der Ebene des normativen Management ergeben, da das normative Management sich nach Wiedmann (1992) als vermutlich wichtigster Ansatzpunkt des unternehmerischen „Orientierungsmanagement" mit den grundlegenden bewussten und unbewussten Voraussetzungen des Denkens, Fühlens und Handelns der Unternehmensmitglieder auseinandersetzt (vgl. auch Klee, 2000, S. 179). Das normative Management lässt sich deshalb als Management der Unternehmensphilosophie interpretieren (vgl. Wiedmann, 1988a, S. 25ff.; Klee, 2000, S. 181).

Eine von den Unternehmensmitgliedern verinnerlichte Unternehmensphilosophie kann im hohen Maße dazu beitragen, dass bspw. eine angestrebte Reputation, die ein Unternehmen als z. B. gesellschaftsorientiert oder umweltbewusst von seinen Stakeholdern wahrgenommen werden lässt, sich herausbildet. Auf normativer Managementebene lassen sich daraus Ziele unterschiedlicher Tiefe- und Konkretisierungsgrade formulieren:

- *Langfristiges Denken.* Das Bestreben, die eigene Reputation zu schützen ist als grundsätzlich wünschenswert zu definieren und darf nicht zu Lasten kurzfristiger Veränderungen (z. B. Ertragslage, ökonomische oder gesellschaftliche Kurztrends) aufgegeben werden. Kurzfristdenken wie die Erhöhung von Marktanteilen zu Lasten bspw. ethischer Standards kann das Ziel des Reputation-Management konterkarieren. In einem solchen Spannungsfeld bewegen sich viele EVU, denn die Vernachlässigung von technischen oder Umweltstandards ist häufig kostengünstiger als deren Einhaltung. Unmittelbar verknüpft mit einer solchen Denkhaltung ist das Bewusstsein, die eigene Reputation als wertstiftendes „Asset" zu begreifen (vgl. Cravens/Goad Oliver/Ramamoorti, 2003, S. 2ff.; Davies et al., 2002, S. 65). Die langfristig ausgerichtete Reputationspolitik nimmt gerade bei homogenen Leistungen und dynamischen Märkten eine wichtige Funktion wahr, da durch sie – wie gezeigt werden konnte – Vertrauen und Loyalität auf Kundenseite beeinflusst werden kann.

- *Reputationsbejahung* und Anerkennung einer dynamischen Unternehmensumwelt sowie eines *komplexen Stakeholderbildes.* Einzelne Personen, Personengruppen oder Institutionen nehmen häufig verschiedene Stakeholderrollen ein. Exemplarisch können Kleinaktionäre von e.on oder RWE genannt werden. In ihrer Rolle als Aktionäre befürworten sie i. d. R. renditestiftende Maßnahmen des Vorstandes (z. B. Einsparungen durch Stellenabbau[62]), da sie sich positiv im Aktienkurs niederschlagen. Gleichzeitig bedeuten solche Maßnahmen häufig einen Rückgang des Serviceniveaus (= negative Konsequenz), den sie als Kunden des Unternehmens unmittelbar zu spüren bekommen.

Dieses Ziel impliziert weiterhin die Bemühung des Unternehmens, auf die angestrebte Reputation durch eine geeignete Produkt- und Reputationspolitik hinzuarbeiten. Für viele Unternehmen wird ihr Handeln fast ausschließlich durch den jeweils rechtlichen Rahmen determiniert. Reputation bezogene Unternehmenshandlungen, die den hohen Ansprüchen verschiedener Stakeholdergruppen genügen, müssen häufig nicht nur legal sondern auch ethisch vertretbar sein. Denn viele Stakeholder vertreten inzwischen die Meinung, dass nicht alles was legal ist, deswegen auch ethisch sein muss.

Als Bespiel für diese Annahme dient der bereits diskutierte Brent Spar-Fall. In der Realität stellen noch immer viele Unternehmen legale vor ethische Ziele (vgl. o. V., 2002b; Davies et al., 2002, S. 15). Angesichts solcher Herausforderungen verwundert es nicht, dass regelmäßig Rufe nach einem auf die gesamte Unternehmensführung abgestimmten Reputation-Management erklingen.

---

[62] Tatsächlich haben im letzten Jahrzehnt viele EVU ihren Personalbestand zum Teil erheblich reduziert (Latkovic, 2000, S. 381ff.). Dies geschah meist mit dem Ziel der Produktivitätserhöhung.

- Wille zur *Reputationsverteidigung und -pflege.* Weiterhin sind Reputationsrisiken frühzeitig zu identifizieren und insbesondere kommunikationspolitisch zu kontern. Vor allem multinationale Unternehmen sind hohen Reputationsrisiken ausgesetzt, da sie versuchen müssen, die sozialen und ökonomischen Normen mehrerer Länder einzuhalten. Als das britische Unternehmen Shell UK mit Genehmigung der britischen Regierung im Jahre 1995 die ausrangierte Ölplattform Brent Spar in der Nordsee versenken wollte, haben vor allem kontinentaleuropäische – und hier insbesondere deutsche – Proteste und Boykottaufrufe zu einer Neubewertung der Situation geführt und zu der Entscheidung, die Brent Spar anders zu entsorgen (vgl. Zyglidopoulos, 2002; Davies et al., 2002, S. 120ff.).

4.4.1.2 Unternehmensidentität und Normatives Reputation-Management

Wie bereits erläutert, kann Unternehmensreputation als mehr oder weniger deutlicher oder auch verzerrter Reflex auf alle unternehmerischen Handlungen und Leistungen entstehen. Eine so verstandene Unternehmensreputation spiegelt insofern auch die gesamte Unternehmensidentität (sog. „Corporate Identity") wider, die etwa im Erscheinungsbild („Corporate Design"), allen Kommunikationsmaßnahmen („Corporate Communications") und im Verhalten aller Unternehmensmitglieder („Corporate Behavior") ihren wahrnehmbaren Ausdruck findet (zum Corporate Identity-Konzept vgl. Wiedmann, 1988b; 1996b). Auf den engen Zusammenhang von Unternehmensreputation und Corporate Identity hat bereits Klee (2000, S. 14) verwiesen: „Reputationspolitik lässt sich als zentraler Aufgabenbereich der unternehmerischen Corporate Identity-Strategie (...) auffassen."

Wesentlichen Einfluss darauf, wie die Unternehmensidentität wahrgenommen und interpretiert wird, hat u. a. das „Corporate Branding" im Sinne einer systematisch zielorientierten Akzentuierung von Identitätsmerkmalen eines Unternehmens (vgl. Wiedmann, 2001; vgl. auch Kapitel 2.1.1). Letztlich kann argumentiert werden, die Corporate Identity bildet die substanzielle Basis, die über ein Corporate Branding zielorientiert gegenüber den unterschiedlichsten Stakeholdern zu akzentuieren versucht wird und dann letztlich die Unternehmensreputation von innen heraus nach außen prägt. Die Unternehmensreputation bildet wiederum die Grundlage für die weitere Entfaltung der Unternehmensidentität (vgl. Wiedmann/Walsh, 2003). Es kann also eine wechselseitige Beeinflussung von Unternehmensreputation und –identität unterstellt werden. Der Identitätspolitik eines Unternehmens kommt demnach im Rahmen des Reputation-Management eine zentrale Rolle zu.

Identitätspolitik lässt sich auch als zentraler Aufgabenbereich der Corporate Identity-Strategie der Unternehmung verstehen, welche die systematische Analyse und Einflussnahme auf die Unternehmensidentität zum Inhalt hat. Die Identitätspolitik eines Unternehmens umfasst als potenziell relevante Handlungsbereiche grundsätzlich alle Bereiche und Ebenen unternehmerischen Handelns und ist folglich mit allen bisher erörterten und noch zu skizzierenden Ansatzpunkten für die Gestaltung der normativen Grundlagen, der strategischen Planung und der Implementierung des Reputation-Management unmittelbar verknüpft. Die grundlegenden Handlungsebenen einer Corporate Identity-Strategie werden in der folgenden Abbildung verdeutlicht (Quelle Wiedmann, 1996b, S. 12).

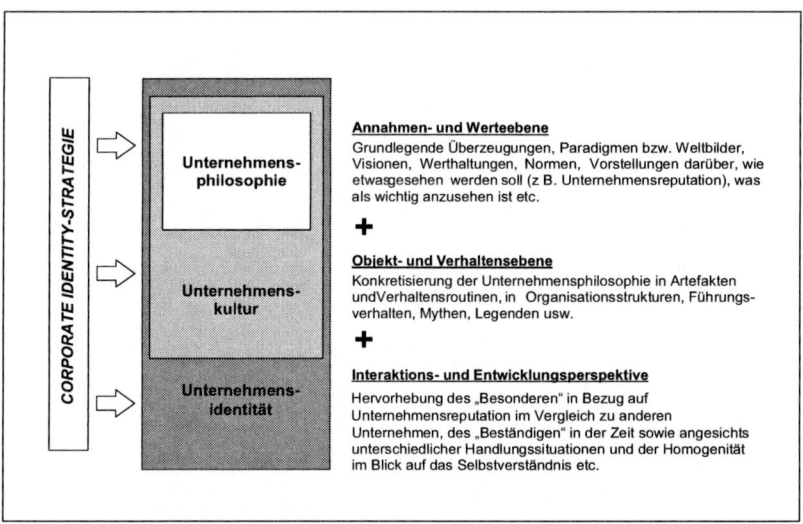

Abbildung 31: Handlungsfelder und -ebenen der CI-Strategie

Aus der Abbildung geht hervor, dass die bereits diskutierte Unternehmensphilosophie – die sich mit im Unternehmen vorherrschenden Basiswerten und Hintergrundüberzeugungen auseinandersetzt – eine Teilmenge der Unternehmensidentität darstellt. Mit Bezug auf die Kennzeichnung von Unternehmensidentität als spezifische Unternehmenspersönlichkeit, die durch ein komplexes Muster aus Wahrnehmungen, Einschätzungen und Erwartungen seitens aller Austauschpartner bezogen auf die gesamte Unternehmenskultur geprägt wird, lassen sich die drei Kernstufen eines Reputation bezogenen Corporate Identity-Management wie folgt umreißen:

a). *Identitätsfindung und -bestimmung*: Analyse der aktuellen reputationsrelevanten Ausprägung und historischen Entwicklung der Unternehmensphilosophie und -kultur sowie des Unternehmensimage und der Identitätserwartungen als Basis für eine realistische Selbsteinschätzung und die Bestimmung eines tragfähigen Identitätsentwurfs. Definition der Ist- und Soll-Position in Markt und Gesellschaft: Wer sind wir? Wo kommen wir her? Wie wird das eigene Unternehmen von den Stakeholdern gesehen? Welchen Erwartungen steht das Unternehmen gegenüber?

b). *Identitätsgestaltung und/oder -sicherung*: Systematische Kanalisierung der Unternehmenskultur gemäß der angestrebten Reputation bezogenen Soll-Position in Markt und Gesellschaft (wie lassen sich geeignete Voraussetzungen in der Organisationsstruktur, in den Managementsystemen, im Betriebsklima, in den Normen und Verhaltensroutinen etc. schaffen, um die angestrebte Soll-Position zu erreichen?), Beeinflussung der bestehenden und sich formierenden Identitätserwartungen im Sinne der angestrebten Soll-Position in Markt und Gesellschaft (inkl. Einfluss auf die Meinungsbildung).

c). *Identitätsvermittlung*: Einflussnahme auf die Vermittlung der Unternehmensidentität durch Dritte (z. B. Ausstrahlungseffekte des Verhaltens der Wettbewerber, der veröffentlichten Meinung) und insbesondere systematisch abgestimmter Einsatz des sog. Unternehmensidentität-Mix (Corporate Communications, Corporate Design, Corporate Behavior) zur authentischen Darstellung der gesamten Unternehmenskultur im Innen- und Außenverhältnis. Dabei sind vor allem auch die reputationsrelevanten Werte des Unternehmens zu kommunizieren.

Im Folgenden wird der Kernbereich eines strategischen Reputation-Management erläutert, wobei die Schwerpunkte auf der strategischen Rahmenplanung und -kontrolle, der strategischen Programmplanung und -kontrolle sowie der strategischen Realisationsplanung und -kontrolle liegen.

4.4.2 Verankerung des Management der Unternehmensreputation in der strategischen Ebene

„Firms compete for reputational status on a daily basis" (Carter/Dukerich, 1997, S. 152).

Die seit einigen Jahren zu beobachtende intensivere Auseinandersetzung mit dem Phänomen Unternehmensreputation in Praxis und Forschung ist Beleg für ein verändertes Verständnis der Relevanz von Reputation für das unternehmerische Handeln. Im Kern hat sich ein Bewusstsein dafür herausgebildet, dass die Unternehmensreputation keine Momentaufnahme darstellt, die einzelfallabhängiges Handeln verlangt, sondern dass sie der kontinuierlichen Überwachung und Steuerung bedarf, ebenso wie andere zentrale Unternehmensbereiche wie etwa die Produktion oder das Controlling. In diesem Kontext meinen Moore/Newman/Turnbull (2001, S. 76): „Reputation management is a general phenomenon that need not occur in response to a reputation problem".

Neben der Notwendigkeit einer kontinuierlichen Befassung mit Unternehmensreputation und der damit verbundenen Aufrechterhaltung der Kommunikationsfrequenz, müssen Unternehmen auch der Breite der kommunizierten Inhalte Beachtung schenken. In einer groß angelegten Untersuchung von 1.000 führenden US-amerikanischen und britischen Unternehmen haben Fombrun/Rindova (1998) ermittelt, dass Unternehmen mit einer positiven Reputation deutlich mehr Informationen an ihre Stakeholder kommunizieren als reputationsschwache Unternehmen. Diese Informationen beziehen sich dabei nicht nur auf Produkte und Dienstleistungen, sondern umfassen jegliche Unternehmensaktivitäten und z. B. auch die Firmengeschichte.

Das Stakeholder bezogene Reputation-Management als grundlegender Aufgabenbereich marketingorientierter Unternehmensführung umfasst auch die Implementierung des Reputationsgedankens in die strategische Unternehmensplanung. Die konsequente Umsetzung eines strategisch verankerten Reputation-Management erfordert hierbei grundsätzlich eine Auseinandersetzung mit dem gesamten Planungshandeln des Unternehmens, d. h. mit der Integration der Unternehmensreputation in die komplette unternehmerische Planungskaskade – vom normativen Management bis in alltägliche Routinetransaktionen.

4.4.2.1 Strategische Rahmenplanung

Die strategische Rahmenplanung strukturiert die strategischen Planungsaktivitäten des Unternehmens grob vor und zeigt grundlegende Planungs- und Handlungsrichtungen auf. Nach Wiedmann (1996b, S. 42ff.) ist es das Ziel der strategischen Rahmenplanung – als Kernbereich des strategischen Orientierungsmanagement – die Schaffung eines strategischen Bezugsrahmens, der sich eine konzeptionelle Gesamtsicht des Unternehmens und seiner Einbettung in die Unternehmensumwelt zu eigen macht und vor diesem Hintergrund den anvisierten langfristigen Kurs des Unternehmens festlegt (vgl. auch Klee, 2000, S. 197; Wiedmann/Kreutzer, 1989, S. 71).

Somit steht inhaltlich die globale *Orientierungsfunktion* der Planung im Vordergrund, planungstechnisch die konkretisierende *Überbrückungsfunktion* hinsichtlich der in der Praxis häufig relativ großen Lücke zwischen den recht abstrakten Orientierungslinien der Unternehmensphilosophie und der klassischen strategischen Ziel- und Strategieplanung (vgl. auch Abbildung 32).

Zur Herstellung der gewünschten Orientierungs- und Überbrückungsleistung sind unterschiedliche Ansatzpunkte denkbar. Gängige Aufgabenfelder der strategischen Rahmenplanung (auch) unter Reputationsaspekten sind in diesem Zusammenhang bspw. die Formulierung einer entsprechenden Unternehmensvision, die Erstellung von Unternehmensgrundsätzen oder –leitbildern (vgl. Wiedmann, 1996b, 42ff.; Kotter, 1996; Latkovic, 2000, S. 331ff.) sowie die Bestimmung globaler strategischer Stoßrichtungen (vgl. z. B. Raffée/Fritz/Wiedmann, 1994, S. 135ff.).

Unter Rekurs auf Hinterhuber (1989) besteht nach Bleicher (1991, S. 76f.) eine Unternehmensvision aus den folgenden drei Eigenschaften, die kurz im Kontext der Unternehmensreputation erläutert werden:

- *Realitätssinn*. Die Unternehmensreputation ist so zu sehen wie sie ist und nicht wie sie gewünscht wird. Ohne eine solche realistische Einschätzung der eigenen Reputation wird es einem Unternehmen schwer fallen, ein zukunftsfähiges Reputationsbild zu entwerfen. Eine unrealistische, weil überschätzte, Einschätzung der eigenen Reputation bereitete der europäischen Tochter von Disneyland (U-SA) erhebliche Probleme. Noch Jahre nach der Eröffnung von *Euro Disneylands Paris* im Jahre 1992 erwirtschaftete Disney Verluste. Im Kern lag der Fehler darin, dass versucht wurde, das erfolgreiche US-amerikanische Geschäftsmodell auf Europa zu übernehmen, ohne notwendige Differenzierungen vorzunehmen. Diese Verluste schadeten der Reputation des Euro Disneylands Paris als familienorientierter Freizeitpark sowie Disney als Unternehmen (vgl. Muir Packman/Casmir, 1999). Neben umfangreichen Anpassungen des Leistungsangebotes kam es schließlich auch zu einer Umbenennung in *Disneyland, Paris*.

- *Offenheit*. Die Reputation bezogene Entwicklung der Unternehmensvision sollte gegenüber dem Zeitgeist, aktuellen Trends, Werten (vgl. zum Wertewandel Wiedmann, 2003a; 1993) und Wünschen der relevanten Stakeholder aufgeschlossen sein. Ein EVU, welches von sich bspw. eine Vision eines traditionsbewussten und konservativen Unternehmens hat, wird damit schlecht beraten sein, wenn viele Menschen Konservatismus mit negativen Attributen wie Rückwärtsgewandheit oder Doppelmoral assoziieren.

- *Spontanität*. Die dritte von Bleicher geforderte Eigenschaft stellt auf die Fähigkeit des Unternehmens ab, in Abhängigkeit sich verändernder Rahmenbedingungen verschiedene Perspektiven einzunehmen. Diese Forderung entspricht auch dem hier vertretenen Verständnis einer Unternehmensreputation, die verschiedene Stakeholdergruppen anspricht.

Abbildung 32: Elemente der strategischen Rahmenplanung

4.4.2.2 Strategische Programmplanung und Programmkontrolle

Die strategische Programmplanung „übersetzt" die allgemeinen Vorgaben der strategischen Rahmenplanung in konkretere Strategieprofile des Unternehmens (vgl. Klee, 2000, S. 212). Basis hierfür ist im Rahmen eines Reputation-Management zunächst die Formulierung eines konsistenten Systems an Reputationszielen sowie dessen Integration in das Gesamtzielsystem des Energieunternehmens.

Ein in der strategischen Rahmenplanung definiertes Selbstverständnis als „Reputationsmarktführer"[63] wird hier mehr oder weniger automatisch zur Formulierung von reputationsorientierten Zielen auch auf Unternehmens- bzw. Geschäftsbereichsebene führen. Bei einem Unternehmen wie Porsche, das seit Jahren eine Spitzenreputation genießt, hieße dies etwa, dass der hohe Reputationslevel produktgruppen-, segment- und ggf. länderübergreifend gehalten wird.

Die auf dieser Basis festzulegenden Strategien und Strategieprofile haben nun einerseits Mittelcharakter zur Erreichung der unternehmerischen Reputationsziele und konkretisieren andererseits die in der Rahmenplanung festgelegte reputationsorientierte Stoßrichtung des Unternehmens. Damit werden strategische Weichenstellungen für das unternehmerische Handeln vorgenommen, die für die Herausbildung einer hohen Reputationsqualität gegenüber allen relevanten Stakeholdern eine hohe Bedeutung haben.

Die Festlegung eines Katalogs von Reputationszielen und dessen Abstimmung mit dem Gesamtzielsystem des EVU im Rahmen der strategischen Programmplanung stellt einen wesentlichen Aufgabenbereich eines strategisch verankerten Reputation-Management dar. Die Formulierung von Reputationszielen bildet die Grundlage sowohl für die Formulierung konkreter Reputationstrategien und -strategieprofile auf Markt- und Segmentebene als auch für die Formulierung spezifischer Reputationsziele auf Kundenebene (vgl. Abbildung 33).

---

[63] Die Beurteilung der Reputationsmarktführerschaft ist freilich nur dann möglich, wenn annährend eine Objektivierung von Reputation gelingt. Aufgrund der Komplexität von Unternehmensreputation kann nicht einfach in Unternehmen mit einer „guten" und „schlechten" Reputation unterschieden werden. Anders ausgedrückt, Unternehmen – z. B. einer Branche – müssten hinsichtlich derselben Merkmale verglichen werden.

Eine grundlegende strategische Option zur Umsetzung einer reputationsorientierten Stoßrichtung wäre neben der reputationsorientierten Marktsegmentierung (vgl. Kapitel 4.2) die Positionierung am Markt als „Reputationsführer". Analog zur häufig diskutierten Strategie der Prozess- oder Dienstleistung-Qualitätsführerschaft, die sich allein auf die Kernleistungen des EVU bezieht, kann hier in einer weiteren Perspektive eine Stellung als Unternehmen mit der besten Reputation in der Branche angestrebt werden. Voraussetzung hierfür wäre zunächst eine branchen- oder segmentspezifische Analyse zur Identifikation der kritischen Variablen innerhalb des komplexen Leistungsbündels, das Gegenstand der Austauschprozesse eines Unternehmens ist. Vor allem auf dynamischen und unsicherheitsintensiven Märkten kann etwa die Fähigkeit des Gaslieferanten, eine ausgeprägte Unternehmensreputation bezüglich der kritischen Leistungsfaktoren aufzubauen, einen wichtigen Wettbewerbsvorteil darstellen (vgl. z. B. Barney, 2002; Dowling, 1994).

Abbildung 33: Elemente der strategischen Programmplanung

In den Aufgabenbereich der strategischen Programmplanung fällt auch die Auswahl von Kooperationspartnern und die Reputation bezogene Abstimmung der beteiligten Unternehmen.

Seit der Liberalisierung der Energiemärkte versteht eine wachsende Zahl von EVU gasnahe Dienstleistungen als eigenständige Leistungskomponente, die für die Bindung und Neugewinnung von Kunden von hoher Bedeutung ist (z. B. Einsparberatungen, Betreiberkonzepte, Abrechnungsdienstleistungen; vgl. Wiedmann/Kilian/Duvenhorst/ Walsh, 2002, S. 54f.). Diese Services werden zum Teil nicht von den Gasunternehmen selbst, sondern in Zusammenarbeit mit externen Spezialanbietern erbracht (z. B. Energieberatung durch beauftragte Call-Center). Hinsichtlich der Wichtigkeit kann der Gas-Servicebereich durchaus als eigenständiger Abschnitt der Gas-Wertkette angesehen werden, der jedoch an die jeweiligen Wertschöpfungsstufen gekoppelt ist.

Das Anbieten von in Kooperation erbrachten (Dienst-)Leistungen bedarf der Auswahl von hinsichtlich der eigenen Reputation kompatiblen Kooperationspartnern; d. h. es muss ein „Fit" zwischen den Zielreputationen der potenziellen Kooperationspartner vorliegen.[64] Die Reputationsführerschaft kann demnach nur dann erreicht und verteidigt werden, wenn alle Kooperationspartner sich diesen Zielen verpflichtet fühlen und ihr unternehmerisches Handeln entsprechend ausrichten.

Nachfolgend sollen einige potenziell relevante Zielinhalte im Rahmen eines stakeholdergerichteten Reputation-Management skizziert werden. In Anlehnung an Klees (2000, S. 215) Katalog unternehmerischer Beziehungsziele lassen sie die in der folgenden Tabelle zusammengefassten Reputationsziele aus Sicht wichtiger Stakeholder – Lieferanten und Kunden – formulieren.

---

[64]   Zu möglichen Reputation bezogenen *Irradiationseffekten* bei Kooperationen oder Unternehmenszusammenschlüssen vgl. Kapitel 4.4.3.1.

	Strategische Reputationsziele	Operative Reputationsziele
Unternehmenssicht	<ul><li>Erhöhte Bindungsbereitschaft</li><li>Erhöhtes Zufriedenheitsniveau und verbesserte Qualitätswahrnehmung auf Kundenseite</li><li>Schaffung von Referenzpotenzialen</li><li>Erhöhung des Firmenwerts durch sicheren Kundenstamm</li><li>Erhöhung der Markt-„Responsiveness" des Gesamtunternehmens</li></ul>	<ul><li>Erhöhte Preisbereitschaft des Kunden</li><li>Erhöhter Kunden-Goodwill</li><li>Relativer Umsatz, Gewinn</li><li>Ausschöpfen von Cross Selling-Potenzialen</li><li>Kapazitätsauslastung</li></ul>
Beiderseits	<ul><li>Aufbau von Informationspotenzialen</li><li>Aufbau von Kooperationspotenzialen</li><li>Aufbau von Innovationspotenzialen</li><li>Senkung der Transaktionskosten (z. B. durch langfristige Gasverträge)</li><li>Erhöhte Mitarbeiterzufriedenheit</li><li>Sicherung der organisationalen Überlebensfähigkeit durch Koevolution</li><li>Durchsetzung gemeinsamer Interessen gegenüber Dritten</li></ul>	<ul><li>Erhöhte Planungssicherheit</li><li>Offener Informationsaustausch</li><li>Citizenship Behaviors des Beziehungspartners</li><li>Senkung des Interaktionsrisikos</li><li>Flexibilität durch vertrauensbasierte Geschäftsbeziehungen</li><li>Zeiteffizienz durch Beschleunigung von Unternehmensprozessen in Schnittstellenbereichen</li></ul>
Kundensicht	<ul><li>Schaffung von Unterstützungspotenzialen</li><li>Dauerhafte Sicherung des Ressourcenzugangs</li><li>Einflussnahme auf den Gaslvorlieferanten</li></ul>	<ul><li>Aushandlung von Sonderkonditionen</li><li>Höhere Dienstleistungsqualität durch gesteigerte Interaktionseffizienz zwischen Kunden und Lieferanten</li><li>Geringe Such- und Transaktionskosten</li></ul>

Tabelle 24: Potenzielle Ziele eines Reputation-Management

Bei der konkreten Formulierung eines beziehungsorientierten Zielsystems und dessen Integration in das unternehmerische Gesamtzielsystem treten die „üblichen" Probleme der Ziel(system)bildung auf. So ist häufig vor allem auf die explizite Formulierung von Zielinhalt und -ausmaß sowie zeitlichem und räumlichem Bezug der Zielerreichung zu achten (vgl. Raffée/Fritz/Wiedmann, 1994, S. 110).

4.4.2.2.1 Reputationsorientiertes Kundenkontakt-Management

Das in Abschnitt 4.4 skizzierte Reputation-Management kann so verstanden werden, dass es insbesondere EVU „zwingt", marktorientiert zu agieren und die Anforderungen der Stakeholder – insbesondere der Kunden – in die Unternehmensstrategie zu integrieren. Kunden nehmen unter den Stakeholdern eine besondere Rolle ein, da sie zahlenmäßig die größte Stakeholdergruppe darstellen, durch ihre Nachfrage die Existenz des Unternehmens sichern und weil sie i. d. R. häufiger als andere Stakeholder mit dem Unternehmen interagieren (vgl. Walsh/Beatty, 2007).

Aufgrund der Relevanz von Austauschprozessen im Hinblick auf die Unternehmensreputation beinhaltet das Reputation-Management i. d. R. auch ein funktionierendes Kundenkontakt-Management, das den Kunden gestattet, Anregungen zu geben sowie Wünsche und Beschwerden zu artikulieren. Haben insbesondere unzufriedene Kunden diese Möglichkeit nicht, wird negative Mundpropaganda und somit ein Schaden für die Unternehmensreputation des EVU wahrscheinlich (vgl. Wiedmann/Kilian/Walsh/Matijevic/Duvenhorst, 2002, S. 26ff.; Bitner/Booms/Tetreault, 1990; Richins, 1983).

Für Unternehmen und vor allem für EVU ergeben sich in Bezug auf ein reputationsorientiertes Kundenkontakt-Management die folgenden allgemeinen Gestaltungsbereiche (vgl. auch Abbildung 34; nach Wiedmann/Matijevic/Duvenhorst/Kilian, 2003, S. 58):

- Im Hinblick auf Problemfelder der Organisation sind alle Prozessschritte durch geeignete Gestaltung der Aufbau- und Ablauforganisation zu unterstützen. Eine Diskussion entsprechender Stoßrichtungen fand bereits in Kapitel 4.4 statt.

- Im Rahmen der Datenverwaltung sind die DV-technischen Voraussetzungen zur Implementierung des Kundenkontakt-Management zu schaffen, insbesondere eine redundanzfreie Datenbasis. Die elektronische Hinterlegung (z. B. im CRM-System) reputationsrelevanter Kundenäußerungen (Wünsche, Beschwerden etc.) ist zu institutionalisieren und der Zugriff auf die Informationen allen Mitarbeitern mit Kundenkontakt zu ermöglichen

- Bereitstellung geeigneter Methoden wie z. B. Kundenwertanalyse und Kontaktauswertung auf allen Prozessstufen.

- Interne Kommunikation des Leitbildes der reputationsorientierten Kundenorientierung durch die Unternehmenskultur (vgl. z. B. Klee, 2000, S. 287ff.; Wiedmann/Kreutzer, 1987, S. 76ff.) und geeignete Maßnahmen und Instrumente (z. B. personalwirtschaftliche Maßnahmen) zur Steigerung der intern wahrgenommenen Relevanz von Unternehmensreputation.

- Eine phasenübergreifende Reputationsorientierung bedingt das Verständnis, dass die Unternehmensreputation in allen Austauschprozessen mit den (potenziellen) Kunden gestaltbar – aber auch gefährdbar – ist.

- Reputationsrelevante Kundenkontakte können über verschiedene Kontaktkanäle des EVU zustande kommen, die im Hinblick auf ihre Reputation bezogene Wirkung vom Unternehmen überprüft und gestaltet werden müssen.

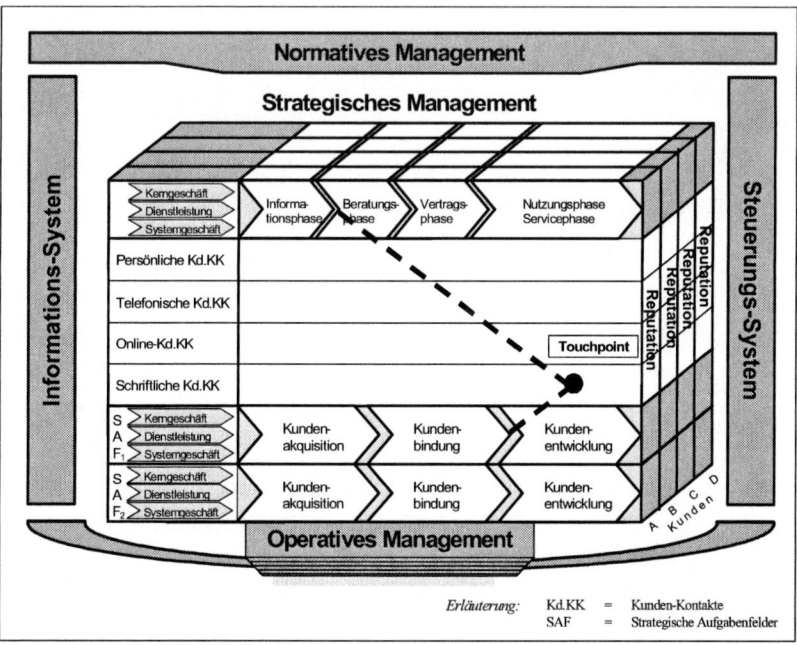

Abbildung 34: Bezugsrahmen eines reputationsorientierten Kundenkontakt-Management von EVU

Ein reputationsorientiertes Kundenkontakt-Management hat im Wesentlichen die Aufgabe, direkt Kundenzufriedenheit zu gewährleisten und indirekt eine positive

Unternehmensreputation sichern zu helfen. Gelingt dies nicht, kann Unzufriedenheit eine Fülle negativer Abstrahlungswirkungen entfalten, die der Unternehmensreputation des EVU schaden (vgl. Walsh/Dinnie/Wiedmann, 2006).

Angesichts des von Wiedmann/Walsh (2002) anhand von Energiekunden nachgewiesenen signifikanten Zusammenhangs zwischen Kundenzufriedenheit und Wechselbereitschaft erlangt dabei etwa die Vermutung empirische Evidenz, dass oberflächliche Kundenbindungs-Maßnahmen kaum den gewünschten Erfolg bringen. Als strategische Stoßrichtung sind demgegenüber vielmehr Konzepte zu favorisieren, die unmittelbar auf die Erzeugung von Kundenzufriedenheit ausgerichtet sind.

Allerdings geht es bei der Erzeugung von Zufriedenheit nicht allein und vor allem um „harte Faktoren" wie Preisvorteile, sondern ganz wesentlich gerade auch um weiche Faktoren. So spielen etwa die generelle, eher diffuse Unzufriedenheit mit dem EVU und die als schwach eingestufte Reputation des bisherigen Energielieferanten vermutlich eine stärkere Rolle als konkrete Forderungen, z. B. hinsichtlich der häufig von Privatkunden artikulierten Forderung nach einer übersichtlicheren und verständlicheren Abrechnung.

4.4.2.2.2 Reputationsorientierte Kundensegmentierung

Die empirische Untersuchung hat vier trennscharfe Segmente ergeben – *Relativ uninteressierte Kunden, Profitorientierte Kunden, Gerechte Visionäre, Leistungsniveau Orientierte* – für die EVU segmentspezifische Angebote konzipieren können. In Kapitel 4.2 wurden bereits erste Ansatzpunkte für die Nutzung dieser Reputation-Segmente diskutiert. Zur optimalen Gestaltung solcher Angebote wären jedoch weiterführende Informationen zweckdienlich. Beispielsweise dürfte auch im Hinblick auf die Reputation-Segmente von Interesse sein, wie hoch die Kundenzufriedenheit mit dem EVU ist und inwiefern diese die Wechselabsicht von Kunden beeinflusst (vgl. Walsh et al., 2005; Wiedmann/Walsh, 2002).

Die Verwendung der vier Reputation-Segmente kann in Kombination mit weiteren segmentierungsrelevanten Kriterien dazu beitragen, die Güte traditioneller Marktsegmentierungen zu steigern. Zielführend erscheint hierbei die Entwicklung eines mehrstufigen Segmentierungsansatzes. In diesem Sinne sollte die Reputationseinschätzung von Stakeholdern bzw. Kunden als eine Art Basissegmentierungskriterium aufgefasst werden, das einer differenzierten Segmentierung anhand weiterer Kriterien (z. B. Zufriedenheit, Wechselbereitschaft) vor- oder nachgelagert ist und deren Aussagekraft für Marketingentscheidungen steigert (vgl. Abbildung 35).

Die mehrstufige Segmentierung kann am Beispiel des Reputation-Cluster *Leistungsniveau Orientierte* weiter erläutert werden. Für diese Stakeholder bzw. Kunden sind die hinsichtlich ihres Erfüllungsgrades nachprüfbaren Reputationsdimensionen *Redliche Kundenorientierung* und *Sozial-ökologische Orientierung* wichtig. Für Unternehmen wie EVU kann der auf dieses Segment gerichtete Marketing Mix optimiert werden, indem bspw. zusätzlich Informationen zu deren Zufriedenheit (mit dem EVU) und Wechselbereitschaft hinzugezogen werde.

Durch diese Zusatzinformationen können Sub-Segmente gebildet werden, die wiederum durch weitere relevante Informationen bzw. Segmentierungskriterien (z. B. Preissensibilität und Umweltbewusstsein der Kunden) weiter verfeinert werden können (vgl. Abbildung 35). Insofern kann die wahrgenommene Unternehmensreputation als Ausgangspunkt für ein effektives Zielkundenmanagement verstanden werden.

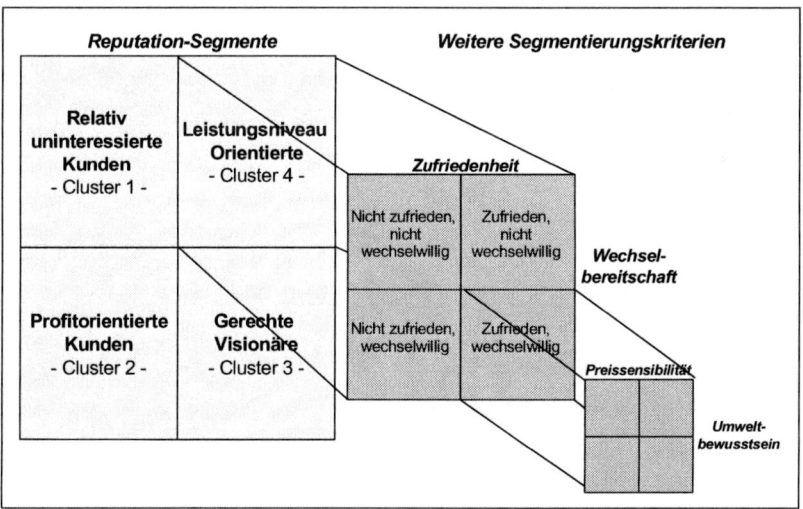

Abbildung 35: Mehrstufiger Reputation basierter Segmentierungsansatz

4.4.2.3 Strategische Realisationsplanung und Realisationskontrolle

Zu den zentralen Aufgaben der strategischen Realisationsplanung gehört die Sicherstellung und Unterstützung der Umsetzung der Vorgaben aus vorgelagerten Planungsstufen in die operative Reputationssplanung (vgl. Klee, 2000, S. 228ff.). Diese Brückenfunktion zwischen strategischer und operativer Reputationssplanung ist insofern relevant, als sich in der Managementpraxis gerade hier häufig eine Kluft in der unternehmerischen Planungskaskade ergibt.

Zur Herstellung der notwendigen Verzahnung von strategischer und operativer Reputationsplanung bieten sich unterschiedliche Ansatzpunkte (vgl. Abbildung 36). Speziell im Rahmen eines Reputation-Management stellt sich auch die Aufgabe einer Verzahnung der Planung auf Markt- und Segmentebene einerseits und der Planung auf Kundenebene andererseits. Zur effizienten Verzahnung der strategischen und operativen Rahmenplanung eignet sich ein leistungsfähiges Steuerungssystem, das dazu beiträgt die unternehmerischen Reputationsziele in den Bereichen _Unternehmenskultur_, _Organisation_, _Personalmanagement_ und _Controlling_ zu verankern. Eine Diskussion, die vor allem auf das Controlling abstellt, erfolgt im nächsten Unterabschnitt.

Denkbar ist z. B. die Institutionalisierung von Reputation-Monitoring, analog zu den bereits von vielen Unternehmen regelmäßig durchgeführten Kundenzufriedenheitsmessungen, die der Erfassung von Veränderungen der Kundenzufriedenheit im Zeitablauf dienen. Des Weiteren gibt es zunehmend Hinweise darauf, dass Unternehmen ein Interesse daran haben, ihre eigene Reputation zu überwachen (vgl. z. B. Bromely, 1993).

Durch z. B. IT-basierte Früherkennungssysteme können Reputationskrisen dem Top-Management frühzeitig zur Kenntnis gebracht werden, so dass schneller auf Krisenindikatoren reagiert werden kann (vgl. Kartalia, 2000). Die Fähigkeit, zügig auf externe Bedrohungen der Reputation zu reagieren stellt einen wichtigen Erfolgsfaktor des Reputationsschutzes dar. Laut Johnson/Peppas (2003, S. 21) gilt: „The longer management delays a response, the more opportunity for permanent damage to (...) reputation".

Abbildung 36: Elemente der strategischen Realisationsplanung

Ein weiterer potenzieller Problembereich einer glaubwürdigen Reputation ist die Kongruenz zwischen externer und interner Kommunikation. Häufig existieren Widersprüche zwischen den Botschaften die für Stakeholder bestimmt sind und jenen, die an die eigenen Mitarbeiter gerichtet sind (vgl. o. V., 2002b). Man denke z. B. an ein EVU, das nach außen seine unbedingte Kundenorientierung kommuniziert („Für unsere Kunden tuen wir alles, egal was es kostet"), nach innen jedoch die eigenen Mitarbeiter zur absoluten Kostenorientierung ermahnt. Eine solche Strategie wird fast unzwangsläufig zu einem reputationsrelevanten Zielkonflikt führen.

Ein Zielkonflikt liegt bspw. dann vor, wenn ein Mitarbeiter eigenmächtig einen unzufriedenen Kunden mit aus seiner Sicht geeigneten Mitteln bei der Problemlösung zu unterstützen beabsichtigt, dies jedoch vom EVU sanktioniert wird. Häufig finden sich in Energieunternehmen Mitarbeiter, die zwar kundenorientiert handeln *möchten* (d. h. durchaus motiviert sind), denen jedoch der dazu notwenige Ermessens- und Handlungsspielraum von Seiten des Unternehmens nicht zugestanden wird (d. h. das *Dürfen* von Kundenorientierung; vgl. Thurau, 2002, S. 75ff.).

Die normativen Ziele des Reputation-Management müssen demnach effektiv nach innen kommuniziert werden (vgl. zum Konzept des internen Marketing z. B. Thurau, 2002, S. 65ff.; Stauss, 1991; Stauss/Schulze, 1990; Bruhn, 1999). Die interne Kommunikation muss die normative Ausrichtung und grundsätzliche strategische Stoßrichtung des

Unternehmens widerspiegeln, indem sie den Mitarbeitern bewusst macht, was eine positive Reputation für das Unternehmen bedeutet. Ansonsten ist es schwer, eine falsch verstandene Reputation und Handlungen, die diese nähren wieder aus den Köpfen der Mitarbeiter herauszubekommen. Für die interne Kommunikation des Reputation-Management lassen sich verschiedene Zielsetzungen unterscheiden, die aufeinander aufbauen und eng miteinander verbunden sind. Mögliche Ziele sind:

- Information der Mitarbeiter über die reputationsorientierten Ziele

- Motivation der Mitarbeiter für diese Ziele

- Aufbau von Akzeptanz für das Reputation-Management

- Schaffung einer Vertrauenskultur

Eine Vertrauenskultur zeichnet sich dadurch aus, dass sie beispielsweise keine Vorbehalte gegen kritische Meinungen zur eigenen Reputation kennt, sondern die Chance zur Verbesserung der eigenen Leistungen und Reputation in den Mittelpunkt stellt. Dazu muss es den Mitarbeitern erlaubt sein, Reputation bezogene Defizite deutlich zu machen, ohne eine direkte Sanktion befürchten zu müssen oder als „Verhinderer" zu gelten. Den Führungskräften kommt hierbei die Aufgabe zu, die Zielreputation aktiv nach unten zu kommunizieren (Top Down-Ansatz), jedoch ebenso zu tolerieren, dass die Mitarbeiter ihre Wahrnehmung der Unternehmensreputation nach oben weitergeben (Bottom Up-Ansatz).

Aufgabe der strategischen Realisationsplanung ist es deshalb auch, im Sinne eines internen Marketing für die Erreichung der Reputationsziele auf Ebene eines jeden einzelnen Mitarbeiters hinzuwirken. Gotsi/Wilson (2001, S. 99) verweisen hier auf „the pivotal role of staff in the corporate reputation management process".

Ziel eines Reputation-Management muss es auch sein, einen hohen Grad an Übereinstimmung zwischen der objektiven (bzw. vom Unternehmen angestrebten) und der subjektiven (bzw. von wichtigen Stakeholdern wahrgenommenen) Reputation zu erreichen. Eine mangelnde Übereinstimmung deutet auf einen Handlungsbedarf hinsichtlich der strategischen Steuerung der Reputation hin (vgl. Tabelle 25).

Reputationswahrnehmung von Stakeholdern	schwach	indifferent	stark
Tatsächliche Positionierung			
stark	Diskrepanz zwischen wahrgenommener und tatsächlicher Reputation. Verbesserung der Kommunikation der Stärke der eigenen Reputation	Verbesserung der Kommunikation der Stärke der eigenen Reputation	Fit
indifferent	Risikositutation – Handlungsbedarf, da es gravierende Probleme hnsichtlcih der Reputation existieren.	relativer Fit	Handlungsbedarf, da unternehmerische Aktivitäten und Produkte mittelfristig der guten Reputationsbeurteilung entsprechen sollte.
schwach	Fit, dennoch Handlungsbedarf aufgrund schwacher Reputation	eigene Reputation verbessern	Diskrepanz; das Niveau der Unternehmensleistungen und –prozesse ist zu verbessern

Tabelle 25: Reputationswahrnehmungen von Stakeholdern in Relation zur tatsächlichen Reputation

Wenn Thuraus (2002, S. 77) drei Komponenten der Kundenorientierung auf die Reputationsorientierung übertragen werden und mit den Zielen des Reputation-Management bezogen auf die interne Kommunikation kombiniert werden, lässt sich eine erster Maßnahmenkatalog formulieren (vgl. die folgende Abbildung). Dieser Maßnahmenkatalog erlaubt es einem EVU, Reputationsorientierung so zu organisieren, dass alle Mitarbeiter – insbesondere die im Kundenkontaktbereich tätigen – reputationsorientiert agieren wollen, können und dürfen.

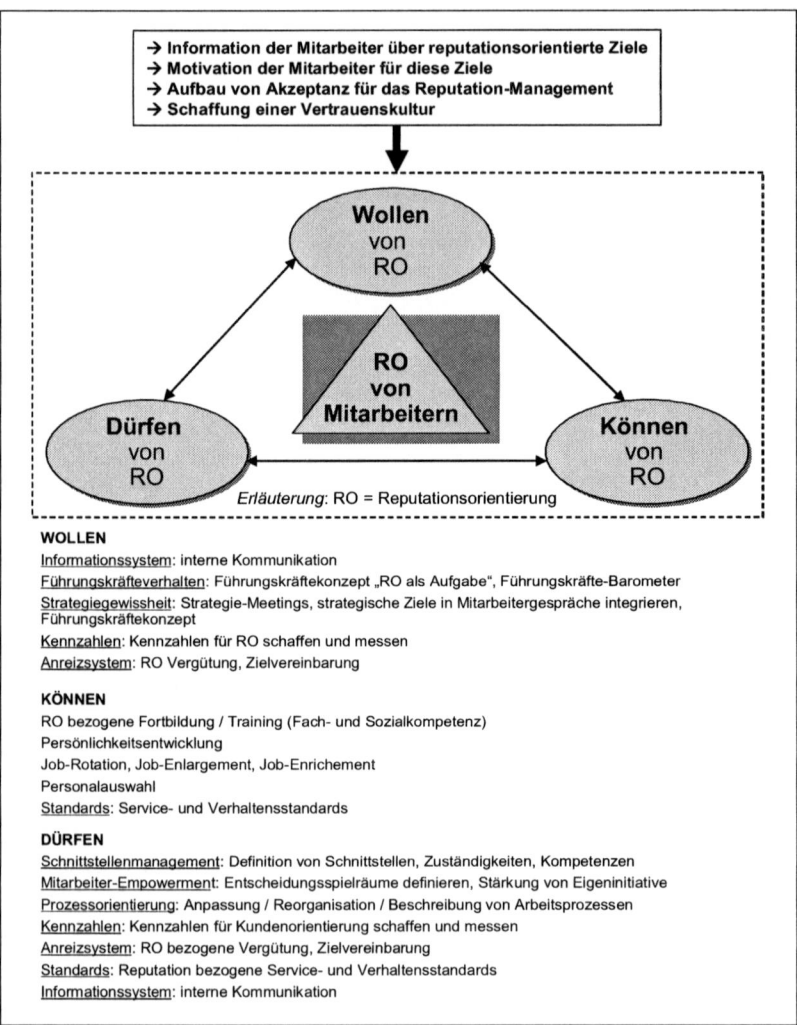

→ Information der Mitarbeiter über reputationsorientierte Ziele
→ Motivation der Mitarbeiter für diese Ziele
→ Aufbau von Akzeptanz für das Reputation-Management
→ Schaffung einer Vertrauenskultur

Wollen von RO

RO von **Mitarbeitern**

Dürfen von RO

Können von RO

Erläuterung: RO = Reputationsorientierung

WOLLEN

Informationssystem: interne Kommunikation

Führungskräfteverhalten: Führungskräftekonzept „RO als Aufgabe", Führungskräfte-Barometer

Strategiegewissheit: Strategie-Meetings, strategische Ziele in Mitarbeitergespräche integrieren, Führungskräftekonzept

Kennzahlen: Kennzahlen für RO schaffen und messen

Anreizsystem: RO Vergütung, Zielvereinbarung

KÖNNEN

RO bezogene Fortbildung / Training (Fach- und Sozialkompetenz)

Persönlichkeitsentwicklung

Job-Rotation, Job-Enlargement, Job-Enrichement

Personalauswahl

Standards: Service- und Verhaltensstandards

DÜRFEN

Schnittstellenmanagement: Definition von Schnittstellen, Zuständigkeiten, Kompetenzen

Mitarbeiter-Empowerment: Entscheidungsspielräume definieren, Stärkung von Eigeninitiative

Prozessorientierung: Anpassung / Reorganisation / Beschreibung von Arbeitsprozessen

Kennzahlen: Kennzahlen für Kundenorientierung schaffen und messen

Anreizsystem: RO bezogene Vergütung, Zielvereinbarung

Standards: Reputation bezogene Service- und Verhaltensstandards

Informationssystem: interne Kommunikation

Abbildung 37: Komponenten der und Maßnahmen zur Erreichung von Reputationsorientierung

4.4.2.4   Implementierung von Reputation-Mangement: Die Schaffung eines Reputation-Information- und Steuerungssystems

Neben den drei skizzierten „Kernbereichen" der Unternehmensführung sind auch zwei weitere eng verzahnte Subsysteme der Führung für ein ganzheitliches Reputation-Management relevant. Diese Subsysteme – das unternehmerische *Informationssystem* und das *Steuerungssystem*. Innerhalb des Steuerungssystems ist vor allem das unternehmerische *Controlling-System* ein wichtiges Element bei der Schaffung geeigneter struktureller Rahmenbedingungen. Im Anschluss an eine knappe Skizzierung des Informationssystems wird das Controlling-System aufgrund seiner Bedeutung exemplarisch als Teilbereich des unternehmerischen *Steuerungssystems* herausgegriffen und diskutiert.

Die strategische Verankerung von Reputationszielen setzt die Einrichtung geeigneter Informationssysteme voraus, die sämtliche reputationsrelevanten Informationen erfassen, aggregieren, auswerten und die so gewonnenen Informationen unternehmensweit und insbesondere dem Top-Management verfügbar machen (vgl. Kartalia, 2000). Gerade durch die technologische Dynamik im Bereich der Informations- und Kommunikationstechnologien eröffnen sich umfangreiche Möglichkeiten zur unternehmensweiten Verbreitung und Vernetzung leistungsfähiger Informationssysteme. Idealerweise würden Reputation bezogene Informationen allen Mitarbeitern im Kundenkontaktbereich eines EVU zur Verfügung stehen.

Darüber hinaus sollten die zentralen Reputation bezogenen Informationen allen Mitarbeitern zugänglich sein. Zu denken ist hier etwa an Medien-Informationen zum eigenen Unternehmen, die auch Kunden und Lieferanten – also jenen Stakeholdern, mit denen Mitarbeiter typischerweise zu tun haben – i. d. R. bekannt sind.

Neben dem Controlling-System sind freilich auch Bereiche des Steuerungssystems wie *Personalmanagement* oder die *Gestaltung und interne Kommunikation der Unternehmenskultur* im Hinblick auf die Unternehmensreputation relevant, doch sollen diese Bereiche hier zugunsten des Controlling vernachlässigt werden.

In Anlehnung an den allgemeinen *Controlling*begriff (vgl. Wiedmann, 1994) kann dem Reputation-Controlling eine Informations- und Koordinationsfunktion zugesprochen werden (vgl. z. B. auch Steinle, 1998, S. 6f.). Seine Aufgabe ist die Reputationsentscheidung bezogene Informationsversorgung des Management. Das Reputation-Controlling ist insbesondere mit der Sammlung und Aufbereitung in Bezug auf die Unternehmensreputation steuerungsrelevanter Informationen befasst. Solche Informationen umfassen einerseits Einflussfaktoren der Reputation und andererseits die

Kosten zur aktiven Gestaltung der Unternehmensreputation, ebenso wie die „Erlöse" im Sinne eines Reputationszuwachses.

Zu den zentralen Aufgaben eines unternehmerischen Reputation-Controlling zählt grundsätzlich die regelmäßige und verlässliche Beschaffung und Analyse Reputation bezogener interner und externer Informationen. Diese Aufgabe kann bspw. durch die folgenden Maßnahmen und Werkzeuge realisiert werden:

-   *Regelmäßige Medienanalyse.* Nahezu jedes Unternehmen ist direkt oder indirekt Gegenstand von Medienberichten, die ein Unternehmen systematisch nach qualitativen und quantitativen Kriterien sammeln und bewerten kann. Unternehmensrelevante Berichte können von „einfachen" Presseberichten (z. B. zu veröffentlichten Gewinnprognosen), über Unternehmensrankings bis zu Produkttests (z. B. durch die Stiftung Warentest oder Software- und Hardwaretest der Computerzeitschrift *c't*) reichen. Eine qualitative Betrachtung würde danach fragen, in welchem Zusammenhang das eigene Unternehmen genannt wurde und ob die Erwähnung einen negativen, neutralen oder positiven Charakter hatte. In quantitativer Hinsicht könnte – differenziert nach Medien (z. B. Fernsehen, Zeitschriften, Internet) – die Häufigkeit der Nennung des Unternehmensnamens im Mittelpunkt stehen.

-   *Reputation-Kennzahlensystem.* Grundsätzlich ist ein Kennzahlensystem eine geordnete Gesamtheit von in Beziehung zueinander stehenden Einzelkennzahlen, die in ihrer Gesamtheit vollständig über einen Sachverhalt informieren. In Betracht kommende Kennzahlensystem können grundsätzlich in *Ordnungssysteme* und *Rechensysteme* getrennt werden. Ordnungssysteme wie z. B. die Balanced Scorecard (vgl. Kaplan/Norton, 1996; Kaplan/Norton, 2001; Michel, 1997) ordnen Kennzahlen bestimmten Leistungsbereichen zu, die insgesamt eine ganzheitliche Sicht auf Unternehmen und Leistung ermöglichen sollen. Rechensysteme beruhen i. d. R. auf der rechnerischen Zerlegung von Kennzahlen und haben die Struktur einer Pyramide. Rechensysteme wie bspw. das Dupont-System münden in einer Spitzenkennzahl, die die wichtigste Aussage des Systems in komprimierter Form vermittelt (vgl. Preißner, 2000, S. 22f.; Horváth, 1994, S. 556ff.; Horngren/Foster, 1987, S. 872f.).

Mit beiden Systemen sind Vor- und Nachteile verknüpft, die hier nicht im Detail diskutiert werden sollen. Ein Kennzahlen-Rechensystem scheint hinsichtlich der Überprüfung der Reputationsziele weniger geeignet, denn Kennzahlen wie Umsatzrendite, Eigen- und Gesamtkapitalrendite und Gewinnwachstum je Aktie sagen im Zweifel wenig über die tatsächliche Reputation des Unternehmens aus (und ihre relevanten Determinanten). Eine reputationsorientierte Balanced Scorecard könnte hier Erfolg versprechender sein. Ihr Vorteil liegt darin, dass Ziele in Bezug auf Kunden, interne Prozesse und Mitarbeiter mit Finanzzielen verbunden werden können; d. h. finanzwirtschaftliche und nicht-monetäre Kennzahlen (z. B. zur „Reputationsqualität") werden zu einer Ursache-Wirkungskette verknüpft. Weiterhin fördert die Balanced Scorecard eine wirkungsvolle „top-down" Umsetzung von Strategien durch das Herunterbrechen von Zielgrößen für einzelne Bereiche (vgl. Davies et al., 2002, S. 7).

4.4.3 Operatives Reputation-Management

Die Skizzierung des Reputation-Management endet mit einer knappen Diskussion von Implementierungsaspekten. Im Hinblick auf die Schaffung geeigneter struktureller Rahmenbedingungen im Unternehmen ist ein deutliches Implementierungsdefizit des Reputation-Management in vielen Unternehmen zu konstatieren (vgl. Davies et al., 2002, S. 45ff.; Cajet, 1997, S. 19). Fragen der Verankerung eines reputationsorientierten Management in der Unternehmenskultur eines EVU, in den Organisationsstrukturen und im Personalmanagement-System sowie die Schaffung eines reputationsorientierten Controllingsystems und eines reputationsorientierten Informationssystems des Unternehmens wurden bisher in der einschlägigen Diskussion nur am Rande abgehandelt.

4.4.3.1 Anforderungen an Schnittstellen, Markenarchitekturen und Berücksichtigung von Abstrahlungsherausforderungen

Mit Blick auf die Implementierung des Reputation-Management in einem EVU kommt zunächst der adäquaten organisatorischen Ausgestaltung des Schnittstellenbereichs Unternehmen/Kunde eine Schlüsselrolle zu, da diese den formalen Rahmen für jegliche Austauschprozesse zwischen EVU und Stakeholder (z. B. Kunden) determiniert. In diesem Zusammenhang tut sich ein wichtiges Spannungsfeld auf. Zum einen erfordert das laufende Reputation-Management auf der Ebene der einzelnen Beziehung zum Stakeholder eine hohe Autonomie des EVU-Kundenkontaktpersonals, zum anderen ist im Rahmen eines integrierten Reputation-Management, das nicht nur auf Insellösungen im Vertriebs- bzw. Kundenkontaktbereich beruht, die Einbindung des Kundenkontakt- bereichs in innerorganisationale Prozesse von besonders hoher Bedeutung.

Teil der Implementierung ist es auch, nach geeigneten Wegen zur Erreichung der formulierten Reputationsziele zu suchen und Maßnahmen zur Erreichung der Ziele auszuwählen. Das Ziel der Reputationsverbesserung eines EVU könnte bspw. mittels eines angestrebten *Reputationstransfers* (vgl. Neuner, 2001, S. 402f.; Klee, 2000, S. 311ff.) erreicht werden. Einen solchen Reputationstransfer könnte z. B. die *Deutsche Bahn* anstreben. Die Deutsche Bahn bietet Reisedienstleistungen an, die durch ein hohes Maß an Vertrauenseigenschaften (vgl. z. B. Darby/Karni, 1973; Kaas/Busch, 1996) gekennzeichnet sind.[65] Die Deutsche Bahn könnte einen Reputationstransfer initiieren, indem sie die Vertrauensqualitäten ihrer Reisedienstleistungen durch externe Institutionen (z. B. TÜV) bestätigen lässt. Ein solcher Transfer kann jedoch nur realisiert werden, wenn die externe Institution selbst über eine starke positive Reputation verfügt.

Für die meisten EVU ergeben sich ähnliche Handlungsoptionen. So sind bspw. die Ökoangebote für Strom von enercity (Stadtwerke Hannover) durch glaubhafte externe Institutionen zertifiziert und tragen somit zur Erhöhung der Produktreputation sowie zur Schaffung von Vertrauen bei. So ist es enercity bspw. wichtig darauf hinzuweisen, dass das Öko-Stromprodukt *Strom & care* seit dem Jahr 2001 mit dem „Grüner Strom Label" in Gold ausgezeichnet ist. Des Weiteren wird in diesem Zusammenhang auf die Kooperation mit der Naturstrom AG hingewiesen.

Relevant ist im Zusammenhang mit einem Reputationstransfer auch die verfolgte gesamtunternehmerische Markenstrategie. Der Aufbau einer differenzierten Markenar- chitektur – bei der die Muttergesellschaft i. d. R. in der öffentlichen Wahrnehmung

---

[65] Reisedienstleistungen ein hohes Maß Vertrauenseigenschaften zuzuschreiben erfolgt sicherlich häufig aufgrund von Sicherheitserwägungen, die bei Passagier-Transportunternehmen fast zwang- läufig thematisiert werden. Gleichwohl ließen sich Reisedienstleistungen durchaus schlüssig auch als Erfahrungsleistungen einordnen. Schließlich weiß ein Bahnkunde zweifelsfrei nach erfolgter Beförderung, ob er wunschgemäß von Ort A nach Ort B gelangt ist.

hinter die einzelnen Firmen- und Produktmarken zurücktritt – hat andere Implikationen für das operative Reputation-Management als eine etwa von e.on oder NOKIA verfolgte konsequente Dachmarkenstrategie (vgl. Abbildung 38, in Anlehnung an Wiedmann, 2003b; Wolff, 2001, S. 62f.).

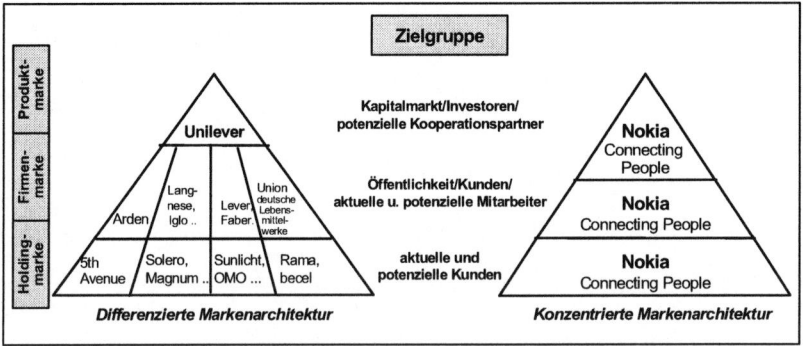

Abbildung 38: Reputationsrelevante Markenarchitekturen

Im Falle der konzentrierten Markenarchitektur bzw. des *Umbrella-Branding* kommt es zwangsläufig zu wechselseitigen vielfältigen Beeinflussungen der einzelnen Marken und somit auch der Dachmarke (Wiedmann, 2001b, S. 21; Cabral, 2000; Sapping-ton/Wernerfelt, 1985). Aber auch bei Strategien autonomer Marken unter einem „künstlichen" Dach[66] wie bspw. im Falle von DaimlerChrysler kann es zu reputationsrelevanten Abstrahlungen kommen, die in der Reputationspolitik des Gesamtkonzerns berücksichtigt werden müssen.

Solche Abstrahlungen – oder *Irradiationseffekte* – können auf die Beziehungen zwischen den Marken eines Unternehmens beschränkt sein oder auf Ebene der Unternehmen auftreten (vgl. Abbildung 39, in Alehnung an Wiedmann, 2001b, S. 21).

---

[66] Das Markendach der DaimlerChrysler AG wird in Abhängigkeit von der Zielgruppe unterschiedlich akzentuiert. Im Dialog mit wichtigen Stakeholdern wie Investoren, Aktionären oder Politikern liegt die Betonung auf DaimlerChrysler als ein global führendes Automobil-, Transport- und Dienstleistungsunternehmen. Im Dialog mit Kunden hingegen tritt DaimlerChrysler in den Hintergrund und wird in diesem Sinne zu einem „künstlichen" Markendach. Gegenüber den Kunden liegt der kommunikative Schwerpunkt auf den starken – ehemals unabhängigen – und innerhalb ihrer Zielsegmente etablierten Einzelmarken: *Mercedes Benz* und *Chrysler*.

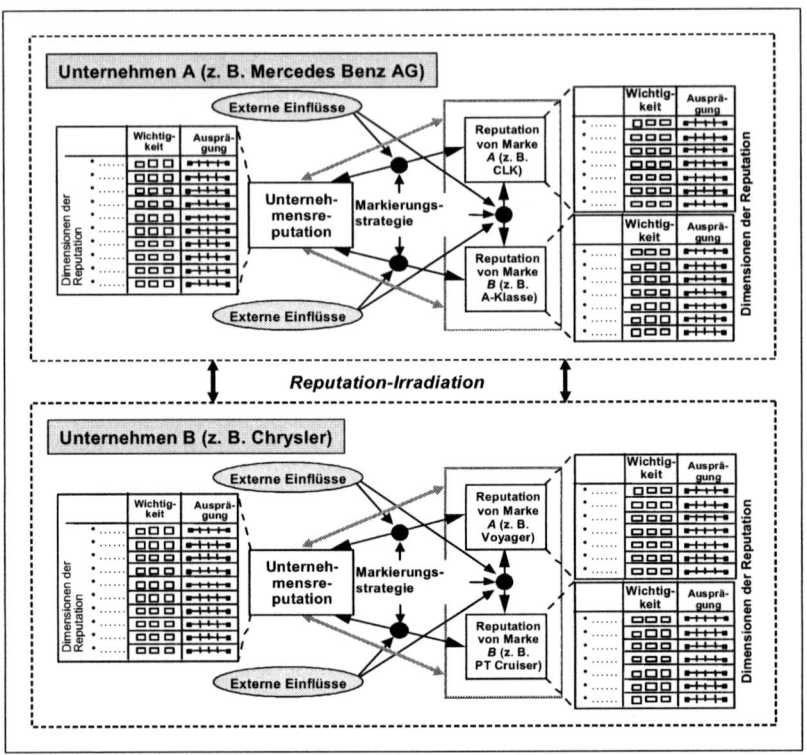

Abbildung 39: Modell der Erfassung von Irradiationseffekten zwischen Marken und Unternehmen

Wie bereits erläutert, kann es auch zu Abstrahlungseffekten zwischen verschiedenen Entitäten eines Unternehmens kommen. Von Interesse sind hier insbesondere wechselseitige Einflüsse von Unternehmensreputation und -marken.

Durch eine Zusammenführung von verschiedenen Daten können solche Beziehungen – zumindest in Ansätzen – untersucht und ggf. aufgezeigt werden. Im Folgenden werden die Reputationswerte des manager magazin (2002) gemeinsam mit den Variablen *Markennutzung, Markenenergie* (oder Markenkern-Energie), *Markenstärke* und *Markenwert* untersucht. Daten zu den Größen Markennutzung, Markenenergie und Markenstärke liegen durch eine Gemeinschaftsstudie von manager magazin und der Unternehmensberatung Roland Berger für 125 Marken des Konsumgüterbereichs vor (vgl. Anhang Ic). Angaben zum Markenwert ausgesuchter Unternehmen entstammen der Financial Times Deutschland (2002) (vgl. Anhang Ia und Ic).

Die Variablen, für die Werte berechnet worden sind, werden von manager magazin und Roland Berger wie folgt beschrieben (vgl. manager magazin, 2002b):

- *Markennutzung:* Die Größe stellt auf das Phänomen ab, dass manche Marken mit einer hohen Markenenergie in nur geringem Umfang gekauft werden. Solche Marken sind „Hüllen" ohne großen Wert. Diesem Phänomen Rechnung tragend, kombinierten die Marktforscher von Roland Berger den *Lift* (d. h. die Markenenergie zur Beschleunigung der Marke) mit einem zweiten Faktor, den *Drift* (d. h. die „Masse" der Marke in Form der aktiven Verwenderbasis). Der Drift drückt aus, wie viele Konsumenten die Marke tatsächlich verwenden.

- *Markenenergie:* In der Studie wurden verschiedene Werte als *Konsumtreiber* identifiziert, während andere Werte den Konsum hemmen (sog. *Konsumbremser*). Die Markenenergie einer Marke ergibt sich folglich aus dem Aktivierungsgrad von Konsumtreibern und der Neutralisierung von Konsumbremsern.

- *Markenstärke:* Die Markenstärke ergibt sich aus der gemeinsamen Betrachtung von Lift und Drift. Es wird bei der Markenstärke von einem virtuellen Idealwert von 100 ausgegangen. Dieser Idealwert bedeutet, dass jeder der Befragten die jeweilige Marke verwendet und dass die Marke alle konsumtreibenden Werte maximal aktiviert. Als Beispiele werden die Deutschen Telekom und Red Bull genannt. So verwendeten 80% der Befragten die Dienste der Deutschen Telekom, dennoch fällt die Markenenergie relativ gering aus. In der Summe ergeben beide Effekte eine Markenstärke von lediglich 59. Umgekehrt hat der Energiedrink Red Bull eine hohe Markenenergie, jedoch weniger als 10% der Befragten konsumieren Red Bull. Für Red Bull ergibt sich eine Markenstärke von 72.

Die letzte hier betrachtete Variable, der Markenwert (vgl. Financial Times Deutschland, 2002), bezieht sich – anders als die drei vorher genannten Variablen – auf das Gesamtunternehmen. Es geht folglich um den Unternehmen-Markenwert.[67]

---

[67] Es gibt in der theoretischen und praxisorientierten Marketingforschung zahlreiche Verfahren der Markenbewertung (vgl. z. B. BBDO, 2001, S. 31ff.). Welche Methode der Markenwertberechnung von der Financial Times Deutschland eingesetzt worden ist, ist nicht bekannt.

Die vorliegenden Werte der Variablen Markennutzung, Markenenergie, Markenstärke und Markenwert wurden dem jeweiligen Unternehmen zugeordnet und anschließend wurde eine Korrelationsanalyse durchgeführt (vgl. Tabelle 26). Die in Bezug auf Unternehmensreputation stärkste (und gleichzeitig einzig signifikante) Beziehung ergibt sich zur Markenstärke. Dies kann dadurch erklärt werden, dass sowohl die Reputation wie auch der Markenwert sich auf das gesamte Unternehmen beziehen und nicht auf einzelne Elemente.

	Reputation	Markennutzung	Markenenergie	Markenstärke	Markenwert
Reputation	1,000	0,021	0,300	0,316	0,485*
Markennutzung		1,000	-0,258	0,513**	-0,819
Markenenergie			1,000	0,680**	0,870
Markenstärke				1,000	0,995
Markenwert					1,000
* $p \leq 0{,}05$; ** $p \leq 0{,}01$; eigene Berechnung					

Tabelle 26: Korrelation von Reputation, Markennutzung, -energie, -stärke und -wert

Weitere signifikante Beziehungen ergaben sich zwischen den Größen Markennutzung, Markenenergie und Markenstärke (vgl. Tabelle 26). Die höchste statistisch signifikante Beziehung ergibt sich zwischen Markenenergie und Markenstärke (0,680). Die Variablen Markenenergie und Markenstärke weisen zudem einen starken (jedoch nicht signifikanten) Zusammenhang mit dem Markenwert auf. Ein Grund für die mangelnde Signifikanz mag in der z. T. geringen Fallzahl bei einzelnen Variablen begründet liegen; d. h. es lagen nicht für die gesamten Unternehmen Daten für alle fünf betrachteten Variablen vor.

Von Interesse sind auch die nachgewiesenen negativen Korrelationen. So weisen die Größen Markenenergie und Markennutzung überraschenderweise einen negativen Zusammenhang auf (-0,258). Dieser negative Zusammenhang ist deshalb überraschend, weil man vermuten würde, dass eine häufig und von breiten Bevölkerungsteilen genutzte Marke über eine hohe Markenenergie verfügt bzw. sich positiv auf dieselbe auswirkt. Die negative Beziehung kann u. U. mit Konsumbremsern erklärt werden, die eine breite Nutzung hemmen. Zu Marken, die bspw. für Werte wie „Exklusivität" oder „konsequenten Hedonismus" stehen, finden breite Bevölkerungsteile per Definition nur schwer Zugang und werden folglich auch nicht gekauft.

4.4.3.2 Integration der betrachteten Elemente des Reputation-Management

Die dargestellten Grundelemente des Reputation-Management-Systems – *normatives Management, strategische Planung/Kontrolle* und *operative Planung/Kontrolle* sowie die Implementierung eines geeigneten *Steuerungssystems* und eines *Informationssystems* des Unternehmens – stellen die grundlegenden Komponenten jeglicher (marketingorientierten) Unternehmensführung dar. Sie umfassen die „üblichen" in der einschlägigen Literatur diskutierten Managementfunktionen, wie sie sich dort in zahlreichen verschiedenen Katalogisierungen wieder finden. Nach Diskussion der einzelnen Ebenen können diese nun zusammengeführt werden (vgl. Abbildung 40).

Es bleibt zu betonen, dass die konzipierte Gesamtarchitektur eines Reputation-Management nicht für ein bestimmtes EVU oder Branchenkontext entworfen wurde, sondern grundsätzlich für jedes Unternehmen, das ein Reputation-Management zu implementieren beabsichtigt, Rahmen gebenden Charakter hat.

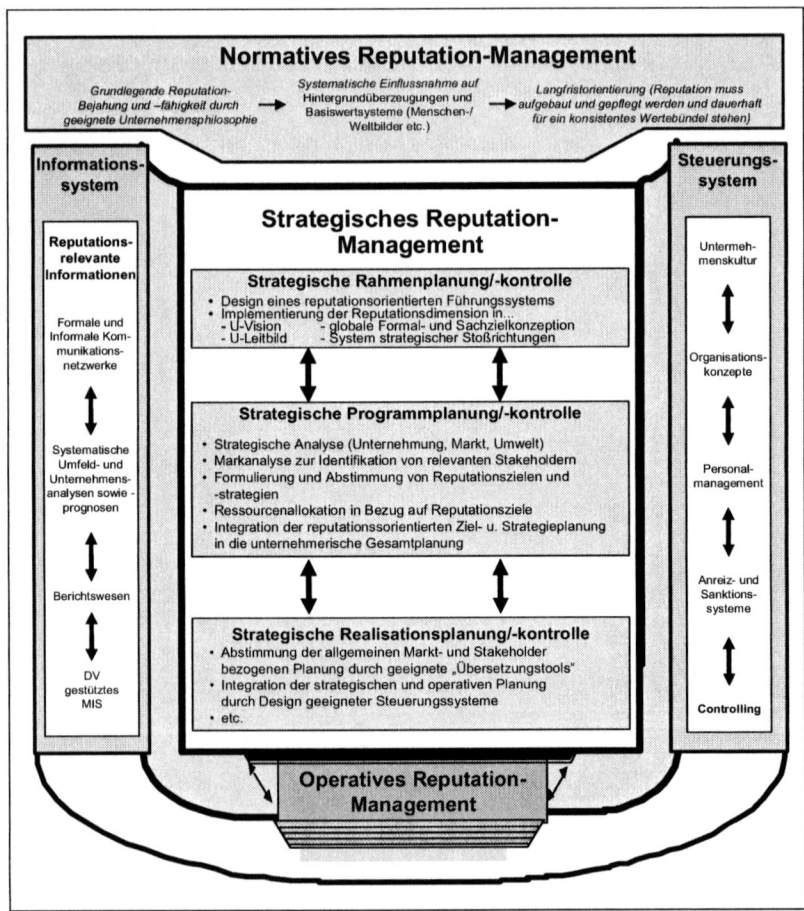

Abbildung 40: Gesamtarchitektur eines unternehmerischen Reputation-Management

5 Zusammenfassung, Implikationen und Ausblick

„One can survive everything, nowadays, except death, and live down everything except a good reputation" (Oscar Wilde, 1854-1900).

Ausgangspunkt der vorliegenden Arbeit war zum einen die postulierte zunehmende Relevanz von Unternehmensreputation für den Markterfolg von Unternehmen und das daraus gewachsene Interesse in Praxis und Wissenschaft an diesem Thema sowie zum anderen die relativ schwache forschungstheoretische Fundierung des *Reputation*skonstrukts.

Durch eine bewusst anwendungsorientierte Untersuchung sollte der angestrebte Erkenntnisgewinn nicht „nur" wissenschaftlich verwertbar sein, sondern auch Fragen der Unternehmenspraxis in Bezug auf die Einflüsse und die Gestaltbarkeit der Unternehmensreputation von EVU beantworten helfen können. Von diesem Ziel geleitet, sollen nun, im letzten Kapitel der Arbeit, unter Rekurs auf die Untersuchungsergebnisse Implikationen der gewonnenen Erkenntnisse aus Sicht der Praxis sowie der betriebswirtschaftlichen Forschung diskutiert werden.

In Kapitel 4 – insbesondere in Abschnitt 4.4 – wurden bereits Gestaltungsansätze diskutiert. Diese Gestaltungsansätze waren weitgehend an den Ergebnissen der empirischen Untersuchung orientiert. Im abschließenden fünften Kapitel sollen Implikationen für die Praxis und Forschung erörtert werden, die vor allem der Prämisse einer zunehmenden Relevanz (in diesen beiden Bereichen) von Unternehmensreputation für unternehmerische Entscheidungen von EVU ausgehen.

5.1 Praxis bezogene Implikationen

„You can't build a reputation on what you are going to do" (Henry Ford,
amerikanischer Unternehmer, 1863-1947).

5.1.1 Unternehmensreputation im Kontext von Marktentwicklungen

Die zu diskutierenden Praxisimplikationen beginnen mit dem gewählten Untersuchungskontext. Entgegen der Meinung zahlreicher Kritiker haben sich die Energie-
markt-Strukturen hierzulande seit Inkrafttreten der EU-Gasrichtlinie tatsächlich
verändert. Zum einen erfolgt der Markteintritt von neuen Akteuren aus dem In- und
Ausland, zum anderen hat der Preiswettbewerb in der Gaswirtschaft zu Preisnachlässen
für Großverbraucher geführt. Zahlreiche Unternehmen bieten neue Dienstleistungen an,
z. B. Hilfestellung bei der Abwicklung und Organisation des Netzzugangs für Dritte.

Das Gasgeschäft wird zukünftig vermutlich eine noch stärkere grenzüberschreitende
Dimension erhalten, so dass die Unternehmen gefordert sind, sich als europäische
Player zu verstehen. (z. B. e.on, Vattenfall und Gaz de France, die in Europa EVU
kaufen oder sich an diesen beteiligen). Auf der Absatzseite ist es erforderlich, sich
kundenindividuell auszurichten und durch geeignete Strategien, Produkte und
Dienstleistungen den Wünschen und Erwartungen der Gewerbe- und Endkunden
Rechnung zu tragen.

Diesen Anforderungen kann von vielen EVU angesichts eines erhöhten Wettbewerbs
und gestiegen Preisbewusstseins der Kunden nicht unmittelbar Rechnung getragen
werden. Hinzu kommt, dass vor der Liberalisierung des Energiemarkts Stakeholder-
und insbesondere Kundenbeziehungen klar durch den Gebietsschutz definiert waren; d.
h. Kunden konnten i. d. R. nicht an Wettbewerber verloren gehen. Diese Situation
führte in vielen EVU zu einer Vernachlässigung der unternehmerischen Marketingfunk-
tion und das fehlende Marketing-Know-how erschwert marktorientiertes Denken und
Handeln.

Die vorliegende Arbeit konnte durch die Berücksichtigung von Reputationskonsequen-
zen einen empirisch fundierten Beitrag zum Nachweis der Erfolgsrelevanz von
Unternehmensreputation leisten. Diese Erfolgsrelevanz – insbesondere vor dem
Hintergrund der skizzierten Herausforderungen – bietet Unternehmen (und hier vor

allem EVU) einen deutlichen Hinweis auf die Notwendigkeit eines Reputation-Management, das unternehmensindividuell auszugestalten ist.

Die Unternehmensreputation ist im Sinne des vorgestellten Reputation-Management in allen betriebswirtschaftlichen Bereichen relevant und jeweils gestaltbar. Das Reputation-Management findet seinen Ausdruck u. a. in den folgenden exemplarisch ausgewählten unternehmerischen Teilbereichen:

- In der Produktion bzw. bei der Leistungserstellung lautet ein Reputation bezogenes Ziel die Sicherung einer hohen Produktqualität bzw. die Versorgungssicherheit im Kontext von EVU.

- Das Personalmanagement ist zur Erreichung einer hohen Unternehmensreputation darum bemüht, die zu einem gegebenen Marktpreis erhältlichen besten Mitarbeiter sowie den besten Management-Nachwuchs zu rekrutieren (vgl. hierzu auch Cable/Turban, 2003).

- Im Bereich der Kreditoren-Buchhaltung sind fristgerechte Zahlungen in Bezug auf wichtige Stakeholder bzw. Lieferanten u. U. eine erklärte Norm. Zwar sind viele Unternehmen aufgrund der angestrebten Ausnutzung von Skonto i. d. R. ohnehin auf eine pünktliche Zahlung von Außenständen bedacht, doch finden sich in der unternehmerischen Praxis häufig verspätete Zahlungen (meist nur von wenigen Tagen), wobei dennoch Skonto einbehalten wird.

Eine von den wichtigsten Stakeholdern als positiv wahrgenommene Unternehmensreputation kann als Wettbewerbsvorteil verstanden werden. Vor allem bei neuen Nachfragern auf einem Markt kann die Unternehmensreputation aufgrund ihrer Eigenschaft der Unsicherheitsreduktion und als Informationssurrogat ein wichtiges Auswahlkriterium bei der Suche nach einem geeigneten Anbieter sein (vgl. Walsh, 2005).

Schließlich dürfen einzelne EVU aufgrund der beschriebenen Gefahr von Irradiationseffekten in Bezug auf die Reputation nicht zu sehr auf das eigene Handeln konzentriert sein zu und dabei die Branche, der sie angehören, vernachlässigen. Wenn eine Branche insgesamt mit einer schlechten Reputation zu kämpfen hat, wird dies selbst jene Unternehmen negativ betreffen, die sich um ein solides und reputationsorientiertes Handeln bemühen.

Hinsichtlich der Branchenreputation sind insbesondere die „großen" EVU aufgefordert, noch stärker ihre Bereitschaft zu signalisieren, einen funktionierenden Wettbewerb im Energiemarkt zu unterstützen. Andernfalls werden Stakeholder – und auch hier vor allem die Endverbraucher – das verbreitete Vorurteil, EVU würden weiterhin versuchen Monopolgewinne zu sichern und zu hohe Preise durchzusetzen, nicht ablegen.

5.1.2 Unternehmensreputation aus der internationalen Perspektive

Mit dem RQ wurde in der vorliegenden Arbeit ein Messinstrument überprüft und konzeptionell erweitert, das in der internationalen betriebswirtschaftlichen Forschung positive Resonanz gefunden hat. Diese Resonanz ist auch Ausdruck der Notwendigkeit und der Forderung der Unternehmenspraxis, Unternehmensreputation im internationalen Kontext zu messen.

Im Zeitalter globalisierter Märkte und von transnationalen Unternehmenszusammenschlüssen sehen sich Unternehmen zunehmend den Stakeholderansprüchen aus verschiedenen Ländern ausgesetzt. Exemplarisch können die folgenden Unternehmenszusammenschlüsse aus dem Jahre 1998 genannt werden, die zwischen deutschen Unternehmen und denen verschiedener Herkunftsländer vollzogen worden sind:

- Mercedes Benz (Deutschland) und Chrysler (USA) zu DaimlerChrysler

- Hoechst (Deutschland) und Rhône-Poulenc S.A. (Frankreich) zu Aventis

- Deutsche Bank (Deutschland) und Bankers Trust (USA)

- Bertelsmann (Deutschland) und Random House (USA)

- Generali (Italien) und Aachener und Münchener (Deutschland)

Weitere Beispiele lassen sich aktuell natürlich auch im Energiemarkt finden. So ist mittlerweile klar, dass der schwedische Vattenfall-Konzern nach zahlreichen Unternehmenszukäufen zu einem der größten Akteure auf dem deutschen Energiemarkt avanciert ist. Nach Fusionen mit den Hamburgischen Electricitäts-Werke (HEW), der Berliner Bewag sowie der (ostdeutschen) Energiekonzerne Veag und Laubag ist Vattenfall (Vattenfall Europe AG) nach e.on und RWE zum drittgrößten Energiekonzern in Deutschland aufgestiegen.

Ein anderes europäisches Gasunternehmen, Gaz de France (GdF), ist ebenfalls durch verschiedene Beteiligungen im deutschen Markt tätig. So hat GdF Deutschland im Herbst 2001 zusammen mit der Leipziger Verbundnetz Gas AG einen Anteil von knapp 45% am Gasversorger EMB Erdgas Mark Brandenburg GmbH (Potsdam) von der RWE Gas AG (Dortmund) übernommen. Weitere Unternehmensbeteiligungen und –zukäufe sind geplant (vgl. Braunberger, 2002). Das Wachstum von GdF in Deutschland dürfte jedoch in vergleichsweise überschaubaren Bahnen verlaufen, da sich GdF als Staatskonzern nicht über den Aktienmarkt finanzieren kann.

Eine unmittelbar praxisrelevante Forschungsfrage könnte hier die Auswirkung solcher Merger and Acquisitions auf das unternehmerische Reputation-Management betreffen (vgl. Schweizer/Wijnberg, 1999). Die Frage könnte hier lauten, ob solche transnationalen Unternehmen versuchen, die Ansprüche aller Stakeholder hinsichtlich der Unternehmensreputation in Einklang zu bringen oder ob ein Trade-Off zwischen den Reputation bezogenen Ansprüchen einzelner Anspruchsgruppen stattfindet.

Im Falle von DaimlerChrysler kann etwa unterstellt werden, dass deutsche Stakeholder – und hier insbesondere die Mercedes-Kunden – höchste Ansprüche an die Qualität der von DaimlerChrysler gefertigten Automobile stellen, da sie die über Jahre überragende Reputation von Mercedes darin begründet sehen. Gleichzeitig werden aus dem angelsächsischen Raum z. T. andere Erwartungen und Anforderungen an das Unternehmen herangetragen. So hat DaimlerChrysler auch Stakeholder wie bspw. amerikanische Aktionäre, die vom Management eines Unternehmens häufig eine Renditemaximierung erwarten.[68]

Freilich wird auch den Aktionären an einer guten Produktqualität gelegen sein, doch ist denkbar, dass für sie die gute Reputation von DaimlerChrysler vor allem durch die Fähigkeit begründet wird, den Aktionären eine gute Rendite zu sichern.

---

[68] Selbstverständlich kann auch für deutsche Aktionäre eine hohe Renditeerwartung unterstellt werden, diese wird in ihrer (Anlage-) Zielhierarchie vermutlich jedoch nicht so weit oben stehen wie bei ihren amerikanischen Pendants. Für deutsche Anleger dürfte etwa die Langfristigkeit der Rendite im Vordergrund stehen.

5.1.3   Unternehmensreputation, Stakeholder und „gute Unternehmensführung"

Wenn die Bedeutung der Reputation eines Unternehmens tatsächlich zunimmt, dann werden auch alle unternehmerischen Handlungen von EVU noch stärker einer strengen Betrachtung durch Stakeholder unterliegen. In diesem Zusammenhang gewinnt das Konzept der *Corporate Governance* – ebenso wie Verhaltenskodizes, denen sich Unternehmen freiwillig selbst unterwerfen – weiter an Relevanz. Zu nennen ist hier bspw. der *Deutsche Corporate Governance Kodex* (sog. *Cromme-Kodex*) (vgl. Paul, 2003; o. V., 2003c), der Regeln zur „guten Unternehmensführung" definiert.

Das deutsche Justizministerium hat im Herbst 2001 eine Regierungskommission eingesetzt, die Ende Februar 2002 unter Vorsitz von Gerhard Cromme den *Deutschen Corporate Governance Kodex* verabschiedet hat (vgl. o. V., 2003c; Holzinger, 2002). Mitglieder dieser Kommission sind vor allem namhafte Vertreter der Wirtschaft wie z. B. Gerhard Cromme (ThyssenKrupp AG), Paul Achleitner (Allianz AG), Rolf-E. Breuer (Deutsche Bank AG), Volker Potthoff (Deutsche Börse AG) und Wendelin Wiedeking (Porsche AG).

Mit der Formulierung des Deutschen Corporate Governance Kodex wird das Ziel verfolgt, für nationale und internationale Investoren eine Erhöhung der Transparenz der Regeln der Unternehmensleitung und –überwachung zu erreichen. Regeln der Unternehmensführung in Deutschland unterscheiden sich zum Teil erheblich von denen in anderen Ländern und insbesondere von US-amerikanischen. Eine Angleichung an Letztere soll dazu beitragen, das Vertrauen der Stakeholder in die Unternehmensführung deutscher Unternehmen zu stärken. Der Deutsche Corporate Governance Kodex befasst sich insbesondere mit (reputationsrelevanten) Kritikpunkten an der deutschen Unternehmensverfassung, die vor allem von ausländischen Stakeholdern regelmäßig artikuliert werden. Dazu zählen:

-   die mangelhafte Ausrichtung auf Aktionärsinteressen

-   die duale Unternehmensverfassung mit Vorstand und Aufsichtsrat. In einer deutschen Aktiengesellschaft vertritt der Vorstand das Unternehmen nach außen und führt seine Geschäfte unter eigener Verantwortung (§§ 78, 76 Abs. 1 AktG). Der Aufsichtsrat bestellt den Vorstand und beruft diesen ab (§ 84 AktG) und ist mit der Überwachung der Geschäftsführung betraut (§ 111 AktG). Zusammen mit dem Aufsichtsrat stellt der Vorstand den Jahresabschluss fest (§ 172 AktG).

- die mangelnde Transparenz deutscher Unternehmensführung

- die mangelnde Unabhängigkeit deutscher Aufsichtsräte

- die eingeschränkte Unabhängigkeit der Abschlussprüfer

Mit der Institutionalisierung eines solchen Kodex werden quasi a priori zahlreiche Unternehmenshandlungen im Hinblick auf die Unternehmensreputation definiert. Anders ausgedrückt: Unternehmen können nicht umhin, sich dem Kodex zu unterwerfen – und somit auch den Erwartungen ihrer Stakeholder zu entsprechen –, wenn sie nicht Gefahr laufen wollen, die eigene Reputation zu gefährden. Das Thema Corporate Governance gewinnt auch im Kontext von EVU zunehmend an Bedeutung (vgl. z. B. Riedel/Unland, 2003).

Dass formulierte Verhaltenscodices per se nicht die Sicherung der Unternehmensreputation garantieren können, liegt ebenfalls auf der Hand. Nur wenn Verhaltenscodices einen normativen Charakter besitzen und die Handlungen insbesondere des Top-Management sich dem Ziel der Reputationssicherung und –verbesserung unterordnen, können von Verhaltenscodices für die Unternehmensreputation relevante positive Impulse ausgehen.

Beispielsweise nimmt der aus dem Jahre 2000 stammende offizielle *Code of Ethics* des amerikanischen und mittlerweile bankrotten Energiekonzerns Enron explizit Bezug auf den hohen Stellenwert einer guten Unternehmensreputation. In der 65 Seiten starken Broschüre heißt es u. a.: „We know Enron enjoys a **reputation** for fairness and honesty that is respected. Enron's reputation finally depends on its people, you and me. Let's keep that reputation high" (Hervorhebung hinzugefügt).

5.2 Forschung bezogene Implikationen

In Kapitel 4.3 wurden bereits einige Forschung- und Praxis bezogene Implikationen der vorgenommenen empirischen Untersuchung diskutiert. Diese Implikationen beruhten weitgehend auf den verwendeten Stichproben, den Untersuchungskontext sowie den Ergebnissen der durchgeführten Analysen. Im Folgenden soll es darum gehen, zukünftigen Forschungsbedarf in Bezug auf das erweiterte Themenfeld Unternehmensreputation aufzuzeigen.

5.2.1 Erreichung von interbranchen und interkultureller Validität

Das verwendete Messinstrument, der RQ, wurde im Rahmen dieser Arbeit intensiv hinsichtlich seiner Einsetzbarkeit in Deutschland und seiner Eignung zur Erfassung des komplexen Phänomens Unternehmensreputation geprüft. Die empirischen Studien resultierten in einem modifizierten RQ und sie sind ein Beleg dafür, dass weitere konzeptionelle und empirische Arbeit notwendig ist. Die Entwicklung eines geeigneten Messinstruments zur Erfassung von Unternehmensreputation muss als noch nicht abgeschlossen angesehen werden. Dennoch können andere Forscher nunmehr auf eine solide konzeptionelle Grundlage zurückgreifen. Durch die Operationalisierung von Unternehmensreputation auf Basis der eignen Konzeptualisierung ergibt sich zudem eine Art Leitfaden für zukünftige Arbeiten.

In der vorliegenden Untersuchung fanden ein Einsatz und eine Überprüfung des RQ im Kontext von Energieunternehmen statt. Der RQ wurde bereits in verschiedenen Branchen eingesetzt und entsprechende Ergebnisse liegen bspw. für Luftfahrt- und Computerunternehmen vor (vgl. Fombrun et al., 2000, S. 248ff.). Ein Forschungsziel könnte die Entwicklung eines RQ sein, der Unternehmensreputation branchenübergreifend zu messen vermag. Dazu bedarf es einer Identifikation von stabilen Reputationsdimensionen; d. h. von Dimensionen, die sich unabhängig von der untersuchten Branche finden lassen. Solche „Kerndimensionen" könnten dann um branchenspezifische Dimensionen ergänzt werden. Entlang der branchenübergreifend stabilen Dimensionen kann schließlich ein valider Branchenvergleich hinsichtlich der Unternehmensreputation erfolgen.

In Bezug auf ihren konzeptionellen *Reputation Index* schwebt Cravens et al. (2003, S. 205) ein ähnliches Instrument vor: „We envision the reputation index as a standardized set of common as well as unique component measures that would be consistent across companies and industries". Insofern findet hier die Forderung nach einem hinsichtlich Unternehmens- und Branchenspezifika flexiblen Messinstrument Ausdruck, das gleichzeitig fixe Elemente enthält.

Sozialwissenschaftliche Modelle und Messinstrumente wie der RQ besitzen i. d. R. keine universelle bzw. internationale Gültigkeit (vgl. z. B. Guthery/Lowe, 1992; Hofstede, 1980; Holzmüller, 1995). Deswegen kann ihre unreflektierte Übertragung in andere Länder mit ernsthaften Validitätsproblemen verbunden sein und entsprechend fragwürdige und für die Betriebswirtschaftslehre unbrauchbare Resultate erzeugen (vgl. Hui/Triandis, 1985; Craig/Douglas, 2000). Daher ist es notwendig, Modelle und Messinstrumente grundsätzlich in jedem Land bzw. Kulturkreis, in dem sie eingesetzt werden sollen, zuvor zu validieren. Aus diesem Grund wurden im Rahmen der vorliegenden Arbeit zwei unabhängige Stichproben gezogen.

Vor diesem Hintergrund sind weitere internationale Replikationen des RQ zu fordern, oder wie Reinecke Flynn/Pearcy (2001, S. 413) in diesem Zusammenhang argumentieren: „(...) we must be careful of claims of a scale's performance when there have not been replications". Tatsächlich sind Replikationen als zentraler Beitrag wissenschaftlichen Arbeitens weithin akzeptiert und gefordert (vgl. z. B. Rosenthal/Rosnow, 1984; Barwise, 1995). Schließlich betonen vorliegende empirische Arbeiten die Notwendigkeit einer interkulturellen Betrachtung von Unternehmensreputation (vgl. z.B. Kitchen/Laurence, 2003).

Zusammenfassend ergeben sich drei zentrale Stoßrichtungen für zukünftige Replikationsstudien. Erstens können für die zukünftige Replikation des RQ weitere Länder, zweitens weitere Branchen und drittens weitere Stakeholdergruppen als Stichprobe ausgewählt werden (vgl. Abbildung 41).

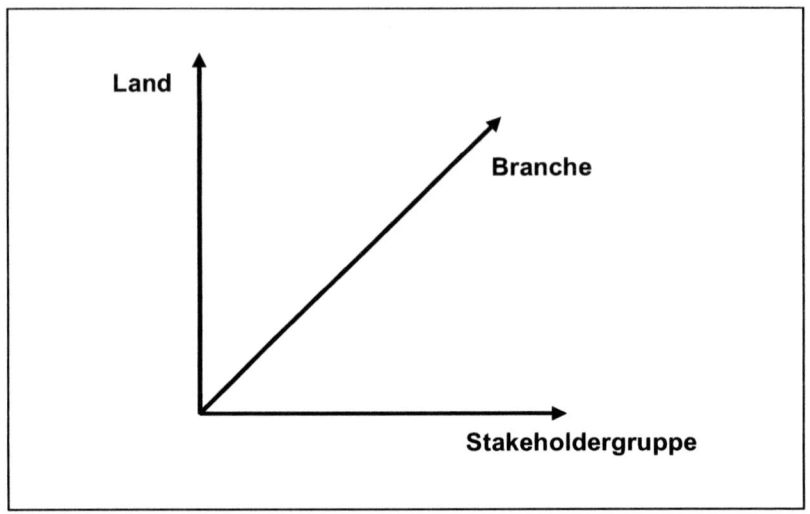

Abbildung 41: Mögliche Stoßrichtungen zukünftiger RQ-Replikationsstudien

5.2.2 Verhaltenswissenschaftliche Fundierung der Reputationsforschung

Wie in der Einführung zu dieser Arbeit dargelegt, wird eine verhaltenswissenschaftliche Fundierung betriebswirtschaftlicher Forschung befürwortet und vertreten. Ein solches Forschungsverständnis hat ihren Ausdruck u. a. darin gefunden, dass die Stakeholder-gruppe der Kunden im Zentrum der empirischen Studie stand. Kunden übernehmen hinsichtlich der Beeinflussung und Gestaltung der Unternehmensreputation eine wichtige Schnittstellenfunktion, denn sie „verbinden" das Unternehmen mit weiteren Stakeholderkreisen, vor allem anderen Konsumenten.

Vor diesem Hintergrund sollte Kunden als zentrale Stakeholdergruppe aus Forschungs-sicht weitere Aufmerksamkeit zuteil werden. Im Hinblick auf die kundenseitige Wahrnehmung von Unternehmensreputation und die Beeinflussung derselben können zahlreiche Variablen eine Rolle spielen – Variablen, die aus Sicht der betriebswirt-schaftlichen Forschung einer näheren Untersuchung bedürfen.

Das Spektrum der in Betracht zu ziehenden Variable ist außerordentlich breit und tief. Eine relevante Variable könnte z. B. die Preiswahrnehmung von Endkunden sein bzw. die Frage, welche Rolle der Kostenfaktor Erdgas in der finanziellen Planung von

Endverbrauchern spielt und welche Preissensibilitäten vorliegen. Laut einer neueren Stern-Studie kennen bspw. über zwei Drittel der Haushalts-Endverbraucher ihren Gaspreis nicht (Stern, 2001, S. 12). Dies muss insofern erstaunen als monatliche Abschläge für Gas, Strom und Wasser einen erheblichen Anteil an der Gesamtmiete ausmachen und folglich eine hohe Kostenrelevanz besitzen.

Bei der Entwicklung der Gaspreise bestehen zurzeit große Unsicherheiten, weil das Ausmaß und die Auswirkungen der einsetzenden Liberalisierung nur schwer abgeschätzt werden können. Die Entwicklung auf dem Strommarkt ist hier nicht unmittelbar auf den Gasmarkt zu übertragen, da neben möglicher Veränderungen der inländischen Transportpreise aufgrund der Liberalisierung der Netze auch Anpassungs-reaktionen der Lieferländer eintreten können. Weiterhin kommt es im Strommarkt mittlerweile durch immer weitere Merger and Acquisitions sowie Beteiligungen großer EVU an kleineren nach Kritikeransicht zu einer De-Liberalisierung bzw. Re-Monopolisierung (vgl. Dohmen, 2003).

Zu berücksichtigen sind aber auch relevante Veränderungen in den Rahmenbedingun-gen. Zu denken ist etwa an die Frage, ob die inzwischen sehr vielfältigen Belastungen des Budgets privater Haushalte zu einem „Aufschaukelungseffekt" führen und mithin die Preissensibilität gerade auch im Blick auf den Energiesektor extrem zunimmt. Ferner ist zu fragen, welche Meinungsführer-Effekte sich aus der Tatsache ergeben, dass letztlich doch die Anzahl derer, die inzwischen über Wechselerfahrungen verfügen, ständig zunimmt. Und schließlich darf auch nicht vernachlässigt werden, dass sich sowohl die faktischen als auch psychischen Wechselbarrieren künftig immer weiter reduzieren werden (vgl. Walsh et al., 2005).

Je mehr Variablen in die Betrachtung einbezogen werden müssen, um so notwendiger wird es sein, den hier am Beispiel der Analyse eher noch einfacher Zusammenhänge eingeschlagenen Weg einer verhaltenswissenschaftlich fundierten Forschung weiterzugehen. Parallel zu einer tieferen inhaltlichen Durchdringung immer komplexe-rer Zusammenhänge wird es dann auch erforderlich sein, immer leistungsfähigere Methoden zum Einsatz zu bringen – bis hin zu solchen, die nicht-lineare Zusammen-hänge zu verarbeiten in der Lage sind. Besonders leistungsfähig erscheinen hier neuere und methodisch anspruchsvollere Verfahren wie Neuronale Netze (vgl. z. B. Buckler, 2001; Wiedmann/Buckler, 2001; Hruschka, 1999; Bishop, 1995) zu sein.

Vor allem aus Sicht der Endverbraucher ist der Energiemarkt ein intransparenter Markt, der durch viele Anbieter, Tarifmodelle und Preise gekennzeichnet ist. Eine reputationsrelevante Frage könnte hier sein, ob Kunden diese Intransparenz als Branchenphänomen wahrnehmen („in der Energiebranche ist das nun einmal so") oder die daraus erwachsende reputationsrelevante Unzufriedenheit auf ihr EVU projizieren.

LITERATUR

Aaker, D. A. (1991): Managing Brand Equity: Capitalizing on the Value of a Brand Name, New York.

Aaker, D. A. (1997): Should You Take Your Brand Where the Action Is?, in: Harvard Business Review, September/October, S. 135-143.

Aaker, D. A.; Day, G. S. (1990): Marketing Research, 4th Ed., New York u. a.

Aaker, D. A.; Kumar, V.; Day, G. S. (1995): Marketing Research, 5th Ed., New York u. a.

A. C. Nielsen Werbeforschung (1999): Bruttowerbeaufwendungen Energiemarkt 2000.

Akaah, I. P.; Korgaonkar, P. K. (1988): A conjoint investigation of the relative importance of risk relievers in Direct Marketing, in: Journal of Advertising Research, Vol. 28 (4), S. 38-44.

Albers, S.; Skiera, B. (1999): Regressionsanalyse, in: Herrmann, A.; Homburg, C. (Hrsg.): Marktforschung, Wiesbaden, S. 203-235.

Albert, M. G. (1995): Simultaneity between strategic variables: production, innovation and product differentiation, in: International Advances in Economic Research, Vol. 1 (4), S. 391-401.

Allina, A. (2002): The Great Hormone Hoax, in: Multinational Monitor, 2002, Vol. 23 (7/8), S. 6-7.

Alperowicz, N. (2001): Bayer withdraws key drug, fueling more demerger speculation, in: Chemical Week, Vol. 163 (31), S. 14.

Alsop, R. (1999): The Best Corporate Reputations in America: Johnson & Johnson (Think Babies!), in: Wall Street Journal, September 23, S. B1, B6.

Alvesson, M. (1998): The Business Concept as a Symbol, in: International Studies of Management and Organisation, Vol. 28 (3, Fall), S. 86-108.

Anderson, E.; Robertson, T. S. (1995): Including Multiline Salespeople to Adopt House Brands, in: Journal of Marketing, 59 (April), S. 16-31.

Assael, H. (1998): Consumer Behavior And Marketing Action, Cincinnati.

Backer, L. (2001): The Mediated Transparent Society, in: Corporate Reputation Review, Vol. 4 (3), S. 235-251.

Backhaus, K.; Erichson, B.; Plinke, W.; Weiber, R. (2000): Multivariate Analysemethoden – Eine anwendungsorientierte Einführung, 9. Aufl., Berlin u. a.

Baden-Fuller, C.; Ravazzolo; Schweizer, T. (2000): Making and Measuring Reputations – The Research Ranking of European Business Schhols, in: Long Range Planning, Vol. 33 (5), S. 621-650.

Balderjahn, I. (2003): Validität – Konzept und Methoden, in: WiSt, 32. Jg. (3, März), S. 130-135.

Balmer, J. M. T.; Greyser, S. A. (2003): Revealing the Corporation: Perspectives on Identity, Image, Reputation, Corporate Branding, and Corporate-Level Marketing, New York.

Banks, D. T.; Hutchinson, J. W.; Meyer, R. J. (2002): Reputation In Marketing Channels: Repeated-Transactions Bargaining With Two-Sided Uncertainty, in: Marketing Science, Vol. 21 (3, Summer), S. 251-272.

Barfeld, C.-P. (1999): Vom Verteiler zum Verkäufer – Die Stromwirtschaft im Umbruch, in: Elektrizitätswirtschaft, 98. Jg., S. 13-15.

Barney, J. B. (2002): Gaining and Sustaining Competitive Advantage, Reading, MA.

Baron, R. M.; Kenny, D. A. (1986): The Mediator-Moderator Variable Distinction in Social Psychological Research: Conceptual, Strategic, and Statistical Considerations, in: Journal of Personality and Social Psychology, Vol. 51 (6), S. 1173-1182.

Barwise, P. (1995): Good Empirical Generalizations, in: Marketing Science, Vol. 14, No. 3, S. 29-35.

BBDO (2001): Brand Equity Excellence, Band 1: Brand Equity, Düsseldorf.

Bearden, W. O.; Shimp, T. A. (1982): The Use of Extrinsic Cues to Facilitate Product Adoption, in: Journal of Marketing Research, 19 (May), S. 229-239.

Beaulieu, P. R. (2001): The Effects of Judgments of New Clients' Integrity Upon Risk Judgments, Audit Evidence, and Fees, in: Auditing - A Journal of Practice & Theory, Vol. 20 (2, September), S. 85-99.

Bekeschus, R. (2001): GAS STATT SUPER - Immer mehr Hersteller bieten Pkw mit Erdgasantrieb an, die mit steigenden Benzinpreisen an Attraktivität gewinnen. Sie sind kostengünstig, umweltschonend und sicher, in: http://www.bayerngas.de/erdgas/inhalt/nachrichten/download/Etzbach.PDF, abgerufen am 22.08.2002.

Benkenstein, M.; Güthoff, J. (1997): Qualitätsdimensionen komplexer Dienstleistungen – Konzeptionelle Operationalisierung und empirische Validierung auf der Grundlage von SERVQUAL und eines Teilleistungsmodells, in: Marketing ZFP, 19. Jg. (2), S. 81-92.

Bennett, R. (1999): Corporate Reputation of UK Banks and Building Societies among Ethnic Minorities, in: Corporate Reputation Review, Vol. 2 (2), S. 104-114.

Bennett, R.; Grabriel, H. (2001): in: European Journal of Marketing, Vol. 35 (3/4), S. 387-413.

Berekoven, L.; Eckert, W.; Ellenrieder, P. (1996): Marktforschung: methodische Grundlagen und praktische Anwendung, 7. Aufl., Wiesbaden.

Beutin, N. (2001): Management von Kundenzufriedenheit in der Energieversorgungsbran-che, in: Homburg, C. (Hrsg.): Kundenzufriedenheit, 4. Aufl, Wiesbaden, S. 401-426.

Bhattacharya, C. B.; Rao, H.; Glynn, M. A. (1995): Understanding the Bond of Identification: An Investigation of Its Correlates Among Art Museum Members, in: Journal of Marketing, 59 (October), S. 46-57.

Bickerton, D. (2000): Corporate reputation versus corporate branding: The realistic debate, in: Corporate Communications: An International Journal, Vol. 5 (1), S. 42-48.

Binde, W. (1999): Wettbewerb auf dem Gasmarkt: Status quo, Entwicklung, Chancen, in: VIK Mitteilungen, 49. Jg. (2), S. 830-835.

Binder, M.; Hannes, B.; Lanzdorf, A.; Weiß, M. (2000): Strukturveränderungen im liberalisierten Gasmarkt, in: Energiewirtschaftliche Tagesfragen, 50. Jg. (11), S. 830-835.

Biong, H. (1993): Satisfaction and Loyalty to Suppliers within the Grocery Trade, in: European Journal of Marketing, Vol. 27 (7), S. 21-38.

Bishop, C. M. (1995): Neural Networks for Pattern Recognition, Oxford.

Bitner, M. J.; Booms, B. H.; Tetreault, M. S. (1990): The Service Encounter: Diagnosing Favorable and Unfavorable Incidents, in: Journal of Marketing, Vol. 54, S. 71-84.

Bleicher, K. (1991): Das Konzept Integriertes Management, Frankfurt/Main, New York.

Bogaschewsky, R. (1995): Vertikale Kooperation - Erklärungsansätze der Transaktionskostentheorie und des Beziehungsmarketings, in: Kaas, K. P. (Hrsg.): Kontrakte, Geschäftsbeziehungen, Netzwerke - Marketing und Neue Institutionenökonomik, Zeitschrift für betriebswirtschaftliche Forschung Sonderheft Nr. 35, Düsseldorf und Frankfurt (Main), S. 159-178.

Bolton, G. E.; Katok, E.; Ockenfels, A. (2004): How Effective Are Electronic Reputation Mechanisms? An Experimental Investigation, in: Management Science, Vol. 50 (11), S. 1587-1602.

Bräuninger, M.; Haucap, J. (2003): Reputation and Relevance of Economic Journals, in: Kyklos, Vol. 56 (2), S. 175-197.

Braunberger, G. (2002): Gaz de France erwägt weitere Beteiligungen in Deutschland, in: http://www.chemicalnewsflash.de/de/news/160702/ news3.htm, abgerufen am 15.09.2003.

Brockhaus Enzyklopädie (1970), Bd. 11, Mannheim.

Brockhaus Enzyklopädie (1994), 19. Aufl., Bd. 18, Mannheim.

Brockhaus Enzyklopädie (1999), Ungekürzte Buchgemeinschafts-Lizenzausgabe der Bertelsmann Club GmbH, Bd. 11, Leipzig, Mannheim.

Brouillard, J. (1983): Corporate Reputation Counts, in: Advertising Age, Vol. 54 (48), Nov. 14, M46.

Bromley, D. B. (1993): Reputation and Image, and Impression Management, West Sussex.

Bromley, D. B. (2000): Psychological Aspects of Corporate Identity, Image and Reputation, in: Corporate Reputation Review, Vol. 3 (3), S. 240-252.

Bromley, D. B. (2001): Relationships between personal and corporate reputation, in: European Journal of Marketing, Vol. 35 (3/4), S. 316-334.

Brown, B.; Perry, S. (1994): Removing the Financial Performance Halo from Fortune's Most Admired Companies, in: Academyof Management Journal, 37, S. 1347-1359.

Brown, S. P. (1995): The Moderating Effects of Insupplier/Outsupplier Status on Organizational Buyer Attitude, in: Journal of the Academy of Marketing Science, 23 (3), S. 170-181.

Brown, T. J.; Cox, E. L. (1997): Corporate associations in marketing and consumer research: a review, in: Corporate Reputation Review, Vol. 1 (1/2), S. 34-38.

Brown, T. J.; Dacin, P. (1997): The Company and the Product: Corporate Associations and Consumer Product Responses, in: Journal of Marketing, Vol. 61, S. 68-84.

Brown, T. J.; Dacin, P. A.; Pratt, M. G.; Whetten, D. A. (2006): Identity, Intended Image, Construed Image, and Reputation: An Interdisciplinary Framework and Suggested Terminology, in: Journal of the Academy of Marketing Science, Vol. 34, S. 99-106.

Browne, M. W.; Cudeck, R. (1993): Alternative ways of assessing model fit, in: Bollen, K. A.; Long, J. S. (Eds.): Testing Structural Equation Models, Newbury Park, S. 136-162.

Bruhn, M. (Hrsg.) (1999): Internes Marketing. Integration der Kunden- und Mitarbeiterorientierung, 2. Aufl., Wiesbaden.

Buckler, F. (2001): NEUSREL: Neuer Kausalanalyseansatz auf Basis Neuronaler Netze als Instrument der Marketingforschung, Göttingen.

Büschken, J.; Thaden, C. v. (1999): Clusteranalyse, in: Herrmann, A.; Homburg, C. (Hrsg.): Marktforschung, Wiesbaden, S. 337-380.

Buxel, H. (2001): Customer Profiling im Electronic Commerce – Methodische Grundlagen, Anwendungsprobleme und Managementimplikationen, Aachen.

Cable D. M.; Turban D. B. (2003): The Value of Organizational Reputation in the Recruitment Context: A Brand-Equity Perspective, Journal of Applied Social Psychology, Vol. 33 (11), S. 2244-2266.

Cabral, L. (2000): Stretching Firm and Brand Reputation, in: Rand Journal of Economics, 31, S. 658-673.

Cajet, C. (1997): Corporate Reputation and the Bottom Line, in: Corporate Reputation Review, Vol. 1 (1), S. 19-23.

Caldwell, C.; Bischoff, S. J.; Karri, R. (2002): The Four Umpires: A Paradigm for Ethical Leadership, in: Journal of Business Ethics, Vol. 36 (1/2), S. 153-163.

Campbell, M. C. (1999): Perceptions of Price Unfairness: Antecedents and Consequences, in: Journal of Marketing Research, 36 (2), S. 187-199.

Carter, S. M.; Dukerich, J. M. (1997): Corporate reputation and its effect on organizational actions: How reputations are managed, in: Corporate Reputation Review, Vol. 1 (2), S. 152-56.

Caruana, A. (1997): Corporate reputation: concept and measurement, in: The Journal of Product and Brand Management, Vol. 6 (2), S. 109-118.

Caruana, A.; Ramasashan, B.; Krentler, K. A. (2004): Corporate Reputation, Customer Satisfaction, & Customer Loyalty: What ist the Relationship? in: Spotts, H. E. (Ed.), Proceedings: Developments in Marketing Science, Academy of Marketing Science, Vol. 27, Coral Gables, FL, S. 301.

Cezanne, W.; Mayer, A. (1998): Neue Institutionenökonomik – Ein Überblick, in: WISU – das Wirtschaftsstudium, 28 (1998) 11, S. 1345-1353.

Chalmers, A. F. (1999): Wege der Wissenschaft – Einführung in die Wissenschaftstheorie, 5. Aufl., Berlin u. a.

Chaney, P. K. (2002): Shredded Reputation: The Cost of Audit Failure, in: Journal of Accounting Research, Vol. 40 (4), S. 1221-1245.

Chaudhuri, A. (2002): How Brand Reputation Affects the Advertising-Brand Equity Link, in: Journal of Advertising Research, Vol. 42 (May/June), S. 33-43.

Chen, J.; Paliwoda, S. J. (2002): On the Application of Multi-Branding Strategy, in: Kehoe, W. J.; Lindgren, J. H. (Eds.): Proceedings of the 2002 AMA Educators' Proceedings: Enhancing Knowledge Development in Marketing, Vol. 13, American Marketing Association, Chicago, S. 43-50.

Churchill, G. A. (1979): A Paradigm for Developing Better Measures of Marketing Constructs, in: Journal of Marketing Research, Vol. 16 (February), S. 64-73.

Churchill, G. A. (1991): Marketing Research: Methodological Foundations, 5th ed., Chicago, IL.

Clark, W. W.; Demirag, I. (2002): Enron – The Failure of Corporate Governance, in: The Journal of Corporate Citizenship, 8 (Winter), Special Issue on Corporate Transparency, Accountability and Governance, S. 105-122.

Clark. B. H.; Montgomery, D. A. (1998): Deterrence, reputations, and competitive cognition, in: Management Science, Vol. 44 (1), S. 62-82.

Clemmer, E. C. (1993): An investigation into the relationship of fairness and customer satisfaction with services, in: Cropanzano, R. (Ed.): Justice in the workplace: Approaching fairness in human resource management, Hillsdale, NJ, S. 193-207.

Coase, R. H. (1937): The Nature of The Firm, in: Economica, Vol. 4, S. 386-405.

Cohan, J. A. (2002): „I Didn't Know" and „I Was Only Doing My Job": Has Corporate Governance Careened Out of Control? A Case Study of Enron's Information Myopia, in: Journal of Business Ethics, Vol. 40 (3), S. 275-299.

Corley, K.; Gioia, D. (2000): The Ranking Game: Managing Business School Reputation, in: Corporate Reputation Review, Vol. 3 (4), S. 319-333.

Cornelissen, J.; Thorpe, R. (2002): Measuring a Business School's Reputation: - Perspectives, Problems and Prospects, in: European Management Journal, Vol. 20 (2), S. 172-178.

Coulson-Thomas, C. J. (1983): Marketing Communications, London.

Craig, C. S.; Douglas, S. P. (2000): International Marketing Research, 2nd Ed., Chichester.

Cravens, K.; Goad Oliver, E.; Ramamoorti, S. (2003): The Reputation Index: Measuring and Managing Corporate Reputation, in: European Management Journal, Vol. 21 (2), S. 201-212.

Darby, M.; Karni, E. (1973): Free Competition and the Optimal Amount of Fraud, in: Journal of Law and Economics, Vol. 16 (April), S. 67-86.

Dawar, N.; Parker, P. (1994): Marketing Universals: Consumers' Use of Brand Name, Price, Physical Appearance, and Retailer Reputation as Signals of Product Quality, in: Journal of Marketing, Vol. 58 (2), S. 81-95.

Davies, G.; Chun, R.; Da Silva, R. V.; Roper, S. (2002): Corporate Reputation and Competitiveness, London und New York.

Decker, R.; Temme, T. (1999): Diskriminanzanalyse, in: Herrmann, A.; Homburg, C. (Hrsg.): Marktforschung, Wiesbaden, S. 295-335.

Deutsches Institut für Wirtschaftsforschung (DIW) (2001): Wochenbericht 5/2001, S. 78ff., zitiert nach Schiffer (2001).

Deutsches Institut für Wirtschaftsforschung (DIW) (2003): DIW-Wochenberichte, in: http://www.diw.de/deutsch/publikationen/ wochenberichte/docs/02-07-1.html# TAB7, abgerufen am 29.01.2003.

Deutsches Wörterbuch von Jacob und Wilhelm Grimm (1984), Band 14, Leipzig.

Dohmen, F. (2003): Zurück zum Monopol, in: Der Spiegel, 7/03, S. 73-74.

Dollinger, M.; Golden, P.; Saxton, T. (1997): The Effect of Reputation on the Decision to Joint Venture, in: Strategic Management Journal, 18 (2), S. 127-140.

Doney, P.; Cannon, J. P. (1997): An Examination of the Nature of Trust in Buyer-Seller Relationships, in: Journal of Marketing, 61 (April), S. 35-51.

Dowling, G. R. (1994): Corporate reputations: Strategies for developing the corporate brand, London.

Dowling, G. (2001): Creating Corporate Reputations: Identity, Image and Performance, New York.

Drumwright, M. E. (1994): Socially Responsible Organizational Buying: Environmental Concerns as a Noneconomic Buying Criterion, in: Journal of Marketing, 58 (July), S. 1-19.

Dunbar, R. L. M.; Schwalbach, J. (2000): Corporate Reputation and Performance in Germany, in: Corporate Reputation Review, Vol. 3 (2), S. 115-123.

Eggert, A. (2002): Der Einfluss elektronischer Medien auf Geschäftsbeziehungen, in: Marketing ZFP, 24. Jg. (3), S. 195-205.

Einwiller, S. (2001): The Significance of Reputation and Brand for Creating Trust in the Different Stages of a Relationship between an Online Vendor and its Customers, in: Proceedings of the 8th Research Symposium on Emerging Electronic Markets (RSEEM2001), September 16-18, Maastricht, NL.

Einwiller, S. (2003): Vertrauen durch Reputation im elektronischen Handel, Wiesbaden.

enercity (2003): Geschäftsdaten der Stadtwerke Hannover AG für das Jahr 2002, in: http://www.enercity.de/unternehmen/geschaeftsdaten02/ index. phtml, abgerufen am 08.09.2003.

Esch, F.-R.; Bräutigam, S. (2001): Corporate Brands versus Product Brands? Zum Management von Markenarchitekturen, in: Thexis, 4, S. 27-34.

Europäische Kommision (2001): Bericht über die Wettbewerbspolitik 2000, Brüssel.

Financial Times Deutschland (2002): Markenwert der 50 EuroStoxx-Unternehmen, in: http://www.ftd.de/ub/in/1029050916905.html?nv=rs, abgerufen am 11.08.2002.

Fisher, A. B. (1996): Corporate Reputations: Comebacks and Comeuppances, in: Fortune, 133 (4, March), S. 90-98.

Flauger, J. (2003): Energiekonzerne setzen auf Flüssiggas, in: Handelsblatt, Nr. 26, S. 17.

Fombrun, C. J. (1996): Reputation: Realizing Value from the Corporate Image, Harvard Business School Press, Boston, Mass.

Fombrun, C. J.; Gardberg, N. A.; Sever, J. W. (2000): The Reputation Quotient: A multi-stakeholder measure of corporate reputation, in: The Journal of Brand Management, Vol. 7 (4), S. 241-255.

Fombrun, C. J.; van Riel, C. (1997): The Reputational Landscape, in: Corporate Reputation Review, Vol. 1 (1-2, Summer-Fall), S. 5-13.

Fombrun, C. J. (2001): Corporation Reputation – Its Measurement and Management, in: Thexis, 4, S. 23-26.

Fombrun, C. J.; Rindova, V. P. (1998): Reputation management in Global 1000 firms; a benchmarking study, in: Corporate Reputation Review, Vol. 1 (3), S. 205-214.

Fombrun, C. J.; Wiedmann, K.-P. (2001a): Reputation Quotient – Analyse und Gestaltung der Unternehmensreputation auf Basis fundierter Erkenntnisse, Schriftenreihe Marketing, Hannover.

Fombrun, C. J.; Wiedmann, K.-P. (2001b): Unternehmensreputation auf dem Prüfstand, in: Planung & Analyse, 4/2001, S. 60-64.

Fornell, C.; Johnson, M. D.; Anderson, E. W.; Cha, J.; Bryant, B. E. (1996): The American Customer Satisfaction Index: Nature, Purpose and Findings, in: Journal of Marketing, 60 (4), S. 7-18.

Fornell, C.; Larcker, D. (1981): Evaluating Structural Equation Models with Unobservable Variables and Measurement Error, in: Journal of Marketing Research, Vol. 18 (Feb.), S. 39-50.

Franke, N. (1997a): Das Herstellerimage im Handel: eine empirische Untersuchung zum vertikalen Marketing, Berlin.

Franke, N. (1997b): Das Image des Herstellers im Handel. Theoretische Konzeption eines allgemeinen Modells und kausalanalytische Überprüfung im Taschenbuchmarkt, in: Marketing ZFP, 19. Jg. (4), S. 209-219.

Franz, N. (2002): Bhopal survivors press Dow shareholders, in: Chemical Week, Vol. 164 (20), S. 11.

Fryxell, G. E; Wang, J. (1994): The Fortune Corporate "Reputation" Index: Reputation for what? in: Journal of Management; Vol. 20 (1), S. 1-13.

Fudenberg, D.; Levine, D. K. (1989): Reputation and Equilibrium Selection in Games with a Patient Player, in: Econometrica, 57, S. 759-778.

Fudenberg, D.; Levine, D. K. (1992): Maintaining a Reputation when Strategies are Imperfectly Observed, in: Review of Economic Studies, 59, S. 561-580.

Gaedke, R. M.; Tootelian, D. H. (1988): Understanding How Clients Select and Evaluate Law Firms, in: Journal of Professional Services Marketing, 3 (4), S. 199-207.

Gaines-Ross, L. (2000): CEO Reputation: A Key Factor in Shareholder Value, in: Corporate Reputation Review, Vol. 3 (4), S. 366-370.

Ganasan, S. (1994): Determinants of Long-Term Orientation in Buyer-Seller Relationships, in: Journal of Marketing, 58 (April), S. 18-34.

Gardberg, N. A.; Fombrun, C. J. (2002): The Global Reputation Quotient Project: First Steps towards a Cross-Nationally Valid Measure of Corporate Reputation, in: Corporate Reputation Review, Vol. 4 (4), S. 303-307.

Gassenheimer, J. B.; Houston, F. S.; Davis, J. D. (1998): The Role of Economic Value, Social Value, and Perceptions of Fairness in Interorganizational Relationship Retention Decisions, in: Journal of the Academy of Marketing Science, Vol. 26 (4, Fall), S. 322-337.

Geigant, F.; Haslinger, F.; Sobotka, D.; Westphal, H. M. (1994): Lexikon der Volkswirtschaft, Landsberg/Lech.

Geisler, S.; Bornemann, D.; Hennig-Thurau, Th.; Hansen, U.; Klaffke, K.; Pätzold, R.; Franck, K.; Schoenheit, I. (2001): Der Markt für sozialökologische Geldanlagen in Deutschland - Ergebnisse einer repräsentativen Privatanlegerbefragung, imug-muk-Arbeitspapier Nr. 13/2001, hrsg. vom Institut für Markt, Umwelt, Gesellschaft e.V., Oktober 2001.

Goldsmith, R. E. (2002): The impact of corporate credibility and celebrity credibility on consumer reaction to advertisements and brands, in: Journal of Advertising, Vol. 29 (3, Fall), S. 43-54.

Goldsmith, R. E.; Lafferty, B. A.; Newell, S. J. (2000): The Influence of Corporate Credibility on Consumer Attitudes and Purchase Intent, in: Corporate Reputation Review, Vol. 3 (4), S. 304-318.

Gotsi, M.; Wilson, A. M. (2001a): Corporate reputation: seeking a definition, in: Corporate Communications, Vol. 6 (1), S. 24-30.

Gotsi, M.; Wilson, A. M. (2001b): Corporate reputation management: "living the brand", in: Management Decision, Vol. 39 (2), S. 99-104.

Gray, J. G. (1986): Managing the Corporate Image, Conneticut.

Gray, E. R.; Balmer, J. M. T. (1998): Managing Image and Corporate Reputation, in: Long Range Planning, Vol. 31 (5), S. 685-692.

Groenland, E. A. G. (2002): Qualitative Research to Validate the RQ-Dimensions, in: Corporate Reputation Review, Vol. 4 (4), S. 309-315.

Groth, M.; Gilliland, S. W. (2001): The role of fairness in the delivery of services: A study of customers' reactions to waiting, in: Journal of Quality Management, 6, S. 77-97.

Grusd, N. (2002): The Enron Affair From a Lender's View, in: The CPA Journal, Vol. 72 (12), S. 8-9.

Gutek, B. A.; Cherry, B.; Groth, M. (1999): Gender and Service Delivery, in: Powell, G. N. (Ed.): Handbook of Gender & Work, Thousand Oaks u. a., S. 47-68.

Guthery, D.; Lowe, B. A. (1992): Translation Problems in International Marketing Research, in: The Journal of Language for International Business, 4 (1), S. 1-14.

Haag, W.; Hannes, B.; Weiß, M. (2001): Vision einer neuen Struktur in der deutschen Gasindustrie, in: Zeitschrift für Energiewirtschaft, 25. Jg. (3), S. 159-169.

Hackett, P. (1995): Conservation and the Consumer – Understanding Environmental Concern, London und New York.

Hagenbaugh, B. (2003): Fuel prices 'cream' firms, in: USA Today, August 6, S. 3B.

Hahn, D. (1999): Strategische Unternehmensführung, in: Hahn, D.; Taylor, B. (Hrsg): Strategische Unternehmensplanung – Strategische Unternehmensführung. Stand und Entwicklungstendenzen, 8. Aufl., Heidelberg, S. 28-50.

Hair, J. F.; Anderson, R. E.; Tatham, R. L.; Black, W. C. (1995): Multivariate Data Analysis, 4th Ed., London.

Halstead, D.; Page, J. (1992): The Effects of Satisfaction and Complaining Behavior: The Differential Role of Brand and Category Expectationsy, in: Marketing Letters, 7 (3), S. 114-129.

Hardaker, S.; Fill, C. (2005): Corporate Service Brands: The Intellectual and Emotional Engagement of Employees, in: Corporate Reputation Review, Vol. 7 (4), S. 365-376.

Hawkins, D. I.; Best, R. J.; Coney, K. A. (1986): Consumer Behavior, 3rd Ed., Plano, TX.

Hayek, F. A. (1948): The meaning of competition, in: Hayek, F. A. (Ed.): Individualism and Economic Order, Chicago.

Hennig-Thurau, T.; Gwinner, K. P.; Gremler, D. D. (2002): Understanding Relationship Marketing Outcomes: An Integration of Relational Benefits and Relationship Quality, in: Journal of Service Research, Vol. 5 (February), S. 230-247.

Hennig-Thurau, Th.; Klee, A. (1997): The Impact of Customer Satisfaction and Relationship Quality on Customer Retention – A Critical Reassessment and Model Development, in: Psychology & Marketing, Vol. 14 (8), S. 737-764.

Hennig-Thurau, T.; Thurau, C. (1999): Sozialkompetenz als vernachlässigter Untersuchungsgegenstand des (Dienstleistungs-)Marketing, in: Marketing ZFP, 21. Jg., Heft 4, S. 297-311.

Herbig, P.; Milewicz, J. (1993): The Relationship of Reputation and Credibility to Brand Success, in: Journal of Consumer Marketing, Vol. 10 (3), S. 18-24.

Herrmann, A.; Huber, F.; Wricke, M. (2001): Preisfairness als Schlüssel zur Kundenzufriedenheit, in: Homburg, C. (Hrsg.): Kundenzufriedenheit, 4. Aufl., Wiesbaden, S. 235-257.

Hildebrandt, L. (1998): Kausalanalytische Validierung in der Marketingforschung, in: Hildebrandt, L.; Homburg, C. (Hrsg.): Die Kausalanalyse, Stuttgart, S. 85-110.

Hinterhuber, H. H. (1989): Unternehmensführung I – Strategische Unternehmensführung. Band I: Strategisches Denken, 4. Aufl., Berlin und New York.

Hofstede, G. (1980): Culture's Consequences: International Differences in Work-Related Values, Beverly Hills, CA.

Hofstede, G. (1991): Cultures and Organizations: Software of the Mind, London.

Holzinger, A. (2002): New Code for German Governance, in: The Internal Auditor, Vol. 59 (1, Feb.), S. 14-15.

Holzmüller, H. H. (1995): Konzeptionelle und methodische Probleme in der interkulturellen Management- und Marketingforschung, Stuttgart.

Homburg, C. (1995): Kundennähe von Industriegüterunternehmen: Konzeption – Erfolgsaussichten – Determinanten, Wiesbaden.

Homburg, C.; Baumgartner, H. (1995): Beurteilung von Kausalmodellen, in: Marketing ZFP, 17. Jg., Heft 3, S. 162-176.

Homburg, C.; Giering, A. (1998): Konzeptualisierung und Operationalisierung komplexer Konstrukte – Ein Leitfaden für die Marketingforschung, in: Hildebrandt, L.; Homburg, C. (Hrsg.): Die Kausalanalyse, Stuttgart, S. 111-146.

Homburg, C.; Giering, A. (1996): Konzeptualisierung und Operationalisierung komplexer Konstrukte, in: Marketing ZFP, 18. Jg., Heft 1, S. 5-24.

Homburg, C.; Pflesser, C. (1999): Konfirmatorische Faktorenanalyse, in: Herrmann, A.; Homburg, C. (Hrsg.): Marktforschung, Wiesbaden, S. 413-438.

Horngren, C. T.; Foster, G. (1987): Cost Accounting – A Managerial Emphasis, 6th Ed., Lonon u. a.

Hornig, F. (2001): Nix is, Baby, in: Spiegel.de, 17. Dezember 2001, http://www.spiegel.de/spiegel/0,1518,172998,00.html, abgerufen am 13.05.2002.

Horváth, P. (1994): Controlling, 5. Auflage, München.

Hruschka, H. (1999): Neuronale Netze, in: Herrmann, A.; Homburg, C. (Hrsg.): Marktforschung, Wiesbaden, S. 661-683.

Hui, C. H.; Triandis, H. C. (1985): Measurement in cross-cultural psychology: A review and comparison of strategies, in: Journal of Cross-Cultural Psychology, Vol. 2, S. 131-153.

Hüttner, M.; Schwarting, U. (1999): Exploratorische Faktorenanalyse, in: Herrmann, A.; Homburg, C. (Hrsg.): Marktforschung, Wiesbaden, S. 381-412.

Hulland, J.; Yin Ho, C.; Shunyin, L. (1996): Use of Causal Models in Marketing Research: A Review, in: International Journal of Research in Marketing, 13 (2, April), S. 181-197.

IHK Würzburg-Schweinfurt (2002): Strompreis: Anstieg infolge politischer Sonderlasten programmiert Liberalisierungsdividende in Gefahr, in: http://www.wuerzburg.ihk.de/energie/news/dbresearch.html, abgerufen am 26.06.2002.

imug (1997): Unternehmenstest – Neue Herausforderungen für das Management der sozialen und ökologischen Verantwortung, imug e.V. (Hrsg.), München.

imug-Emnid (1996): Verbraucher und Verantwortung, Bielefeld und Hannover.

imug/muk (2001): Der Markt für sozial-ökologische Geldanlagen in Deutschland – Ergebnisse einer repräsentativen Privatanlegerbefragung, imug e.V. & Lehrstuhl für

Marketing I der Universität Hannover (Hrsg.), imug-muk-Arbeitspapier 12/2001, Hannover.

Ind, N. (1997): The Corporate Brand, Oxford.

Ind, N. (1998): An integrated approach to corporate branding, in: Journal of Brand Management, Vol. 5 (5), S. 323-329.

Jacoby, J. (1978): Consumer Research. How Valid and Useful are all our Consumer Behavior Findings? A State of the Art Review, in: Journal of Marketing, Vol. 42, S. 87-96.

Jain, K.; Srinivasan, N. (1990): An Empirical Assessment of Multiple Operationalizations of Involvement, in: Advances in Consumer Research, Vol. (17), S. 594-602.

Jänig, C. (1998): Energieversorger im Spannungsfeld von Markt und Ökologie, in: ASEW (Hrsg.): Erfolgsfaktor Energiedienstleistungleistungen – Energieversorger im Spannungsfeld von Markt und ökologie, Reihe: Praxis der Energiedienstleistungen, Bochum, S. 4-11.

Jeurissen, R. J. M.; van Luik, H. J. L. (1998): The Ethical Reputations of Managers in Nine EU-countries: A Cross-referential Survey, in: Journal of Business Ethics, Vol. 17, S. 995-1005.

Johnson, V.; Peppas, S. C. (2003): Crisis management in Belgium: the case of Coca-Cola, in: Corporate Communications: An International Journal, Vol. 8 (1), S. 18-22.

Jones, T. M. (1995): Instrumental Stakeholder Theory: A Synthesis of Ethics and Economics, in: Academy of Management Review, 20 (2), S. 404-437.

Kaas, K. P. (1994): Ansätze der institutionenökonomischen Theorie des Konsumentenverhaltens, in: Forschungsgruppe Konsum und Verhalten (Hrsg.): Konsumentenforschung, gewidmet Werner Kroeber-Riel zum 60. Geburtstag, München, S. 245-260.

Kaas, K. P. (1995): Marketing und Neue Institutionenökonomik, in: Kaas, K. P. (Hrsg.): Kontrakte, Geschäftsbeziehungen, Netzwerke - Marketing und Neue Institutionenökonomik, Zeitschrift für betriebswirtschaftliche Forschung Sonderheft Nr. 35, Düsseldorf und Frankfurt/Main, S. 1-17.

Kaas, K. P.; Busch, A. (1996): Inspektions-, Erfahrungs- und Vertrauenseigenschaften von Produkten: Theoretische Konzeption und empirische Validierung in: Marketing ZFP, 18. Jg., 1996, Heft 4, S. 243-252.

Kahle, L. R. (1996): Social Values and Consumer Behavior: Research from the List of Values, in: Seligman, C.; Olson, J. M.; Zanna, M. P. (Eds.): The Psychology of Values: the Ontario Symposium, Vol. 8., New Jersey, S. 135-152.

Kaluza, B.; Dullnig, H.; Malle, F. (2003): Principal-Agent-Probleme in der Supply Chain – Problemanalyse und Diskussion von Lösungsvorschlägen, Diskussionsbeiträge des Instituts für Wirtschaftswissenschaften der Universität Klagenfurt, Nr. 2003/03, in: http://www.uni-klu.ac.at/plum/literatur/2003_03.pdf, abgerufen am 20.10.2003.

Kanungo, R. N.; Mendonca, M. (1996): Ethical Dimensions of Leadership, London und Neu Delhi.

Kaplan, R. S.; Norton, D. P. (1996): Balanced Scorecard: Translating Strategy into Action, Boston.

Kaplan, R. S.; Norton, D. P. (2001): The Strategy-Focused Organization: How Balanced Scorecard Companies Thrive in the New Business Environment, Boston.

Kartalia, J. (2000): Reputation at Risk?, in: Risk Management, Vol. 47 (7, July), S. 51-58.

Kazoleas, D.; Kim, Y.; Moffitt, M. A. (2001): Institutional image: a case study, in: Corporate Communications: An International Journal, Vol. 6 (4), S. 205-216.

Keller, K. L.; Aaker, D. A. (1992): The Effects of Sequential Introduction of Brand Extensions, in: Journal of Marketing Research, Vol. 24 (Feb.), S. 35-50.

Kelloway, E. K. (1998): Using LISREL for Structural Equation Modeling: A Researcher's Guide, Thousand Oaks.

Kepper, G. (1996): Qualitative Marktforschung: Methoden, Einsatzmöglichkeiten und Beurteilungskriterien, 2. Aufl., Wiesbaden.

Kim, J.-B.; Choi, C. J. (2003): Reputation and product tampering in service industries, in: Service Industries Journal, Vol. 23 (4), S. 3-11.

Kitchen, P. J.; Laurence, A. (2003): Corporate Reputation: An Eight-Country Analysis, in: Corporate Reputation Review, Vol. 6 (2), S. 103-117.

Klee, A. (2000): Strategisches Beziehungsmanagement: Ein integrativer Ansatz zur strategischen Planung und Implementierung des Beziehungsmanagement, Aachen.

Kleebinder, H.-P. (1995): Internationale Public Relations – Analyse öffentlicher Meinungsbildung in Europa zum Thema Mobilität, Wiesbaden.

Klein, N. (2001): No Logo, London.

Kleinaltenkamp, M. (1992): Investitionsgüter-Marketing aus informationsökonomischer Sicht, in: Zeitschrift für betriebswirtschaftliche Forschung - ZfbF, 44. Jg., 9, S. 809-829.

Kluge, F. (1999): Etymologisches Wörterbuch der deutschen Sprache, Berlin u. a.

Kommission der Europäischen Union (2001): Commission Staff Working Paper - First report on the implementation of the internal electricity and gas market, Brüssel.

Kotha, S.; Rajgogal, S.; Rindova, V. (2001): Reputation building and performance: an empirical analysis of the top-50 pure internet firms, in: European Management Journal, Vol. 19 (6), S. 570-586.

Kotler, P. (2000): Marketing Management, The Millennium Edition, Upper Saddle River.

Kotter, J. P. (1996): Leading change, Boston.

Kreps, D. M.; Wilson, R. (1982): Reputation and Imperfect Information, in: Journal of Economic Theory, Vol. 27 (2), S. 253-279.

Kreuzberg, M.; Riechmann, C. (1999): Deregulation and Regulation in the European Power Market, in: DIW-Vierteljahreshefte zur Wirtschaftsforschung (Quarterly Journal of Economics), Vol. 68 (4), S, 566-578.

Krishnamurthi, L.; Raj, S. P. (1991): An Empirical Analysis of the Relationship Between Brand Loyalty and Consumer Price Elasticity, in: Marketing Science, 10 (Spring), S. 172-183.

Kroeber-Riel, W.; Weinberg, P. (1999): Konsumentenverhalten, 7. Aufl., München.

Kübler, K. (1999): Energiepolitik für den Übergang ins 21. Jahrhundert: Daten, Fakten und Perspektiven, in: http://www.diw.de/deutsch/publikationen/vierteljahrshefte /docs/summary/s_99_4_1.html, abgerufen am 28.05.2002.

Kundenmonitor Deutschland 2001 (2001): Qualität und Kundenorientierung/ Branchenanalysen/ Stromversorgungsunternehmen, in: http://www. servicebarometer.de/kundenmonitor2001/index.html, abgerufen am 29.06.2002.

Kurzbard, G.; Siomkos, G. J. (1992): Crafting a damage control plan: Lessons from Perrier, in: Journal of Business Strategy, 13 (2, March-April), S. 29-33.

Lacity, M.; Jansen, M. A. (1994): Understanding qualitative data: A framework of text analysis methods, in: Journal of Management Information System, 11, S. 137-160.

Laforet, S.; Saunders, J. (1994): Managing brand portfolios: How the leaders do it, in: Journal of Advertising Research, Vol. 34 (5, Sep.), S. 64-75.

Landon, S.; Smith, C. E. (1997): The use of quality and reputation indicators by consumers: the case of Bordeaux wine, in: Journal of Consumer Policy, 20, S. 289-323.

Lantos, G. P. (1983): The influence of inherent risk and information acquisition on consumer risk reduction strategies, in: Journal of the Academy of Marketing Science, Vol. 11 (4), S. 358-381.

Larson, A. (1992): Network dyads in entrepreneurial settings: a study of the governance of exchange relationships, in: Administrative Science Quaterly, 37, S. 76-101.

Latkovic, K. (2000): Elektrizitätsversorgungsunternehmen im Wandel, Essen.

Lehmann, M. (1998): Marktorientierte Betriebswirtschaftslehre – Planen und Handeln in der Entgeltwirtschaft, Berlin u. a.

Lev, B.; Zarowin, P. (1999): The boundaries of financial reporting and how to extend them, in: Journal of Accounting Research, 37 (Suppl.), S. 353-385.

Liljander, V. (2000): The Importance of Internal Relationship Marketing for External Relationship Success, in: Hennig-Thurau, Th.; Hansen, U. (Eds.): Relationship Marketing: Gaining Competitive Advantage Through Customer Satisfaction and Customer Retention, Berlin, S. 159-192.

Lippe, P. von der; Kladroda, A. (2002): Repräsentativität von Stichproben, in: Marketing ZFP, 24. Jg., Heft 2, S. 139-145.

Lohmann, H. (2003): Bestandsaufnahme der Liberalisierung des deutschen Gasmarktes, in: e m w – Zeitschrift für Energie, Markt, Wettbewerb, Nr. 1 (Februar), S. 15-17.

Loose, A.; Sydow, J. (1994): Vertrauen und Ökonomie in Netzwerkbeziehungen – Strukturtheoretische Betrachtungen, in: Sydow, J.; Windeler, A. (Hrsg.): Management interorgdanisationaler Beziehungen: Vertrauen, Kontrolle, Interaktionstechnik, Opladen, S. 160-193.

Lovelock, C.; Vandermerwe, S.; Lewis, B. (1999): Services Marketing – A European Perspective, London u. a.

Magee, B. (1975): Karl Popper und der Kritische Rationalismus, in: Lührs, G.; Sarrazin, T.; Spreer, F.; Tietzel, M. (Hrsg.): Kritischer Rationalismus und Sozialdemokratie, 2. Aufl., Berlin, S. 73-87.

Maignan I.; Ferrell O. C.; Hult, G. T. M. (1999): Corporate Citizenship: Antecedents and Business Benefits, in: Journal of the Academy of Marketing Science, Vol. 27 (4), S. 455-469.

Malhotra, N. K. (1993): Marketing Research – An Applied Orientation, Englewood Cliffs, N.J.

Maltzahn, A. v. (2000): Die Zukunft des Erdgases. Liberalisierung des deutschen Gasmarktes, in: BEB Mosaik, 4/2000, S. 8-13.

manager magazin (2002a): Imageprofile, in: http://www.manager-magazin.de/magazin/artikel/0,2828,178639,00.html, abgerufen am 27.02.2002.

manager magazin (2002b): Marken-Meisterschaft, in: http://www.manager-magazin. de/unternehmen/markenstaerke/0,2828,196898,00.html? Ranking=1& Branche= 1&x=3&y=8, abgerufen am 07.11.2002.

Margaritis, W. (2000): Reputation Management at FedEx, in: Corporate Reputation Review, Vol. 3 (1), S. 61-67.

Martinez, R. J.; Norman, P. M. (2004): Whither reputation? The effects of different stakeholders, in: Business Horizons, Vol. 47 (5), S. 25-32.

Marwick, N.; Fill, C. (1997): Towards a framework for managing corporate identity, in: European Journal of Marketing, Vol. 31 (5/6), S. 396-409.

Mason, C. J. (1993): What image do you project? in: Management Review, No. 82 (Nov.), S. 10-16.

Michel, U. (1997): Strategien zur Wertsteigerung erfolgreich umsetzen – Wie die Balanced Scorecard ein wirkungsvolles Shareholder Value Management unterstützt, in: Horváth, P. (Hrsg.): Das neue Steuerungssystem des Controllers, Stuttgart, S. 271-287.

Mintu, A. T.; Calantone, R. J.; Gassenheimer, J. B. (1994): Toward Improving Cross-Cultural Research: Extending Churchill's Research Paradigm, in: Journal of International Consumer Marketing, Vol. 7 (2), S. 5-23.

Mishra, D. P. (1998): The Conceptualization and Measurement of Suppliers' Reputation Display in Asymmetric Marketing Relationships, in: Journal of Market-Focused Management, Vol. 3 (2), S. 123-150.

Mitroff, I. I. (1994): Crisis Management and Environmentalism: A Natural Fit, in: California Management Review, Vol. 36 (2), S. 101-113.

Mokhiber, R.; Weissman, R. (2002): Bad Apples in a Rotten System – The 10 Worst Corporations of 2002, in: Multinational Monitor, Vol. 23 (12, Dec.), S. 8-19.

Monhemius, K. C. (1993): Umwelbewußtes Kaufverhalten von Konsumenten, Frankfurt/Main u. a.

Moore, W. J.; Newman, R. J.; Turnbull, G. K. (2001): Reputational Capital and Academic Pay, in: Economic Inquiry, Vol. 39 (4, Oct.), S. 663-671.

Müller, S. (1999): Grundlagen der qualitativen Marktforschung, in: Herrmann, A.; Homburg, C. (Hrsg.): Marktforschung, Wiesbaden, S. 128-157.

Müller, K.-P.; Brehm, C. (2000): Vom Stromversorger zum Energiemanager – Eine strategiegeleitete Restrukturierung bei RWE Energie, in: Frese, E. (Hrsg.): Organisationsmanagement: Neuorientierung der Organisationsarbeit, Stuttgart, S. 317-329.

Müller-Böling, D. (2000): Unsere Methode ist besser – Deutsche Hochschulrankings sind sinnvoll. Eine Erwiderung auf Christine Brinck, in: Die Zeit, Nr. 42, www.zeit.de/2000/42/Hochschule/200042_c-ranking-replik. html, abgerufen am 11.02.2003.

Muir Packman, H.; Casmir, F. (1999): Learning from the Euro Disney Experience: A Case Study in International/Intercultural Communication, in: Gazette, Vol. 61 (6, December), S. 473-489.

Mullin, R. (2002): Schering-Plough Pays $500 Million to Settle FDA Complaints, in: Chemical Week, Vol. 164 (21, May), S. 25.

Nasif, E. G.; Al-Daeaj, H.; Ebrahimi, B.; Thibodeaux, M. S. (1991): Methodological Problems in Cross-Cultural Research: An Updated Review, in: Management International Review, Vol. 31 (1), S. 79-91.

Neu, A. (2000): Perspektive des Erdgasmarktes nach der Liberalisierung, in: Energiewirtschaftliche Tagesfragen, 50. Jg. (3), S. 100-105.

Neuner, M. (2001): Verantwortliches Konsumentenverhalten – Individuum und Institution, Beiträge zur Verhaltensforschung, Berlin.

Neveling, S. (2003): Wie wird die Regulierung der Strom- und Gasmärkte in Deutschland künftig aussehen? in: e m w – Zeitschrift für Energie, Markt, Wettbewerb, Nr. 4 (August), S. 11-18.

Niermann, S.; Walsh, G. (2005): Analyse der Determinanten der Kundenzufriedenheit und -bindung privater Haushalte, der markt, 44 Jg., Nr. 174/175, S. 142-150.

Nill-Theobald, C. (2001): Grundzüge des Energiewirtschaftsrechts: Die Liberalisierung der Strom- und Gaswirtschaft, München.

Nunnally, J. C. (1967): Psychometric Theory, New York.

Nunnally, J. (1978): Psychometric Theory, New York.

Ordelheide, D.; Rudolph, B.; Büsselmann, E. (Hrsg.) (1990): Betriebswirtschaftslehre und ökonomische Theorie, Stuttgart.

O'Rourke, J. (2001): Bridgestone/Firestone, Inc. And Ford Motor Company: How a Product Safety Crisis Ended a Hndred-Year Relationship, in: Corporate Reputation Review, Vol. 4 (3), S. 255-264.

Osgood, C. E.; Suci, G. J.; Tannenbaum, P. H. (1957): The measurement of meaning. Urbana, Ill.

o. V. (2002a): PG Energy Themen, in: http://www.bcg.ch/bcg/ pg/energy/themen, abgerufen am 20.06.2002.

o. V. (2002b): Double talk, in: Marketing News, Sept. 30, American Marketing Association, Chicago, S. 3.

o. V. (2002c): Deutsche Gaswirtschaft- Das Ende der Freiheit? in: Energie Informationsdienst, 2. Jg., Heft 17, S. 6-9.

o. V. (2002d): Transport und Speicher für eine zuverlässige Energieversorgung, in: BEB Unternehmensbericht 2001, Hannover, S. 18-19.

o. V. (2003a): Rückblick: Klima/Öl, in: Greenpeace – Nachrichten für Förderer, 1/03 (Februar-April), S. 4-5.

o. V. (2003b): Rückblick: Chemie – Gerechtigkeit für Bhopal!, in: Greenpeace – Nachrichten für Förderer, 1/03 (Februar-April), S. 8.

o. V. (2003c): Deutscher Corporate Governance Kodex, in: www.corporate-governance-code.de, abgerufen am 25.02.2003.

o. V. (2003d): Understanding and Evaluating Reputation, in: Reputation Management, May/June 1998, in: http://www.entegracorp.com/downloads/Reputation%20 Management.pdf.pdf, abgerufen am 25.03.2003.

o. V. (2003e): Neue Klagewelle rollt auf Bayer zu, in: Süddeutsche Zeitung, Nr. 127, 4. Juni 2003, S. 21.

o. V. (2003f): Chef der Deutschen Bank muss vor Gericht – Anklage gegen Ackermann zugelassen / Prozess um Millionenabfindung bei Mannesmann-Übernahme, in: Hannoversche Allgemeine Zeitung, Nr. 220, 20. September 2003, S. 9.

Palazzo, B. (2002): Ethik als Erfolgsmotor, in: Süddeutsche Zeitung, 13. Mai, Nr. 109, in: http://www.sueddeutsche.de/index.php?url=/karriere/erfolggeld/43415&datei=index. php, abgerufen am 16.07.2002.

Parasuraman, A.; Zeithaml, V. A.; Berry, L. L. (1986): SERVQUAL: A Multiple Item Scale for Measuring Customer Perceptions of Service Quality, in: Working Paper No. 86-108, Marketing Science Institute, Cambridge, MA.

Paul, H. (2003): Gute Noten für die Dax-Firmen – Der Cromme-Index wird meist ernst genommen, in: Hannoversche Allgemeine Zeitung, Nr. 47, 25.02.2003, S. 11.

Pelz, J.; Scholl, W. (1990): Entwicklung eines Verfahrens zur Messung von Sympathie, Einwirkung, Macht-Einfluss-Differenzierung und Interesse (SEMI), 17. Bericht aus dem Institut für Wirtschafts- und Sozialpsychologie der Georg-August-Universität Göttingen, Göttingen.

Petrick, J. A.; Scherer, R. F.; Brodzinski, J. D.; Quinn, J. F.; Ainina, M. F. (1999): Global leadership skills and reputational capital: Intangible resources for sustainable competitive advantage, in: Academy of Management Executive, Vol. 13 (1), S. 58-69.

Pasteure, M. E. (2000): Kundenbindung durch starke Marke: Interview mit M. E. Pasteure, in: Energiewirtschaftliche Tagesfragen, 50. Jg., Heft 11, S. 826-829.

Patrick, V.; Folkes, V. (2002): Whodunnit? Accessibility of Blameworthiness in the Firestone Tire Recall, in: Proceedings of 2002 AMA Summer Marketing Educators' Conference, W. J. Kehoe; Lindgren, J. H. (Eds.), S. 8-13.

Picot, A. (1982): Transaktionskostenansatz in der Organisationstheorie: Stand der Diskussion und Aussagewert, in: Die Betriebswirtschaft, 42. Jg., Nr. 2, S. 267-284.

Picot, A.; Reichwald, R.; Wigand, R. (2001): Die grenzenlose Unternehmung: Information, Organisation und Management: Lehrbuch zur Unternehmensführung im Informationszeitalter, 4. Aufl., Wiesbaden.

Plötner, O. (1995): Das Vertrauen des Kunden. Relevanz, Aufbau und Steuerung auf industriellen Märkten, Wiesbaden.

Pohlkamp, M.; Rolf, A.; Schräder, W. (2003): Prozeßstörungen als Risikofaktor in der chemischen Industrie: Der Fall "Bhopal" von Union Carbide, in: http://www.krisennavigator.de/rifa4-d.htm, abgerufen am 03.02.2003.

Popper, K. R. (1973): Objektive Erkenntnis, Hamburg.

Popper, K. R. (1979): Truth, rationality, and the growth of scientific knowledge, Frankfurt/Main.

Popper, K. R. (1992): In Search of a Better World. Lectures and Essays from Thirty Years. London und New York.

Poser, H. (2001): Wissenschaftstheorie – Eine philosophische Einführung, Stuttgart.

Preißner, A. (2000): Marketing- und Vertriebssteuerung – Planung und Kontrolle mit Kennzahlen und Balanced Scorecard, München und Wien.

Puri, P.; Borok, T. (2002): Employees as Corporate Stakeholders, in: The Journal of Corporate Citizenship, 8 (Winter), Special Issue on Corporate Transparency, Account-ability and Governance, S. 49-61.

Raffée, H. (1984): Gegenstand, Methoden und Konzepte der Betriebswirtschaftslehre, in: Vahlens Kompendium der Betriebswirtschaftslehre, Band 1, München, S. 1-46.

Raffée, H. (1974): Grundprobleme der Betriebswirtschaftslehre, Göttingen.

Raffée, H.; Fritz, W.; Wiedmann, K.-P. (1994): Marketing für öffentliche Betriebe, Stuttgart u. a.

Raffée, H.; Wiedmann, K.-P. (1989): Gesellschaftliche Mega-Trends als Basis einer Neuorientierung von Marketing-Praxis und Marketing-Wissenschaft, in: Schwarz, C.; Sturm, F.; Klose, W. (Hrsg.): Marketing 2000. Perspektiven zwischen Theorie und Praxis, 2. Auflage, Wiesbaden, S. 185-209.

Raffée, H.; Wiedmann, K.-P. (1993): Corporate Identity als strategische Basis der Marketingkommunikation, in: Berndt, R.; Hermanns, A. (Hrsg.): Handbuch Marketing-Kommunikation. Strategien - Instrumente - Perspektiven, Wiesbaden, S. 43-67.

Raffée, H.; Wiedmann, K.-P.; Abel, B. (1983): Sozio-Marketing, in: Irle, M. (Hrsg.): Handbuch der Psychologie, Band 12, 2. Halbband: Methoden und Anwendungen in der Marktpsychologie, Göttingen u. a., S. 675-768.

Ramaswami, A. N.; Singh, J. (2003): Antecedents and Consequences of Merit Pay Fairness for Industrial Salepeople, in: Journal of Marketing, Vol. 67 (October), S. 46-66.

Rao, A. R.; Ruekert, R. W. (1994): Brand Alliances as Signals of Product Quality, in: Sloan Management Review, Vol. 1 (Fall), S. 87-97.

Rappaport, A. (1998): Creating Shareholder Value: A Guide for Managers and Investors, 2nd Ed., New York.

Ratneshwar, S.; Chaiken, S. (1991): Comprehension's Role in Persuasion: The Case of its Moderating Effect on the Persuasive Impact of Source Cues, in: Journal of Consumer Research, 18 (June), S. 52-62.

Ravasi, D. (2002): Analyzing Reputation in a Cross-National Setting, in: Corporate Reputation Review, Vol. 4 (4), S. 354-361.

Reinecke Flynn, L.; Pearcy, D. (2001): Four subtle sins in scale development: Some suggestions for strengthening the current paradigm, in: International Journal of Market Research, Vol. 43 (4), S. 409-423.

Richins, M. (1983): Negative word-of-mouth by dissatisfied consumers: A pilot study, in: Journal of Marketing, Vol. 47 (1), S. 68-78.

Richter, R.; Furubotn, E. (1996): Neue Institutionenökonomik, Tübingen.

Richter, R.; Furubotn, E. (1999): Neue Institutionenökonomik, 2. Aufl., Tübingen.

Ridder, H.-G. (1999): Personalwirtschaftslehre, Stuttgart.

Riechmann, C. (2003): Regulierung von Energiemärkten – Aufsicht über Netztarife im internationalen Vergleich, in: e m w – Zeitschrift für Energie, Markt, Wettbewerb, Nr. 4 (August), S. 19-23.

Riedel, O.; Unland, H. (2003): Corporate Governance: Unternehmensweites Risikomanagement – Eine Herausforderung für Energieversorger , in: e m w – Zeitschrift für Energie, Markt, Wettbewerb, Nr. 4 (August), S. 57-60.

Rindfleisch, A.; Heide, J. B. (1997): Transaction Cost Analysis: Past, Present, and Future Applications, in: Journal of Marketing, Vol. 61 (October), S. 30-54.

Ring, A.; Shriber, M.; Horton, Y. L. (1980): Some effects of perceived risk on consumer informarion processing, in: Journal of the Academy of Marketing Science, Vol. 8 (3), S. 255-263.

Riordan, C. M.; Vandenberg, R. J. (1994): A central question in cross-cultural research: Do employees of different cultures interpret work-related measures in an equivalent manner? in: Journal of Management, 20, S. 643-671.

Roberts, P. W.; Dowling, G. R. (2002): Corporate Reputation and Sustained Superior Financial Performance, in: Strategic Management Journal, Vol. 23, S. 1077-1093.

Robinson, J. P.; Shaver, R. S.; Wrightsman, L. S. (1991): Criteria for scale Selection and Evaluation, in: Measures of Personality and Social Psychological Attitudes, Robinson, J. P.; Shaver, R. S.; Wrightsman, L. S. (Eds.), San Diego, CA, S. 1-15.

Rößl, D. (1994): Gestaltung komplexer Austauschbeziehungen. Analyse zwischenbetrieblicher Kooperationen, Wiesbaden.

Rokeach, M. (1973): The Nature of Human Values, New York.

Rose, C.; Thomsen, S. (2004): The Impact of Corporate Reputation on Performance: Some Danish Evidence, in: European Management Journal, Vol. 22 (2), S. 201-210.

Rosenthal, R.; Rosnow, R. L. (1984): Essentials of Behavioral Research: Methods and Data Analysis, New York.

Rugman, A. M.; Hodgett, R. M. (2003): International Business, 3rd Ed., Harlow u. a.

Ruhrgas AG (2002): Energiepolitische Rahmenbedingungen – Herausforderungen und Chancen, in: http://www.ruhrgas.de/deutsch/Erdgas Wirtschaft/Grundzuege/g09. htm, abgerufen am 18.07.2002.

Runyon, K. E.; Stewart, D. W. (1987): Consumer Behavior And The Practice of Marketing, Columbus u. a.

Sachse, M. (2001): Energiedienstleistungen im liberalisierten Strommarkt als Chance für kommunale Energieversorgungsunternehmen?, In: Zeitschrift für Energiewirtschaft, 4/2001, S. 253-263.

Salzberger, T. (1998): Die Lösung von Äquivalenzproblemen in der interkulturellen Marketingforschung mittels Methoden der probabilistischen Meßtheorie, Wien, Wirtschaftsuniversität, online: http://epub.wu-wien.ac.at/dyn/virlib/diss/ showentry?ID=epub-wu-01_ec&back=/, abgerufen am 12.05.2002.

Sappington, D.; Wernerfelt, B. (1985): To Brand or Not to Brand? A Theoretical and Empirical Question, in: Journal of Business, Vol. 58, 279-293.

Saxton, T. (1997): The Effects of Partner and Relationship Characteristics on Alliance Outcomes, in: Academy of Management Journal, Vol. 40 (2), S. 443-461.

Schanz, G. (1979): Die Betriebswirtschaftslehre und ihre sozialwissenschaftlichen Nachbardisziplinen, in: Raffée, H.; Abel, B. (Hrsg.): Wissenschaftstheoretische Grundfragen der Wirtschaftswissenschaften, München, S. 121-137.

Schiffer, H.-W. (1999): Energiemarkt Deutschland, 7. Auflage, Köln.

Schiffer, H.-W. (2001): Deutscher Energiemarkt 2000, in: Energiewirtschaftliche Tagesfragen, 51. Jg. (3), S. 106-120.

Schiffer, H.-W. (2001): Deutscher Energiemarkt 2001. Primärenergie-Treibhausgas-Emissionen-Mineralöl-Braunkohle-Steinkohle-Erdgas-Elektrizität-Energiepreise-Importrechnung, in: Energiewirtschaftliche Tagesfragen, 3/2001, S. 106-120.

Schneider, D. (1993): Stichwort *Betriebswirtschaftslehre*, in: Gabler Wirtschafts-Lexikon, Bd. A-.BH, 13. Aufl., S. 493-501.

Schneider, D. (1981): Geschichte betriebswirtschaflicher Theorie, München und Wien.

Schoch, R. (1970): Verkaufsprozeß und „behavioral sciences", in: Die Unternehmung, 24. Jg., S. 97-121.

Scholte, J. A. (2001): Globalisation, Governance and Corporate Citizenship, in: Journal of Corporate Citizenship, Vol. 1 (1, Spring), S. 15-23.

Schroer, P. M.; Kuylaars, M. (2003): Zauberwort Nutzungsentgelt – eine Chronologie des Wettbewerbs im Strommarkt, in: e m w – Zeitschrift für Energie, Markt, Wettbewerb, Nr. 4 (August), S. 33-36.

Schultz, M.; Hatch, M. J.; Larsen, M. H. (Eds.) (2000): The Expressive Organization: Linking Identity, Reputation, and the Corporate Brand, Oxford.

Schultz M.; Mouritsen J.; Gabrielsen G. (2001): Sticky Reputation: Analyzing a Ranking System, Corporate Reputation Review, Vol. 4 (1, Spring), S. 24-41.

Schultz, M.; Nielsen, U.; Boege, S. (2002): Nominations for the Most Visible Companies for the Danish RQ, in: Corporate Reputation Review, Vol. 4 (4), S. 327-336.

Schwaiger, M.; Hupp, O. (2003): Corporate Reputation Management - Herausforderung für die Zukunft, in: Planung & Analyse, 3, S. 58-64.

Schwaiger, M.; Zinnbauer, M. (2003): Unternehmensreputation: Treiber der Kundenbindung bei mittelständischen EVUs. Ergebnisse einer innovativen Studie der WVV, in: Zeitschrift für Energiewirtschaft, 27 (4), S. 275-280.

Schwalbach, J. (2003): Unternehmensreputation als Erfolgsfaktor, in: Rese, M.; Söllner, A.; Utzig, B. P. (Hrsg.): Relationship Marketing, Berlin u. a., S. 225-238.

Schweizer, T. S.; Wijnberg, N. M. (1999): Transferring Reputation to the Corporation in Different Cultures: Individuals, Collectives, Systems and the Strategic Management of Corporate Reputation, in: Corporate Reputation Review, Vol. 2 (3), S. 249-266.

Sekaran, U. (1983): Methodological and Theoretical Issues and advancements in Cross-cultural Research, in: Journal of International Business Studies, S. 61-73.

Sekaran, U. (1993): Methodological and Theoretical Issues and Advancements in Cross-Cultural Research, in: Journal of International Business Studies, 14 (2), S. 61-73.

Selnes, F. (1993): An Examination of the Effect of Product Performance on Brand Reputation, Satisfaction and Loyalty, in: European Journal of Marketing, 27 (9), S. 19-35.

Sepp, H. M. (1996): Strategische Frühaufklärung – Eine ganzheitliche Konzeption aus ökologischer Perspektive, Wiesbaden.

Shapiro, C. (1982): Consumer Information, Product Quality, and Seller Reputation, in: The Bell Journal of Economics, Vol. 13 (Spring), S. 20-35.

Sharma, S.; Weathers, D. (2003): Assessing generalizability of scales used in cross-national research, in: International Journal of Research in Marketing, Vol. 20 (3, September), S. 287–295.

Shrivastavas, P.; Siomkos, G. (1989): Disaster Containment Strategies, in: Journal of Business Strategy, 10 (Sept./Oct.), S. 26-31.

Simon, H. (Hrsg.) (2001): Unternehmenskultur und Strategie – Herausforderungen im globalen Wettbewerb, Frankfurt am Main.

Singh, J. (1995): Measurement Issues in Cross-national Research, in: Journal of International Business Studies, Vol. 26 (3, 3rd Quarter), S. 597-619.

Siomkos, G. J.; Malliaris, P. G. (1992): Consumer Response to Company Communications During a Product Harm Crisis, in: Journal of Applied Business Research, Vol. 8 (4), S. 59-65.

Smith, J. B.; Barclay, D. W. (1997): The Effects of Organizational Differences and Trust on the Effectiveness of Selling Partner Relationships, in: Journal of Marketing, Vol. 61, S. 3-21.

Solomon, M.; Bamossy, G.; Askegaard, S. (2001): Konsumentenverhalten – Der europäische Markt, München.

Spremann, K. (1988): Reputation, Garantie, Information, in: Zeitschrift für Betriebswirtschaft, 58 (5/6), S. 613-629.

Srivastava, R. K.; McInish, T. H.; Wood, R. A.; Capraro, A. J. (1997): The Value of Corporate Reputation: Evidence from the Equity Markets, in: Corporate Reputation Review, Vol. 1 (1, Summer/Fall), S. 62-92.

Stauss, B. (1991): Internes Marketing als personalorientierte Qualitätspolitik, in: Bruhn, M.; Stauss, B. (Hrsg): Dienstleistungsqualität, Wiesbaden, S. 227-246.

Stauss, B.; Schulze, H. S. (1990): Internes Marketing, in: Marketing ZFP, 12. Jg., Heft 3, S. 149-158.

Steenkamp, J.-B. E. M.; Ter Hofstede, F. (2002): International market segmentation: issues and perspectives, in: International Journal of Research in Marketing, Vol. 19, S. 185-213.

Steinle, C. (1998): Einführung: Begriffliches Grundverständnis des Controlling, in: Steinle, C.; Bruch, H. (Hrsg.): Controlling – Ein Kompendium für Controller/innen und ihre Ausbildung, Stuttgart, S. 6-61.

Stern (2001): Trendprofile – Der Gas-Markt (Marken und Wechselbereitschaft - Status und Entwicklungen), Oktober 2001, Gruner + Jahr AG & Co., Hamburg.

Stern, J. P. (1998): Competition and Liberalization in European Gas Markets, London.

Stern, L. W.; Eovaldi, T. L. (1994): Legal Aspects of Marketing Strategy, Englewood-Cliffs.

Stevens, D. E. (2002): The Effects of Reputation and Ethics on Budgetary Slack, in: Journal of Management and Acoounting Research, Vol. 14, S. 153-171.

Stiglitz, J. E. (2000): The Contributions of the Economics of Information to Twentieth Century Economicsin: The Quarterly Journal of Economics, November, S. 1441-1478.

Stock, R. (2001): Kundenorientierte Mitarbeiter als Schlüssel zur Kundenzufriedenheit, in: Homburg, C. (Hrsg.): Kundenzufriedenheit, 4. Aufl, Wiesbaden, S. 211-233.

Strümpel, B. (1990): Psychologie gesamtwirtschaftlicher Prozesse, in: Hoyos, C. G.; Kroeber-Riel, W.; Rosenstiel, L. v.; Strümpel, B. (Hrsg.): Wirtschaftspsychologie in Grundbegriffen, München u. a., S. 15-28.

Sudman, S. (1976): Applied Sampling, New York.

Supphellen, M.; Nysveen, H. (2001): Drivers of intention to revisit the websites of well-known companies: The role of corporate brand loyalty, in: International Journal of Market Research, Vol. 43 (3) S. 341-352.

Terberger, E. (1994): Neo-institutionalistische Ansätze: Entstehung und Wandel, Anspruch und Wirklichkeit, Wiesbaden.

Terpstra, V.; Sarathy, R. (2000): International Marketing, 8th Ed., Fort Worth.

Thevissen, F. (2002): Corporate Reputation in the Eye of the Beholder, in: Corporate Reputation Review, Vol. 4 (4), S. 318-326.

Thurau, C. (2002): Die Kundenorientierung von Mitarbeitern, Lohmar und Köln.

Tomczak, T.; Will, M.; Kernstock, J.; Brockdorff, B.; Einwiller, S. (2001): Corporate Branding – Die zukunftsweisende Aufgabe zwischen Marketing, Unternehmenskommunikation und strategischen Management, in: Thexis, 4, S. 2-4.

Töpfer, A. (1999): Die A-Klasse: Elchtest, Krisenmanagement, Kommunikationsstrategie, Neuwied und Kriftel.

Trommsdorff, V. (1980): Image als Einstellung zum Angebot. in: Graf Hoyos u. a. (Hrsg.): Grundbegriffe der Wirtschaftspsychologie, München, S. 117-128.

Trommsdorff, V. (1975): Die Messung von Produktimages für das Marketing - Grundlagen und Operationalisierung, Köln u. a.

Trommsdorff, V. (1998): Konsumentenverhfalten, 3. Aufl., Stuttgart u. a.

Trotter, R. C.; Day, S. G.; Love, A. E. (1989): Bhopal, India and Union Carbide: The Second Tragedy, in: Journal of Business Ethics, 8, S. 439-454.

Turnbull, P. W.; Cunningham, M. T. (1981): International Marketing and Purchasing - A Survey among Marketing and Purchasing Executives in Five European Countries, London und Basingstoke.

Überla, K. (1971): Faktorenanalyse, 2. Aufl., Berlin und New York.

Uehlecke, J. (2002): Alles nichts, oder? in: McK Wissen – Das Magazin von McKinsey, 1. Jg. (03), Branding, S. 78-83.

Ulrich, P.; Fluri, E. (1995): Management, 7. Auflage, Bern u. a.

van Riel, C. B. M. (1997): Increasing effectiveness of managing stategic issues affecting a firm's reputation, in: Corporate Reputation Review, Vol. 1 (2), S. 135-140.

van Riel, C.; Fombrun, C. J. (2002): Which Company is Most Visible in Your Country? An Introduction to the Special Issue on the Global RQ-Project Nominations, in: Corporate Reputation Review, Vol. 4 (4), S. 296-302.

van de Vijver, F. J. R.; Poortinga, Y. H. (1997): Towards an integrated analysis of bias in cross-cultural assessment, in: European Journal of Psychological Assessment, 13, S. 29-37.

VDEW (2002): Werbebudgets im Energiemarkt gestiegen, in: http://www.strom.de/wysstr/stromwys.nsf/WYSFrameset1?Readform&JScript=1&, abgerufen am 23.08.2002.

Vence, D. L. (2002): Done right, Web sites cultivate user satisfaction, in: Marketing News, Sept. 2, American Marketing Association, Chicago.

Vogt, J. (1997): Vertrauen und Kontrolle in Transaktionen: eine institutionenökonomische Analyse, Wiesbaden.

Waddock, S. (2001): Integrity and Mindfulness: Foundations of Corporate Citizenship, in: Journal of Corporate Citizenship, Vol. 1 (1, Spring), S. 25-37.

Wade, J. B.; Porac, J. F.; Pollock, T. (1997): Hitch your corporate wagon to a CEO star: Testing two views of the relationship between the pay, reputation, and performance of top executives, in: Corporate Reputation Review, Vol. 1 (2), S. 103-109.

Walker Information (1998): The Value of Reputation, in: Measurements, Vol. 7 (4), S. 1-6.

Walsh, G. (2002): Konsumentenverwirrtheit als Marketingherausforderung, Wiesbaden.

Walsh, G. (2005): Unternehmensreputation: Konzeptualisierung und Konsequenzen, in: Jahrbuch der Absatz- und Verbrauchsforschung, 51. Jg., Heft 4, S. 393-418.

Walsh, G.; Beatty, Sharon E. (2007): Measuring Customer-based Corporate Reputation: Scale Development, Validation, and Application, in: Journal of the Academy of Marketing Science, in Druck.

Walsh, G.; Wiedmann, K.-P. (2004): A Conceptualization of Corporate Reputation in Germany: An Evaluation and Extension of the RQ, in: Corporate Reputation Review, Vol. 6 (4), S. 304-312.

Walsh, G.; Dinnie, K.; Wiedmann, K.-P. (2006): How Do Corporate Reputation and Customer Satisfaction Impact Customer Defection? A Study of Private Energy Customers in Germany, in: Journal of Services Marketing, Vol. 20 (6), S. 412-420.

Walsh, G.; Klee, A.; Wiedmann, K.-P.; Wassmann, T. (2005): Wechselbarrieren als Ursache für die Stabilität von Geschäftsbeziehungen: Eine explorative Untersuchung in der Energiewirtschaft, in: Zeitschrift für Energiewirtschaft, 29 (2), S. 145-153.

Wang, Y.; Lo, H.-P.; Hui, Y. V. (2003): The antecedents of service quality and product quality and their influence on bank reputation: evidence from the banking industry in China, in: Managing Service Quality, Vol. 13 (1), S. 72-83.

Wangenheim, F. v.; Bayón, T.; Weber, L. (2002): Der Einfluss von persönlicher Kommunikation auf Kundenzufriedenheit, Kundenbindung und Weiterempfehlungsverhalten, in: Marketing ZFP, 24. Jg., Heft 3, S. 181-194.

Webster's Revised Unabridged Dictionary (1998), MICRA, Inc., Plainfield, NJ.

Weiber, R.; Adler, J. (1995): Der Einsatz von Unsicherheitsreduktionsstrategien im Kaufprozeß: Eine informationsökonomische Analyse, in: Kaas, K. P. (Hrsg.): Kontrakte, Geschäftsbeziehungen, Netzwerke - Marketing und Neue Institutionenökonomik, in: Zeitschrift für betriebswirtschaftliche Forschung Sonderheft Nr. 35, Düsseldorf und Frankfurt/Main, S. 61-77.

Weisenfeld-Schenk, U. (1997): Die Nutzung von Zertifikaten als Signal für Produktqualität, in: Zeitschrift für Betriebswirtschaft, 67 Jg. (1), S. 21-39

Weiss, A. M.; Anderson, E.; MacInnis, D. J. (1999): Reputation Management as a Motivation for Sales Structure Decisions, in: Journal of Marketing, Vol. 63 (October), S. 74-89.

Wiedmann, K.-P. (1982): Ansatzpunkte einer theoretischen und empirischen Untersuchung des Problemfeldes Sozio-Marketing, Arbeitspapier Nr. 18 des Instituts für Marketing an der Universität Mannheim, Mannheim.

Wiedmann, K.-P. (1988a): Erweiterung des Marketingverständnisses als Grundlage einer effizienten Unternehmenspolitik in der Pharmaindustrie, Arbeitspapier Nr. 66 des Instituts für Marketing an der Universität Mannheim, Mannheim.

Wiedmann, K.-P. (1988b): Corporate Identity als Unternehmensstrategie, in: WiSt, Heft 5, S. 236-242.

Wiedmann, K.-P. (1992): Grundkonzept und Gestaltungsperspektiven der Corporate Identity-Strategie, Arbeitspapier Nr. 95 des Instituts für Marketing an der Universität Mannheim, Mannheim.

Wiedmann, K.-P. (1993): Rekonstruktion des Marketingansatzes und Grundlagen einer erweiterten Marketingkonzeption, Stuttgart.

Wiedmann, K.-P. (1994): Strategisches Markencontrolling, in: Bruhn, M. (Hrsg.): Handbuch Markenartikel, Anforderungen an die Markenpolitik aus der Sicht von Wissenschaft und Praxis, Band II: Markentechnik - Markenintegration - Markenkontrolle, Stuttgart, S. 1305 – 1336.

Wiedmann, K.-P. (1996a): Unternehmensführung und gesellschaftsorientiertes Marketing, in: Bruch, H.; Eickhoff, M.; Thiem, H. (Hrsg.): Zukunftorientiertes Management – Handlungshinweise für die Praxis, Franfurt, S. 234-262.

Wiedmann, K.-P. (1996b): Grundkonzepte und Gestaltungsperspektiven der Corporate-Identity Strategie, Hannover, 2. Aufl.

Wiedmann, K.-P. (2001a): Die Wahrnehmung von Unternehmen in Deutschland – Überlegungen zur Entwicklung geeigneter Konstrukte und Ergebnisse der ersten EURO-RQ-Studie, Schriftenreihe Marketing, Hannover.

Wiedmann, K.-P. (2001b): Corporate Identity und Corporate Branding – Skizzen zu einem integrierten Managementkonzept, in: Thexis, 4, S. 17-22.

Wiedmann, K.-P. (2002): Analyzing the German Reputation Landscape, in: Corporate Reputation Review, Vol. 4 (4): 337-353.

Wiedmann, K.-P. (2003a): Visionen & Utopien als „Driving Forces" für Unternehmen?, Schriftenreihe Marketing, Hannover.

Wiedmann, K.-P. (2003b): Managing a Company's Brand Leadership Activities – Framework and Discussion, in: Journal of International Business and Entrepreneurship, in Kürze.

Wiedmann, K.-P.; Buckler, F. (2001): Neuronale Netze im Marketingmanagement, in: Wiedmann, K.-P; Buckler, F. (Hrsg.): Neuronale Netze im Marketingmanagement: Praxisorientierte Einführung in modernes Data Mining, Wiesbaden, S. 35-101.

Wiedmann, K.-P.; Buxel, H. (2005): Reputationsmanagement in Deutschland: Ergebnisse einer empirischen Untersuchung, in: Jahrbuch der Abstz- und Verbrauchsforschung, 51. Jg., Heft 4, S. 419-438.

Wiedmann, K.-P.; Buxel, H.; Walsh, G. (2002): Customer Profiling in eCommerce: Methodological Aspects and Challenges, in: Journal of Database Marketing, Vol. 9, No. 2, S. 170-184.

Wiedmann, K.-P.; Kilian, T.; Duvenhorst, C.; Walsh, G. (2002): Ansatzpunkte eines Marketing auf liberalisierten Märkten: Was können GVU vom Strommarkt lernen? Schriftenreihe Marketing, Hannover.

Wiedmann, K.-P.; Kilian, T.; Walsh, G.; Matijevic, A.; Duvenhorst, C. (2002): Kundenorientierung von kommunalen Versorgungsunternehmen: Vom Beschwerdemanagement zum integrierten Kundenkontakt-Management, Schriftenreihe Marketing, Hannover.

Wiedmann, K.-P.; Kreutzer, R. (1987): Strategische Marketingplanung – Ein Überblick, in: Raffée, H.; Wiedmann, K.-P. (Hrsg.): Strategisches Marketing I, Stuttgart, S. 61-131.

Wiedmann, K.-P.; Matijevic, A.; Duvenhorst, C.; Kilian, T. (2003): Optimale Gestaltung der Kundenkontaktkanäle: Multi-Channel Marketing in der Energiebranche, Schriftenreihe Marketing, Hannover.

Wiedmann, K.-P.; Kreutzer, R. (1989): Strategische Marketingplanung - Ein Überblick, in: Raffée, H.; Wiedmann, K.-P. (Hrsg.): Strategisches Marketing, 2. Aufl., Stuttgart, S. 61-141.

Wiedmann, K.-P.; Raffée, H. (1986): Gesellschaftsbezogene Werte, persönliche Lebenswerte, Lebens- und Konsumwerte der Bundesbürger, Arbeitspapier Nr. 46 des Instituts für Marketing an der Universität Mannheim, Mannheim.

Wiedmann, K.-P.; Walsh, G. (2002): Steigert Zufriedenheit die Kundenbindung? Ergebnisse einer empirischen Untersuchung am Beispiel eines Energieversorgers, Schriftenreihe Marketing, Hannover.

Wiedmann, K.-P.; Walsh, G. (2003): Integration von Zielkundenmarketing und Reputationsmanagement als Herausforderung an Finanzdienstleister, in: Wiedmann, K.-P.; Heckemüller, C. (Hrsg.), Ganzheitliches Corporate Finance Management: Konzepte – Anwendungsfelder - Praxisbeispiele, Wiesbaden, S. 271-289.

Wiedmann, K.-P.; Walsh, G.; Polotzek, D. (2000): Informationsüberlastung des Konsumenten: Stand der Forschung, Konzept und Messung, Schriftenreihe Marketing, Hannover.

Wienberg, C. (2003): Statoil Board To Meet 0700 GMT To Discuss Iran Issue, in: http://news.morningstar.com/news/DJ/M09/D15/1063612860789. html, abgerufen am 15.09.2003.

Will, M.; Wolters, A.-L. (2001b): Die Bedeutung der Finanzkommunikation für die Entwicklung und Gestaltung der Unternehmensmarke, in: Thexis, 4, S. 42-47.

Williamson, E. O. (1985): The Economic Institutions of Capitalism and Firms, Markets and Relationship Contracting, New York.

Williamson, O. E. (1985): The Economic Institutions of Capitalism: Firms, Markets, Relational Contracting, New York und London.

Wilson, R. (1985): Reputation in games and markets, in: Roth, A. E. (Ed.), Game theoretic models of bargaining, Cambridge, S. 27-62.

Wöhe, G. (1993): Einführung in die Allgemeine Betriebswirtschaftslehre, 18. Aufl., München.

Wolff, M.-L. (2001): Corporate Branding bei Mergers & Acquisitions am Beispiel E.ON, in: Thexis, 4, S. 61-65.

Wootliff, J.; Deri, C. (2001): NGOs: The New Super Brands, in: Corporate Reputation Review, Vol. 4 (2), S. 157-164.

Yoon, S.-J. (2002): The antecedents and consequences of trust in online-purchase decisions, in: Journal of Interactive Marketing; Vol. 16 (2), S. 47-63.

Yoon, E.; Guffey, H. J.; Kijewski, V. (1993): The effects of information and company reputation on intentions to buy a business service, in: Journal of Business Research, Vol. 27 (3), S. 215-228.

Yoon, K.; Schmidt, F.; Ilies R. (2002): Cross-Cultural Construct Validity of the Five-Factor Model of Personality Among Korean Employees, in: Journal of Cross-Cultural Psychology, Vol. 33 (3), S. 217-235.

ZAW (2002): Werbung in Deutschland 2002, Zentralverband der deutschen Werbewirtschaft (Hrsg.), Bonn.

Zeithaml, V. A.; Bitner, M. J. (2000): Services Marketing – Integrating Customer Focus Across the Firm, Boston u. a.

Zinkhan, G.; Ganesh, J.; Jaju, A.; Hayes, L. (2001): Corporate Image: A Conceptual Framework for Strategic Planning, in: Proceedings of 2001 AMA Summer Marketing Educators' Conference, Grove, S. J.; Marshall, G. W. (Eds.), S. 152-160.

Zinnbauer, M. (2001): Cross-Selling-Potenziale bei Energieversorgungsunternehmen durch Bundling, in: Zeitschrift für Energiewirtschaft, 25 (4), S. 243-252.

Zyglidopoulos, S. C. (2002): The Social and Environmental Responsibilities of Multinationals: Evidence from the Brent Spar Case, in: Journal of Business Ethics, Vol. 36, S. 141-151.

ANHANG Ia: Reputation- und Marken bezogene Werte

Rang*		Unterneh-men	Marken-nutzung	Marken-energie	Marken-stärke	Marken-wert (in Mrd. USD)	Branche	Repu-tation 2002	Veränd. zu 2000
2002	2000								
1	(1)	Porsche					Auto	864	11
2	(3)	BMW	7,29	53,09	51,58		Auto	854	20
3	(4)	Audi	4,29	54,61	51,57		Auto	825	-8
4	(8)	Coca-Cola	51,18	73,31	89,02		NahrGenuss	804	28
5	(2)	Daimler-Chrysler				19,739	Auto	800	-41
6	(5)	Volkswagen				16,543	Auto	799	-10
7	(-)	Nokia	32,11	58,55	67,13	19,693	Elektronik	790	-
8	(15)	Siemens	53,84	52,10	67,64	20,984	Elektronik	773	16
8	(-)	Sony	43,93	61,74	74,85		Elektronik	773	-
10	(10)	FAZ-Gruppe					Medien	764	-8
11	(16)	Miele					Elektronik	762	6
12	(17)	Deutsche Lufthansa	9,01	54,30	53,43		TourTrans	759	4
13	(22)	Aldi					Handel	756	17
14	(-)	Boss	15,25	66,21	66,35		Konsumgüter	753	-
14	(6)	SAP					Computer	753	-40
16	(19)	Bosch	45,08	47,34	59,83		Autozulieferer	752	-2
17	(9)	Airbus					TourTrans	749	-24
18	(11)	IBM					Computer	747	-21
19	(34)	Dr, Oetker					NahrGenuss	745	27
20	(30)	Nestlé					NahrGenuss	740	18
21	(27)	Adidas-Salomon	37,99	56,69	67,52		Konsumgüter	738	13
22	(12)	Bertelsmann					Medien	737	-29
23	(-)	Microsoft					Computer	734	-
24	(25)	Heidelberger Druck					Maschinenbau	728	-3
24	(13)	Hewlett-Packard	20,19	48,61	52,69		Computer	728	-34
26	(29)	Allianz				28,706	Versicherung	725	2
26	(23)	Henkel					Konsumgüter	725	-13
28	(-)	Intel					Computer	723	-
29	(26)	Gruner + Jahr					Medien	716	-13
30	(35)	Tchibo					NahrGenuss	715	2
31	(44)	RWE				11,899	Energie	712	19
32	(-)	e.on				19,504	Energie	710	-
33	(32)	Otto Versand	23,49	52,51	57,82		Handel	708	-12
34	(-)	Beiersdorf					Konsumgüter	706	-
34	(48)	Michelin					Autozulieferer	706	17
36	(18)	Sixt					TourTrans	704	-51
37	(42)	Bosch-Siemens Hausgeräte					Elektronik	700	2
38	(70)	Siemens VDO					Autozulieferer	698	28
39	(21)	Deutsche Bank				19,316	Banken	695	-47
40	(38)	Hapag Lloyd					TourTrans	694	-9
41	(48)	Continental					Autozulieferer	690	1
41	(-)	Wella					Konsumgüter	690	-
43	(54)	MAN Nutzfahrzeu-ge					Auto	688	7
44	(37)	Aral					Energie	686	-23
45	(58)	Unilever				18,542	NahrGenuss	685	6
46	(-)	AOL	12,30	57,00	57,28		Internet	684	-

Rang*		Unternehmen	Marken-nutzung	Marken-energie	Marken-stärke	Marken-wert (in Mrd. USD)	Branche	Reputation 2002	Veränd. zu 2000
47	(43)	Compaq					Computer	682	-15
47	(31)	Procter & Gamble					Konsumgüter	682	-39
47	(68)	Süddeutscher Verlag					Medien	682	11
50	(54)	Braun	37,01	47,06	57,04		Elektronik	680	-1
50	(66)	Fresenius					Chemie	680	8
52	(89)	Münchner Rück				1,837	Versicherung	678	26
53	(70)	ZF Friedrichshafen					Autozulieferer	678	8
54	(68)	Schering					Chemie	676	5
55	(62)	Axel Springer Verlag					Medien	675	-2
55	(35)	BASF				21,952	Chemie	675	-38
57	(-)	Fujitsu Siemens	19,70	54,15	57,87		Computer	674	-
57	(41)	LTU	10,68	51,93	52,00		TourTrans	674	-28
57	(60)	MAN					Maschinenbau	674	-4
60	(73)	KarstadtQuelle	46,00[1]	49,30	62,27		Handel	670	2
60	(51)	Linde					Maschinenbau	670	-14
62	(-)	Escada					Konsumgüter	669	-
62	(108)	Liebherr					Maschinenbau	669	39
62	(60)	Merck					Chemie	669	-9
65	(80)	Philips				26,224	Elektronik	665	4
65	(62)	Toshiba					Computer	665	-12
67	(51)	Dresdner Bank					Banken	658	-26
68	(86)	Preussag					TourTrans	657	2
69	(70)	Metro					Handel	656	-14
70	(24)	Bayer				10,884	Chemie	655	-81
70	(80)	Hella					Autozulieferer	655	-6
70	(85)	ThyssenKrupp					Maschinenbau	655	-5
73	(77)	Hubert Burda Media					Medien	654	-9
74	(-)	Puma					Konsumgüter	653	-
75	(76)	ABB					Elektronik	652	-12
76	(101)	Bosch Rexroth					Maschinenbau	650	12
76	(-)	Gerry Weber					Konsumgüter	650	-
78	(116)	Stinnes					TourTrans	649	37
79	(97)	Deutsche BP	14,08[2]	50,14	51,76		Energie	648	2
80	(-)	Motorola					Elektronik	647	-
81	(94)	Boehringer Ingelheim					Chemie	646	-2
81	(84)	Deutsche Shell	20,37	52,42	56,49		Energie	646	-11
83	(127)	HypoVereinsbank				9,441	Banken	645	42
83	(32)	Kraft Foods					NahrGenuss	645	-75
85	(109)	Gerling					Versicherung	644	16
86	(99)	Ruhrgas					Energie	643	2
87	(-)	T-Mobile (D1)	32,35	48,97	57,52		Kommunik,	640	-
88	(65)	Commerzbank					Banken	639	-35
89	(-)	Yahoo	15,27	65,56	65,85		Internet	638	-
90	(106)	Degussa					Chemie	637	5

Rang*		Unterneh-men	Marken-nutzung	Marken-energie	Marken-stärke	Marken-wert (in Mrd. USD)	Branche	Repu-tation 2002	Veränd. zu 2000
90	(-)	Renault					Auto	637	-
92	(-)	T-Online	21,80	56,58	61,03		Internet	635	-
92	(38)	Viag Interkom					Kommunik,	635	-68
94	(-)	BOL Bertelsmann Online					Internet	633	-
95	(89)	Aventis				3,662	Chemie	632	-20
96	(99)	Verlagsgrup-pe Georg von Holtzbrinck					Medien	630	-11
96	(106)	Verlagsgrup-pe WAZ					Medien	630	-2
98	(141)	Bayerische Landesbank					Banken	628	38
99	(121)	Edeka					Handel	626	20
100	(132)	Behr					Autozulieferer	625	26
101	(-)	Amazon	8,54	55,84	54,57		Internet	624	-
102	(121)	Rewe					Handel	623	17
103	(7)	Vodafone Mobilfunk (D2)	30,24	51,58	59,47		Kommunik,	623	-158
104	(75)	E-Plus	10,94	54,95	54,86		Kommunik,	622	-43
105	(118)	AXA				17,110	Versicherung	621	11
106	(-)	Steilmann Gruppe					Konsumgüter	620	-
107	(-)	Kolben-schmidt Pierburg					Autozulieferer	618	-
108	(87)	Debitel					Kommunik,	616	-38
108	(-)	Peugeot					Auto	616	-
110	(20)	Arcor					Kommunik,	614	-134
110	(105)	Heidelberger Zement					Bau	614	-20
110	(144)	Lidl & Schwarz					Handel	614	26
110	(173)	Thomas Cook					TourTrans	614	64
114	(124)	HDI					Versicherung	613	8
114	(138)	Heinrich Bauer Verlag					Medien	613	20
116	(115)	Mahle					Autozulieferer	612	-1
117	(119)	Tengelmann					Handel	609	0
118	(130)	Landesbank Bad,-Württ,					Banken	608	7
118	(138)	Südzucker					NahrGenuss	608	15
120	(136)	Haniel					Mischkonzern	607	13
120	(-)	Voith					Maschinenbau	607	-
122	(137)	R+V Versicherun-gen					Versicherung	604	10
123	(157)	Babcock Borsig					Maschinenbau	603	29
123	(183)	Deutsche Post					TourTrans	603	102
123	(154)	Klöckner-Werke					Maschinenbau	603	20
126	(128)	Ford					Auto	602	-1
126	(-)	Lycos Network	12,53	62,88	62,36		Internet	602	-
128	(-)	Infineon					Computer	600	-
129	(54)	Mobilcom					Kommunik,	599	-82
130	(114)	WestLB					Banken	598	-16
131	(66)	Exxon Mobil					Energie	595	-77

Rang*		Unternehmen	Marken-nutzung	Marken-energie	Marken-stärke	Markenwert (in Mrd. USD)	Branche	Reputation 2002	Veränd. zu 2000
131	(-)	Heraeus					Chemie	595	-
133	(-)	EnBW					Energie	594	-
134	(132)	Aachener und Münchner					Versicherung	591	-8
134	(-)	Benteler					Autozulieferer	591	-
136	(-)	Signal Iduna					Versicherung	589	-
137	(77)	Deutsche Telekom	80,91	40,73	59,01	12,951	Kommunik,	588	-75
138	(-)	Epcos					Computer	587	-
139	(165)	Debeka Versicherungen					Versicherung	585	27
140	(-)	EBay	12,49	59,98	59,94		Internet	583	-
141	(-)	Qiagen					Chemie	581	-
142	(-)	Wal-Mart					Handel	579	-
143	(160)	Philip Morris					NahrGenuss	576	6
144	(155)	Readymix					Bau	574	-1
145	(161)	Spar					Handel	573	9
146	(117)	Alcatel				1,239	Elektronik	572	-39
147	(-)	MLP					Banken	570	-
148	(144)	Dyckerhoff					Bau	567	-21
149	(144)	Bilfinger + Berger					Bau	566	-22
150	(163)	Ergo Versicherungsgruppe					Versicherung	563	3
151	(166)	mg technologies					Maschinenbau	562	5
152	(-)	Total Fina Elf				14,092	Energie	561	-
153	(171)	RAG Ruhrkohle					Energie	557	4
154	(131)	Otelo					Kommunik,	553	-47
154	(177)	Reemtsma					NahrGenuss	553	10
156	(181)	BAT					NahrGenuss	551	29
156	(166)	Walter-Dywidag					Bau	551	-6
158	(121)	Opel					Auto	548	-58
158	(148)	Talkline					Kommunik,	548	-38
158	(-)	Züblin					Bau	548	-
161	(-)	Kirch-Gruppe					Medien	547	-
162	(162)	Strabag					Bau	545	-16
163	(135)	DZ Bank					Banken	541	-54
163	(126)	Hochtief					Bau	541	-63
165	(174)	Gebr, Röchling					Mischkonzern	530	-19
166	(170)	Wayss & Freitag					Bau	526	-28
167	(184)	Deutsche Bahn	26,77	45,43	51,88		TourTrans	513	56
168	(-)	1&1					Internet	512	-
169	(-)	Pixelpark					Internet	500	-
170	(-)	Intershop					Internet	481	-
171	(141)	Philipp Holzmann					Bau	418	-172
172	(179)	Bankgesellschaft Berlin					Banken	356	-178

Quelle: *Imageprofile* und *Die Best-Marken* des manager magazin (2002); Financial Times Deutschland (2002)

[1] Werte nur für Karstadt

[2] Werte für deutsche BP

ANHANG Ib: Reputationswerte und monetäre Unternehmenskennziffern

Unternehmen	Kennziffer Unternehmensreputation (Imageprofile, manager magazin) 2002	2000	1998	Umsatzerlöse (in Mio. Euro) 1. Quartal 2002	1. Quartal 2000	2000	1998	Ergebnis (in Mio. Euro) 1. Quartal 2002	1. Quartal 2000	2000	1998	Dividendenzahlung (in Euro) je Stammaktie 2000	1998	je Vorzugaktie 2000	1998
Porsche AG[13]	864	853	823			3.113.367				268,0[1]					
Porsche Konzern						4.441,5[14]	3.161,3[15]			270,5[14,4]	190,9[15,4]	2,54[14]	1,23[15]	2,60[14]	1,28[15]
BMW Group[3]				10.768	8.736	35.356	32.280		87	1.026[4]	462			0,48	0,42
BMW AG	854	834	851	k.Ang im Zb	K. Ang im Zb	25.276	19.828	632[2]	k. Ang im	310[4]	291	0,46[5]	0,40		
Audi Konzern	825	833	834	Keine Zw.berichte	Keine Zw.berichte	19.953	13.918	k.Ang im Zb	Keine Zw.berichte	821[1]	861[1]	2		2	
Coca-Cola	804	776	812	k.A.											
Daimler-Crysler	800	841	839	36.907	40.963	162.384	131.782	2.662[6]	1.693	7.894[6]	4.820[6]	2,35[7]	2,35		
VW Konzern	799	809	797	21.266[28]	20.941[24]	85.555	68.637	627	247[24,26]	2.062	1.147				
Volkswagen AG				k.A.	10.624[24]	43.447[25]	38.031	k.A.	133[24,26]	824	634	1,20[27]	0,77	1,26	0,82
Nokia	790			7.014[10,11]	6.537[10,12]	30.376[10]	13.326[10]	1.234[9]	1.335[9,12]	5.776	2.489	0,28	0,12	[7]	
Siemens[18]	773	757	788	21.258[19]	17.800[19]	78.396[30]		1.281[27,19]	515,6[22,19]	1.413[23]					
Sony	773	772		k.A.											
FAZ-Gruppe	764	756	755	k.A.											
Miele[31]	762			k.A.	Melden sich bei mir										
Deutsche Lufthansa	759	755	777	4.062	3.155	15.200,4	11.736,6	-186[8]	5[8]	689[6]	731,5[6]	0,60[7]	0,56	Seit 1996 nur Stammaktien	
Aldi	756	739	689	k.A.											
Hugo Boss	753			359,1	280,5[29]	923,4	683,6	82,4	73,4[29]	163,5[5]	96,1[9]	7,00	3,49	7,07	3,56
Sap[16]	753	793	761	1.658,0	1.183	6.264,6	4.315,6	65[6]	56[6]	615,7[6]	526,9[6]	0,57[17]	0,52	0,58	0,53

[1] Ergebnis vor Steuern
[2] 99% im Besitz der VW-AG (k.A.)
[3] Wechsel von HGB nach IAS ab 2000

[14] Für den Zeitraum 1. Aug. 2000 – 31.Juli 2001
[15] Für den Zeitraum 1. Aug. 1998 – 31.Juli 1999
[16] Bewertet nach U.S. GAAP

[4] Jahresüberschuss/-fehlbetrag
[5] Dividende ab 1999 je 1 Euro Nennwertaktie, in den Vorjahren adjustiert
[6] Konzernergebnis
[7] Nur eine Aktienkategorie
[8] Ergebnis
[9] Betriebsgewinn
[10] Nettoumsätze
[11] umbereinigte Zahlen
[12] Proforma (ohne Goodwill-Abschreibung)
[13] Geschäftsjahr vom 1.August – 31.Juli

[17] Werte pro Aktie nach 1:3 Aktiensplit
[18] Geschäftsjahr v. 1.10.-30.09.
[19] Siemens' 2. Quartal von 01.01.-31.03.
[20] Aufgrund der Umstellung auf U.S. GAAP sind keine vergleichbaren Abschlussangaben vorhanden
[21] Gewinn nach Steuern
[22] Errechnung aus Zw.-bericht 1.Q. 2001
[23] Konzerngewinn
[24] Bewertet nach HGB
[25] Nur Angaben für den VW-Konzern
[26] Ergebnis nach Steuern
[27] Für den VW-Konzern keine differenzierten Angaben
[28] Zwischenbericht zum 31.März 2002 in Übereinstimmung mit IAS 34 erstellt.
[29] umgerechnete DM-Werte
[30] Geschäftsjahr v. 1.10.1999 bis 30.09.2000
[31] gerundete Werte
[32] Geschäftsjahr v. 01.07.-30.06.

ANHANG Ic: Unternehmen-Ranking nach Markennutzung, -kernenergie und –stärke
(Jahr 2002)

Rang	Marke	Branche	Marken-nutzung	Marken-kernenergie	Marken-stärke
1	Coca-Cola	Getränke	51,18	73,31	89,02
2	McDonalds	Fastfood	31,96	78,05	83,57
3	Wrigleys	Süßwaren	38,07	69,60	79,92
4	Nike	Mode	27,68	73,28	77,95
5	Sony	Elektronik	43,93	61,74	74,85
6	Red Bull	Getränke	9,70	81,75	72,40
7	Media Markt	Einzelhandel	39,46	60,80	72,22
8	Fanta	Getränke	32,08	62,18	70,58
9	Playstation	Elektronik	17,65	67,82	68,79
10	H&M	Einzelhandel	29,25	61,21	68,48
11	Twix	Süßwaren	19,37	65,44	67,73
12	Siemens	Elektronik	53,84	52,10	67,64
13	Nivea	Kosmetik	69,32	49,03	67,57
14	Adidas	Mode	37,99	56,69	67,52
15	Funny Frisch	Süßwaren	20,05	64,52	67,29
16	Pringles	Süßwaren	15,51	67,25	67,29
17	Nokia	Telekommunikation	32,11	58,55	67,13
18	Joop	Mode	12,19	68,88	66,83
19	Bacardi	Getränke	16,87	65,69	66,72
20	Boss	Mode	15,25	66,21	66,35
21	Kinderschokolade	Süßwaren	33,59	57,08	66,26
22	Yahoo	Telekommunikation	15,27	65,56	65,85
23	Burger King	Fastfood	10,11	68,19	65,27
24	Philipps	Elektronik	41,99	52,87	64,92
25	Douglas	Einzelhandel	22,71	60,29	64,82
26	Haribo	Süßwaren	47,19	51,19	64,71
27	Gillette	Kosmetik	36,34	54,44	64,62
28	Tempo	Kosmetik	68,80	46,31	64,20
29	Snickers	Süßwaren	22,21	59,42	63,82
30	Calvin Klein	Mode	16,49	61,57	63,14
31	S Oliver	Mode	23,03	58,10	62,97
32	Lycos	Telekommunikation	12,53	62,88	62,36
33	Karstadt	Einzelhandel	46,00	49,30	62,27

Rang	Marke	Branche	Marken-nutzung	Marken-kernenergie	Marken-stärke
34	Lucky Strike	Zigaretten	6,15	66,64	62,10
35	Becks	Getränke	7,95	65,29	62,01
36	Kelloggs	Lebensmittel	39,66	50,88	62,01
37	Punica	Getränke	25,09	56,13	61,97
38	Pepsi	Getränke	10,63	63,07	61,60
39	Panasonic	Elektronik	32,59	52,59	61,36
40	Sprite	Getränke	20,39	57,54	61,32
41	Wagner	Lebensmittel	11,27	62,28	61,28
42	T-Online	Telekommunikation	21,80	56,58	61,03
43	Hohes C	Getränke	32,12	52,01	60,59
44	Bild am Sonntag	Medien	22,83	55,59	60,53
45	EBay	Telekommunikation	12,49	59,98	59,94
46	Swatch	Mode	9,16	61,77	59,85
47	Bosch	Elektronik	45,08	47,34	59,83
48	L Oréal	Kosmetik	30,91	51,59	59,72
49	Warsteiner	Getränke	18,24	56,72	59,64
50	Labello	Kosmetik	44,67	47,29	59,64
51	Web,de	Telekommunikation	13,07	59,22	59,56
52	Levis	Mode	25,28	53,51	59,50
53	D2-Vodafone	Telekommunikation	30,24	51,58	59,47
54	Gorbatschow	Getränke	9,85	60,79	59,38
55	Pizza Hut	Fastfood	5,05	63,39	59,12
56	Deutsche Telekom	Telekommunikation	80,91	40,73	59,01
57	Stern	Medien	24,48	53,32	59,01
58	Mars	Süßwaren	21,11	54,63	58,91
59	Bahlsen Crunchips	Süßwaren	20,91	54,49	58,69
60	Bild Zeitung	Medien	25,36	52,51	58,56
61	GMX	Telekommunikation	10,69	59,12	58,37
62	Bebe	Kosmetik	14,23	56,99	58,13
63	Fujitsu Siemens	Elektronik	19,70	54,15	57,87
64	Otto	Einzelhandel	23,49	52,51	57,82
65	Aral	Energie	37,54	47,45	57,64
66	Esprit	Mode	20,25	53,65	57,63
67	T-D1	Telekommunikation	32,35	48,97	57,52
68	Spiegel	Medien	25,12	51,49	57,45
69	AOL	Telekommunikation	12,30	57,00	57,28

Rang	Marke	Branche	Marken-nutzung	Marken-kernenergie	Marken-stärke
70	Braun	Elektronik	37,01	47,06	57,04
71	Absolut	Getränke	3,97	61,17	56,86
72	Granini	Getränke	20,84	52,49	56,75
73	Duplo	Süßwaren	22,25	51,68	56,52
74	Shell	Energie	20,37	52,42	56,49
75	Jack Daniels	Getränke	7,42	58,65	56,46
76	Volvic	Getränke	10,41	56,80	56,26
77	MSN	Telekommunikation	9,67	57,19	56,25
78	Pioneer	Elektronik	15,33	53,81	55,72
79	Focus	Medien	22,10	50,57	55,37
80	E-Plus	Telekommunikation	10,94	54,95	54,86
81	Fishermans Friend	Süßwaren	19,60	50,95	54,76
82	Persil	Waschmittel	43,05	43,29	54,72
83	Amazon,de	Einzelhandel	8,54	55,84	54,57
84	Colgate	Kosmetik	29,30	47,14	54,54
85	Ritter Sport	Süßwaren	30,86	46,59	54,50
86	Pril	Waschmittel	44,52	42,70	54,45
87	Langnese	Süßwaren	21,66	49,76	54,40
88	Toffifee	Süßwaren	24,51	48,57	54,29
89	Esso	Energie	19,62	50,15	53,99
90	Ralph Lauren	Mode	3,70	57,62	53,85
91	Vittel	Getränke	8,27	55,04	53,75
92	Palm	Elektronik	2,40	58,19	53,71
93	Baileys	Getränke	15,58	51,29	53,46
94	Lufthansa	Tourismus	9,01	54,30	53,43
95	Marlboro	Zigaretten	10,91	53,25	53,31
96	Diesel	Mode	11,05	53,10	53,24
97	Siemens-Mobilfunk	Telekommunikation	20,46	48,87	53,05
98	Bahlsen	Süßwaren	32,72	44,52	52,92
99	Kodak	Elektronik	35,50	43,70	52,92
100	Schwarzkopf	Kosmetik	29,20	45,61	52,91
101	Hewlett-Packard	Elektronik	20,19	48,61	52,69
102	Ariel	Waschmittel	33,03	44,07	52,54
103	Nintendo	Elektronik	16,45	49,95	52,53
104	Blendamed	Kosmetik	43,21	41,29	52,51
105	Sport Scheck	Einzelhandel	6,57	54,24	52,28

Rang	Marke	Branche	Marken-nutzung	Marken-kernenergie	Marken-stärke
106	Milka	Süßwaren	29,75	44,63	52,06
107	LTU	Tourismus	10,68	51,93	52,00
108	Pro Markt	Einzelhandel	16,91	49,20	51,99
109	Grundig	Elektronik	44,45	40,52	51,97
110	Bounty	Süßwaren	19,50	48,09	51,91
111	Deutsche Bahn	Tourismus	26,77	45,43	51,88
112	Iglo	Lebensmittel	28,37	44,82	51,79
113	Raffaello	Süßwaren	18,40	48,40	51,79
114	BP	Energie	14,08	50,14	51,76
115	Canon	Elektronik	18,26	48,24	51,58
116	BMW	Auto	7,29	53,09	51,58
117	Gucci	Mode	4,29	54,61	51,57
118	Evian	Getränke	4,55	54,37	51,48
119	Saturn	Einzelhandel	15,86	49,11	51,48
120	Meister Proper	Waschmittel	20,04	47,29	51,32
121	Jim Beam	Getränke	8,33	52,24	51,27
122	Reebok	Mode	12,73	50,19	51,24
123	Nimm Zwei	Süßwaren	17,59	48,02	51,10
124	Nordsee	Fastfood	8,55	51,72	50,89
125	Der General	Waschmittel	20,94	46,48	50,89

Quelle: manager magazin; www,manager-magazin,de/unternehmen/markenstaerke/0,2828,196898,00,
html?Ranking=1&Branche=1&x=3&y=8; abgerufen am 07,11,2002,

ANHANG II: Antworten in Bezug auf die RQ-Dimensionen (Explorative Interviews)

„Genauso wie Menschen eine positive oder negative Reputation haben können, können auch Unternehmen eine bestimmte Reputation in den Augen der Öffentlichkeit haben. Welche Faktoren beeinflussen Ihrer Meinung die Reputation eines Unternehmens?"	
Stefan, 24, Angestellter	Die eigene Darstellung nach außen, z. B. durch Werbung; Die Art der vom Unternehmen erbrachten Leistungen (die Herstellung von AKW ist bspw. problematischer als das Angebot von Reisen und wirkt insofern auf die Reputation); Die Qualität und Verlässlichkeit von Produkten und Services; Kundenzufriedenheit; Das, was einem andere (Freunde u. Bekannte) über das jeweilige Unternehmen mitteilen; Presseberichte (z. B. über DaimlerChryslers Kursproblemen auf Grund der Absatzeinbrüche bei Chrysler); Unternehmensgewinne/-verluste (Gewinn = pos. Reputation); Seriosität/Fairness im Umgang mit Kunden (z. B. Versicherer, die Verträge mit ostdeutschen Kunden auf Grund „schlechter Risiken" kündigen); Kundenorientierung; Verlässlichkeit/Zuverlässigkeit (inwiefern werden Leistungsversprechen gehalten, z. B. Internetprovider wie QSC, die Serverprobleme haben); Tradition des Unternehmens (produktabhängig, bei Autos wichtiger als bei Schokoeiern).
Carsten, 33, Berater	Die Außendarstellung des Unternehmens (z. B. Fernsehberichte, Skandale); Berichte von Freunden und Bekannten, die entweder auf deren eigenen Erfahrungen oder Insiderperspektive (im Falle von Mitarbeitern) beruhen; eigene Erfahrung (z. B. aufgrund eines Bewerbungsgesprächs); das Image der Produkte des Unternehmens; das soziale Engagement (obgleich der Befragte dies als nicht übermäßig wichtig einstuft); Kultursponsoring; politische Neutralität (ein Unternehmen sollte keine politisch wertenden Aussagen treffen – z. B. den Kandidaten einer Partei empfehlen – oder in laufende politische Debatten eingreifen, die sie selbst nicht unmittelbar betreffen); Flexibilität, keine „Beamtenmentalität" und kein Festhalten an starre Vorschriften; die Häufigkeit mit der man persönlichen Kontakt mit einem Unternehmen hat; das äußere Erscheinungsbild der Mitarbeiter insgesamt (unabhängig von der Hierarchieebene); Höflichkeit der Mitarbeiter; Architektur der Unternehmensgebäude (in einigen Branchen wie etwa bei Banken wirkt eine zu auffällige oder „protzige" Architektur aus Kundensicht problematisch, bei anderen wiederum positiv).

„Genauso wie Menschen eine positive oder negative Reputation haben können, können auch Unternehmen eine bestimmte Reputation in den Augen der Öffentlichkeit haben. Welche Faktoren beeinflussen Ihrer Meinung die Reputation eines Unternehmens?"	
Jannine, 23, Studierende	Ökonomischer Erfolg; Respektabilität/Seriosität (z. B. unseriöse Werbung); Mitarbeiterorientierung (z. B. tolle Currywurst bei VW, MA-Gewinnbeteiligung – wenn ein Unternehmen seine MA gut behandelt, dann wird es auch mit seinen Kunden gut umgehen); Sympathie (wie sympathisch wirkt ein Unternehmen auf seine Kunden und andere Menschen die es kennen); Ökologieorientierung (z. B. in der Fertigung/Herstellung, Verpackung); Serviceorientierung (vor allem in der Nachkaufphase); Transparenz (hinsichtlich Herstellungs-verfahren, Finanzen etc.); Innovativität in Bezug auf a) Unternehmens-strukturen (z. B. moderne Managementmethoden, flache Hierarchien, MA-Beteiligung) und b) Leistungsprogramm (neue, verbesserte Produkte).
Antonio, 32, Channel Manager	Anhaltender Unternehmenserfolg; Alter und Tradition des Unterneh-mens; Unternehmensführung; Mitglieder des Topmanagement; Mitarbeiterqualifikation (Skills, Kompetenz, Professionalität, Seriosität); Kundenorientierung; Soziales Engagement (Unternehmens-stiftungen, Spendenaktivitäten); Werbeauftritte (Werbeinhalte und – häufigkeit); Auftritt des Unternehmens (repräsentiert durch seine Führung) in der Öffentlichkeit.
Ricky, 23, Studierender	Das, was einem andere (Freunde u. Bekannte, in Internetforen) über das jeweilige Unternehmen mitteilen; eigene Erfahrungen mit einem Unternehmen bzw. mit dessen Leistungen; Zuverlässigkeit; Tradition/Markterfahrung.
Christian, 32, Rechtsanwalt	Qualität der Produkte; Bekanntheitsgrad der Produkte / des Unterneh-mens; Medienpräsenz des Vorstandes (z. B. in Börsensendungen); Aktienkurs / Wert der Anteile (bei GmbH); Marktwert; Informationen unabhängiger Verbände und Institutionen (z. B. der Stiftung Warentest); Zuverlässigkeit (z. B. Pünktlichkeit bei Reparaturbetrie-ben); Fairness (Nicht-Ausnutzung kundenseitiger Informationsdefizite bzw. Unkenntnis); Gesellschaftliches Engagement; Umgang mit eigenen Mitarbeitern und dem Betriebsrat; Einsatz von Testimonials (z. B. P. Ustinov für SEB).

ANHANG III: Verwendeter Fragebogen (Studie 1)

Guten Tag. Ich bin Frau/Herr _____ vom Lehrstuhl für Marketing II der Universität Hannover. An unserem Lehrstuhl wird zurzeit eine Untersuchung zu Thema „liberalisierte Energiemärkte" durchgeführt, bei der wir auf Ihre Unterstützung angewiesen sind. Bei unserer Untersuchung handelt es sich um einen Teil einer **unabhängigen** Forschungsstudie. Alle erhobenen Daten werden ausschließlich zu Forschungszwecken verwandt und selbstverständlich an keinen Dritten weitergegeben.

In den letzten Jahren hat man in Bezug auf ehemals monopolistische Unternehmen und Märkte (z. B. Telekom, Strom) häufig von einer *Deregulierung* bzw. *Liberalisierung* gehört. So können Bundesbürger z. B. seit 1996 ihren Telekommunikationsanbieter frei wählen. Wenngleich mit einigen rechtlich-organisatorischen Problemen behaftet, wurden auch die Märkte für Strom 1998 und vor Kurzem für Gas liberalisiert, so dass auch hier – zumindest theoretisch – eine freie Anbieterauswahl möglich ist.

In unserer Untersuchung sollen uns insbesondere kommunale Energieversorgungsunternehmen interessieren. In Hannover (Stadt) sind dies die Stadtwerke Hannover AG (enercity). Vor diesem Hintergrund möchten wir Ihnen Fragen zu Ihrer Meinung als Kunden der Stadtwerke stellen. Wenn Sie nicht Kunde/In dieses Unternehmens sind, bitten wir Sie trotzdem die relevanten Fragen zu beantworten.

Bei den meisten Fragen können Sie auf einer Skala zwischen jeweils fünf Antwortmöglichkeiten wählen, wobei die Möglichkeit (bzw. die Zahl) die am Ehesten Ihrer Meinung bzw. Einstellung entspricht, mir zu nennen ist.

Das Interview dauert ca. 20 Minuten.

Vielen Dank für Ihr Interesse.

Abschnitt A

		Strom	Gas	Wasser	Sonstiges	weiß nicht
1.	Welche Produkte beziehen Sie zurzeit von den Stadtwerken?					

		Strom			Gas			Wasser		
		Jährlich €	Abschlag €	weiß nicht	Jährlich €	Abschlag €	weiß nicht	Jährlich €	Abschlag €	weiß nicht
2.	Bitte nennen Sie uns die ungefähre Höhe Ihrer jährlichen Strom-/Gas-/Wasserrechnung bzw. Ihres monatlichen Abschlages.									

3.	Seit wann wohnen Sie in Hannover?	___Jahren ___Monaten

4.	Wie viele Personen leben in Ihrem Haushalt?	___Person(en)

		ja	nein
5a	Kennen Sie die Internetseite von enercity?		

[wenn *ja*, weiter mit 5b; wenn *nein*, weiter mit Abschnitt B]

5b	Wie oft haben Sie diese in den letzten 3 Monaten besucht?	___/Woche ___/Monat ___ gar nicht

5c	Was sind Ihre Gründe, diese Seite (nicht) zu besuchen?	

Abschnitt B

Bitte zeigen Sie an, inwiefern Sie den folgenden Aussagen zustimmen.

	stimme voll und ganz zu	stimme überwiegend zu	bin unentschieden	stimme eher nicht zu	stimme ganz und gar nicht zu
a)					
1. Die Stadtwerke vermitteln mir den Eindruck eines Unternehmens für das man gerne arbeiten würde.					
2. Die Stadtwerke erwecken den Eindruck eines Unternehmens mit kompetenten Mitarbeitern.					
3. Die Unternehmensleitung der Stadtwerke berücksichtigt Arbeitnehmerinteressen.					
4. Die Stadtwerke vertreten ihre Produkte und Dienstleistungen mit Überzeugung.					
5. Die Stadtwerke bieten hoch-qualitative innovative Produkte und Dienstleistungen an.					
6. Die Stadtwerke bieten Produkte und Dienstleistungen an, die ein gutes Preis-Leistungsverhältnis haben.					
7. Die Stadtwerke haben eine klare Zukunftsvision.					
8. Die Stadtwerke erkennen und nutzten im Rahmen der Liberalisierung Marktchancen.					
9. Die Stadtwerke bemühen sich um eine gute Mitarbeiterführung.					
10. Man kann die Stadtwerke für ihre Produkte und Dienstleistungen bewundern und respektieren.					
11. Ich vertraue den Stadtwerken.					
12. Ich gehe davon aus, dass die Stadtwerke *nicht* den gesetzlich vorgeschriebenen Prozentsatz an Behinderten beschäftigen.					
13. Die Stadtwerke unterstützen soziale und kulturelle Zwecke.					
14. Die Stadtwerke handeln in Bezug auf die Umwelt verantwortungsbewusst.					
15. In die Stadtwerke zu investieren wäre ein geringes Risiko.					
16. Die Stadtwerke bemühen sich *nicht*, neue Arbeitsplätze zu schaffen.					
17. Die Stadtwerke sind sich ihrer gesellschaftlichen Verantwortung bewusst.					
18. Ich nehme an, dass die Stadtwerke Hannover profitabler sind als andere Stadtwerke.					
19. Die Stadtwerke wirken wie ein Unternehmen mit guten zukünftigen Wachstumsaussichten.					
20. Die Stadtwerke gewährleisten Versorgungssicher-					

		stimme voll und ganz zu	stimme überwiegend zu	bin unentschieden	stimme eher nicht zu	stimme ganz und gar nicht zu
	heit.					
21.	Die Stadtwerke haben eine kompetente Führungsmannschaft.					
22.	Die Stadtwerke arbeiten profitabel.					
23.	Für eine saubere Umwelt würden die Stadtwerke auf einen Teil ihres Gewinns verzichten.					
24.	Die Stadtwerke nehmen Verbraucherrechte ernst.					
25.	Die Stadtwerke gehen verantwortungsvoll mit ihren finanziellen Mitteln um.					
26.	Die Stadtwerke geben zuviel für Werbung aus.					

b)

27.	Die Stadtwerke gehen fair mit ihren Kunden um.					
28.	Ich bin gerne Kunde/In der Stadtwerke.					
29.	Als interessierte(r) Kunde/In kann man relativ leicht an Informationen zu den Stadtwerken kommen.					
30.	Die Mitarbeiter der Stadtwerke zeigen Interesse an den Bedürfnissen ihrer Kunden.					
31.	Für die Stadtwerke sind auch „kleine" Privatkunden ernsthafte Geschäftspartner.					
32.	Die Stadtwerke sind mir sympathisch.					
33.	Die Stadtwerke sind ein bürgernahes Unternehmen.					
34.	Ich freue mich, wenn es den Stadtwerken wirtschaftlich gut geht.					
35.	Es ist kein Problem, etwas über die gesamten wirtschaftlichen Aktivitäten der Stadtwerke zu erfahren.					
36.	Die Mitarbeiter der Stadtwerke legen Wert auf einen höflichen Umgang mit Kunden.					
37.	Die Preisgestaltung der Stadtwerke ist verständlich und gut nachvollziehbar.					
38.	Die Stadtwerke haben *kein* Interesse an den Meinungen ihrer Kunden.					
39.	Die von den Stadtwerken erhobenen Preise sind zu hoch.					
40.	Die Stadtwerke interessieren sich *nicht* für die Wünsche ihrer Kunden.					
41.	Die Stadtwerke gehen fair mit ihren Geschäftspartnern um.					
42.	Die Mitarbeiter der Stadtwerke bleiben auch in schwierigen Situationen ruhig und höflich.					

c)

43.	Wenn es problemlos möglich wäre, würde ich einen anderen Energielieferanten wählen.					

		stimme voll und ganz zu	stimme überwie- gend zu	bin unent- schieden	stimme eher nicht zu	stimme ganz und gar nicht zu
44.	Ich habe mich schon oft über die Stadtwerke geärgert.					
45.	Auch bei etwas günstigeren Preisen anderer Unternehmen würde ich meinen Energielieferanten *nicht* wechseln.					
46.	Ich würde in Erwägung ziehen, auch anderer Produkte und Dienstleistungen von den Stadtwerken in Anspruch zu nehmen (z. B. eine Energieberatung).					
47.	Von wem ich meine Energie beziehe, ist mir letztendlich egal.					
48.	Ich kann mir vorstellen, langfristig Kunde/In der Stadtwerke zu bleiben.					
49.	Ich bin von den Stadtwerken schon oft enttäuscht worden.					
50.	Ich bin stets bemüht, einen Überblick über den Energieverbrauch in meinem Haushalt zu behalten.					
51.	Energie bezogene Fragestellungen finde ich wichtig.					
52.	Im Allgemeinen vertraue ich den Beratern der Stadtwerke, die mir Produkte verkaufen.					
53.	Die Stadtwerke sind ein seriöses Unternehmen.					
54.	Die Stadtwerke wird es auch in vielen Jahren noch geben.					
55.	Die Stadtwerke als Energielieferanten würde ich *nicht* an Freunde oder Bekannte weiterempfehlen.					
56.	Im Allgemeinen vertraue ich den Leistungen der Stadtwerke.					
57.	Die Stadtwerke erfüllen stets meine Erwartungen.					
58.	Sollte ich danach gefragt werden, so könnte ich auf die Produkte und Dienstleistungen bezogen empfehlen, Kunde/In der Stadtwerke zu werden.					
59.	Ich bin mit den Leistungen sehr zufrieden, die die Stadtwerke für uns/mich erbringen.					
60.	Auftretende Probleme lösen die Stadtwerke schnell und kompetent.					
61.	Der Service der Stadtwerke lässt zu wünschen übrig.					
62.	Die Stadtwerke gehen vertrauensvoll mit Kundendaten um.					
63.	Bei den Stadtwerken weiß man *nicht* genau, ob die Energiepreise angemessen sind.					
64.	Die Wahl des Energielieferanten ist sehr wichtig.					

Abschnitt C

Zum Schluss würden wir Ihnen gerne noch einige Fragen zu Ihrer Person stellen.

a) Bitte Ihr <u>Alter</u> und <u>Geschlecht</u> eintragen.

[   ] Jahre   männlich   [   ]

                                                  weiblich   [   ]

b) Welchen <u>Bildungsabschluss</u> haben Sie? Bitte das entsprechende Kästchen ankreuzen.

keinen Abschluss   [1]

Volksschule/Hauptschule   [2]

Realschule   [3]

Abitur   [4]

Studium   [5]   keine Antwort   [9]

c) Welcher Berufsgruppe gehören Sie gegenwärtig an? Bitte das entsprechende Kästchen ankreuzen.

Angestellte/r   [1]   RentnerIn   [5]
ArbeiterIn   [2]   Arbeitslos   [6]
Hausfrau/-mann   [3]   Selbständige/r   [7]
StudentIn   [4]   Beamte/r   [8]

keine Antwort   [9]

d) Wie hoch ist Ihr monatliches Nettoeinkommen? Bitte kreuzen Sie das entsprechende Kästchen an.

unter 500   €   [1]   2000 - 2500   €   [5]
500 - 1000   €   [2]   über 2500   €   [6]
1000 - 1500   €   [3]
1500 - 2000   €   [4]   keine Antwort   [9]

ANHANG IV: Struktur der zweiten Stichprobe (Studie 2)

Merkmal	Ausprägung	Absolut und in %
Alter	19-29	25 (4,8%)
	30-39	59 (11,4%)
	40-49	102 (19,7%)
	50-59	84 (16,2%)
	60+	215 (41,4%)
	keine Antwort	34 (6,5%)
Geschlecht	männlich	366 (70,5%)
	weiblich	153 (29,5%)
Bildung	Keinen Abschluss	3 (0,6 %)
	Volks-/Hauptschule	167 (32,2 %)
	Realschule	168 (32,4%)
	Abitur	38 (7,3%)
	Studium	107 (20,6%)
	keine Antwort	36 (6,9%)
Beruf	Angestellte/r	124 (%)
	Arbeiter/In	45 (%)
	Hausfrau/-mann	12 (%)
	Student/In	4 (%)
	Rentner/In	170 (%)
	Selbständige/r	56 (%)
	Beamte/r	70 (%)
	Arbeitslos	16 (%)
	keine Antwort	22 (%)
Netto-Einkommen*		

* Probanden brauchten in der zweiten Studie keine Einkommensangaben zu machen.